新知文库

# 出版说明

在今天三联书店的前身——生活书店、读书出版社和新知书店的出版史上，介绍新知识和新观念的图书曾占有很大比重。熟悉三联的读者也都会记得，20 世纪 80 年代后期，我们曾以“新知文库”的名义，出版过一批译介西方现代人文社会科学知识的图书。今年是生活·读书·新知三联书店恢复独立建制 20 周年，我们再次推出“新知文库”，正是为了接续这一传统。

近半个世纪以来，无论在自然科学方面，还是在人文社会科学方面，知识都在以前所未有的速度更新。涉及自然环境、社会文化等领域的新发现、新探索和新成果层出不穷，并以同样前所未有的深度和广度影响人类的社会和生活。了解这种知识成果的内容，思考其与我们生活的关系，固然是明了社会变迁趋势的必需，但更为重要的，乃是通过知识演进的背景和过程，领悟和体会隐藏其中的理性精神和科学规律。

“新知文库”拟选编一些介绍人文社会科学和自然科学新知识及其如何被发现和传播的图书，陆续出版。希望读者能在愉悦的阅读中获取新知，开阔视野，启迪思维，激发好奇心和想象力。

生活·讀書·新知 三联书店

2006 年 3 月

# 目　　录

# 前 言

# “这不仅仅是一只烟斗”

为了让大家更好地理解本书的观点，我们先来欣赏一幅超现实主义风格的名画。画家勒内 · 马格里特（René Magritte）1937 年在自己的画室里创作出一幅古怪的烟斗肖像图：欧石楠根的材质，熏得发黑的烟锅，磨得发亮的斗柄和烟嘴，一支货真价实的烟斗跃然纸上。然而古怪之处在于，这只看起来活灵活现的烟斗漂浮在暗白色的背景之上，又显得那么不真实。没有任何参照物，也看不到它的“主人”，孤零零的一只烟斗显得很突兀。画家甚至还在画布上用红笔写下一句话：“这不是一只烟斗”，这就更加让人感到迷惑了。

其实本书中讲述的香烟也是如此。我们每个人大概都能轻易地描述出香烟的样子，然而这并不代表我们每个人都了解香烟到底是什么。香烟这东西本是一件简单的物品，而一旦被点燃，被“吸入”，它就真正的拥有了“生命”，它的存在也就变得更有价值。香烟不是“孤立”存在的东西，它早已深入我们的生活，与我们每个人息息相关。

我们从勒内 · 马格里特这幅超现实主义画作里至少了解到两

勒内·马格里特的画作

点。一方面，对某一事物的历史性描绘不应仅仅局限于它本身，同时还要考虑到它所具备的社会性和政治性。我们可以说，香烟发展的历程映射着社会的演进，点燃的烟火照亮、撩动了整个社会。

另一方面，香烟也是文化的产物：香烟不单是由烟草组成的，还需要烟纸来包裹，还要被装进烟盒里。为了点燃香烟，还要有火柴或打火机。更加值得关注的是那些手中夹着香烟、身处于缭绕烟雾中的男男女女们。总而言之，我所讲述的香烟，正如马格里特心中的烟斗一样，并不是一件了无生命的物品。相反，随着时间的推移和空间的转换，“香烟”也一直在发生着巨变。

从“香烟”的身上，我们到底可以了解什么呢？

——首先要知道，这是一件再“平凡”不过的东西，可同时又充满了神奇的魔力。我敢肯定没有人会不知道香烟长什么样子。然而，在它平庸的外表之下，却隐藏着神奇和奥秘："别看它外表简单，你手中的香烟可是个高科技的现代产物……它其实远比我们想象的更复杂、更难以捉摸。"[1]

作为工业革命的产物之一，香烟在生产流程标准化、批量化之后变得越来越普通，外表都是一个样子了。尺寸相同的10或20根香烟被分装到大小一样的烟盒里，之后再用同样标准尺寸的箱子装好，分散运输到各地去[2]。从早先的圆柱形烟盒到后来的长方形烟盒，包装外形的改变也赋予了香烟新的形象和意义。这可以说是香烟史上非常重要、里程碑式的改变之一。

——其次，我们可以把细长的香烟当作是缩小版的雪茄。就好像味道独特的苦艾酒说到底只不过是由酒精勾兑而成的一样，香烟其实也只不过是由烟草衍生出的一个"分支"而已。然而如今在人们的意识中，小小的香烟竟然蚕食了它庞大"祖先"的地盘，在现实生活中，香烟已然成为了烟草的"代言人"。

——纤细的外表让香烟显得如此娇俏可人，可它却暗藏着一颗"杀心"，带来致命的伤害，让人们为之疯狂，也为之恐慌。在19世纪末20世纪初，一方面，香烟成为了"杀人工具"：侦探小说里的"尼古丁谋杀案"令人惊悚，而在许多医疗报告里，香烟也是导致众人生病乃至死亡的元凶。另一方面，在那个时代的日常生活中，香烟却散发着女性般的亲切魅力，以至于大部分香烟的品牌都以柔美的名词来命名。香烟的各类广告也在不断地向公众展示和强化它独特的"女性"魅力：性感、柔美、暧昧……

不仅细长浑圆的香烟，棱角分明的烟盒也是如此："就像人一样，烟盒也有着自己的个性和特征。"[3]

——然而，从另一方面来讲，我们又无法清晰地定义香烟。有人或许会说香烟就是烟草，剥开烟纸能找到；有人或许会说香烟就是焦油，飘散在空中的烟雾。可是，香烟烧到尽头之后，剩下的却只有烟蒂和烟灰。谁又能说得清楚香烟到底是什么？

基于以上四点，本书决定引领大家去深入调查，还原历史，探索香烟这个当今十分流行的消费品有着怎样的前世今生。

香烟的历史在很大程度上与烟草的历史有着共通点，毕竟它的重要组成部分是尼古丁。因此香烟与鼻烟、烟斗和雪茄一样，同属于烟草的大家庭。

香烟同时也有着“可燃物品”的血统。就像鸦片、大麻、酒精一样，它“点燃”了人们的欲望，撩动着整个社会的神经。吸烟这个动作就如同吃饭、饮酒一样，能调动起人体所有的感官：嗅觉、触觉、视觉甚至听觉（香烟在手指间滚动发出的轻微沙沙声），一直到味蕾被激发。烟雾在身体内外缠绕，心绪在瞬间辗转弥离，香烟之火就此燎原。

起源于美洲印第安社会，香烟踏着历史的步点，遍及五洲，无处不在。身处于“地球村”的当今，手里夹着香烟的人们更是随处可见。

正如本书标题所示，香烟被反复强调的特性之一，正是它所散发出的女性魅力：美丽、诱惑、无法抵御。随着时间的推移，香烟不再是简单的客观存在，而被人赋予了更多的内涵和象征意义。在封建王朝时期，正如当时的一位记者亨利·罗什福尔（Henri Rochefort）所言，香烟是“不满的象征”。而对许多人来说，香烟代表着享乐，但对某些人来说，香烟又意味着忧心忡忡。

香烟的故事逐渐从个体描述的片言只语汇集成了整体性的深入探索。正如医生们研究病患者[4]，历史学家们挖掘历史（更多的是从文化的角度出发），针对香烟发展历程的各类研究报告也层出不穷。而本书的目的则在于探索香烟为何能一度引领风尚，而又是如何征服社会的。

本书涉及的领域主要是以法国为主，当然，也不可忽视美国、欧洲以及世界其他国家地区在烟草文化的传播、烟草大型企业的崛起以及大众消费行为的引领等各个方面对香烟发展的重要影响。香烟在不同的国家、不同的社会时期具有不同的定位和形象。法国的香烟发展史也有其独特之处：首先，法国政府对香烟制造和售卖的垄断长达两百多年[5]；其次，法国的香烟广告制作与投放也一度是由政府出资的；而在 1976 年“韦伊”（Veil）反烟草法案生效之后，反烟草的广告随之盛行。总之，法国既是最晚开始“吸烟”的国家之一，又是最早推行反烟运动的国家之一，同时也是最早建立起烟草工业的国家。这些相互矛盾的事实恰恰表明了法国香烟发展的特立独行。

香烟的历史很长时间以来都未得到过正式的认可和公开的支持。斗转星移，无论对于烟草的专论如何变迁，香烟的历史一直以来都难登大雅之堂。在相当长的一段时间里，关于香烟的故事总是以各种奇闻轶事的形态出现。一个又一个世纪过去了，一本又一本书出版了，但其实对于香烟的描述从来都未能体现其深厚的历史底蕴。无论以何种方式，香烟似乎无处不在，不仅是社会新闻、现实主义小说，就连抒情诗歌里也可以看见她的影子。

> 鸟笼般的卧房，
> 透过窗的太阳，
> 点燃香烟迎着晨光，
> 烟雾升腾我心畅想，
> 只想停下吸烟，不想脚步匆忙。[6]

近二十年来，才开始有人从科学的角度，以严谨的态度去研究和解读烟草的历史。阿塔迪斯集团［成立于1999年，由法国塞塔（SEITA）烟草公司和西班牙塔巴卡乐拉（Tabacalera）烟草公司合资而成］出资在法国组建了“塞塔历史研究”公司，该机构旨在清点旧时国家烟草专卖局的所有相关资料，展开对零售商的问询调查[7]等调研工作。因为各家烟草生产或售卖企业总是迫不及待地清除那些有损自身形象和利益的资料，对烟草历史的调研工作举步维艰，进展不那么顺利，尤其是针对法国以外的调研对象更是如此。例如在1983年，美国的雷诺兹（R. J. Reynolds）烟草公司就曾为了逃避司法诉讼，把大部分的公司内部文件偷偷转移到了律师事务所。英美烟草集团也曾经花费了两百万美元，委托一家名叫“G4”的安保公司将其内部纸质文件销毁，将其内容转刻成光盘，而最终就连光盘也被要求全部销毁。

我们可以了解到，烟草制造业、零售商以及消费者等方面的发展历程从各个侧面反映出香烟的发展足迹。而香烟的历史也由此全方位地折射出整个社会的政治经济发展史。

借助于文学作品、录音带（零售商、吸烟者的口授回忆录等）、图像资料（绘画、漫画、报纸插图、电影作品、广告等），香烟的发展历史得以进一步重现。

当然所有的这些记录都是对香烟的一种描述，也是对香烟在某种程度上的“宣传”。正如法国哲学家让·鲍德里亚（Jean Baudrillard）所提到的：“只要涉及审美或道德层面的评判，所有所谓客观的观点其实都是建立在对表象的描述之上的。”历史学家则需要抛开审美观或道德评判，透过现象看清本质，力求还原其本来的面目。

第二次世界大战之后，原本的消费型社会逐步转型成传播化社会，而无论在哪种社会里，商业广告都大行其道[8]。早在1694年版的《法国学院词典》里就曾这样指出："广告就是对大众犯下的罪行。"现如今，广告已经变成某种来者不拒的"贩卖"。无论是漫画、连环画，还是先锋派画作，甚至悬念式影片，这些艺术类型都是香烟广告营销常常采用的形式。广告"就像是最新的表演舞台。在这个舞台上，社会、政治、文化等各种场景的化身一一粉墨登场"[9]。

让我们再来看看本文开头描述的马格里特那幅著名的烟斗图，它就好像一个十字路口，各种关于香烟的广告营销思路都在此交汇。从中，我们至少可以得到以下启示：

——烟草的应用总是层出不穷，吐故纳新；

——即使香烟不得不逐渐退出公众场所，却绝不会淡出人们的视线；

——香烟总是不遗余力地展示着它性感、挑逗、充满诱惑力的一面。烟雾缭绕、手指翻动、双唇微张，无论从视觉还是触觉上，抽烟这一行为都可以唤醒激情，都会令人产生欲念和体内的躁动，都散发着一种暧昧的味道。

不管是主动还是被动，反正香烟就好像空气一般弥漫在每一个角落，遍布社会肌理，深入其骨髓。因此，香烟各种不同形象的演变过程也正是社会发展过程的一个组成部分。

## 第一章

# 烟草的味道

让我们先从法语里“抽烟”（fume）这个词的来源说起。由于找不到与英语“smoking”（抽烟）相对应的词，罗伯特·莫里马尔（Robert Molimard）教授专门创造了一个新词“抽（香烟）”（fume），以便跟“嗅（鼻烟）”和“嚼（烟草）”区分开来[1]。20世纪初，反烟人士曾经使用过一个稍带贬义的字眼“熏”（fumage）来描述吸烟这个动作，不过这种用法并没有流传开来。[2]

通常来说，那些研究“新大陆”征服史，研究人类健康发展史的当代作品都会提到烟在印度或在欧洲的使用情况。这些翔实的历史资料对香烟的研究很有参考价值。另外，从15世纪至20世纪的一些研究医学的专业论著里也都讲到了烟的起源。上述作者们因为不同的立场和论点，形成了旗帜鲜明的两大对立阵营：一方把烟称为“恶”，另一方称之为“善”[3]。但无论观点如何不同，所有的作品都无一例外地强调了一点：作为舶来品，烟散发着浓烈的异国情调。这一特性也成了香烟广告宣传的最得力卖点。

## 一切从“雪茄”开始

最早一批新大陆的征服者从美洲南部到北部，得出了一致结论：印第安人普遍具有吸烟的习惯。

西班牙的耶稣会士罗马诺·帕内（Romano Pane）讲述到，哥伦布在1492年的首次越洋航行中发现了一个小岛，并以他女儿胡安娜（Juana）的名字来命名：也就是现在的古巴。同年10月28日，两位水手罗德里戈·德·杰雷兹（Rodrigo de Jerez）与路易·德·多雷斯（Luis de Torres）在哥伦布的派遣下登陆了该小岛。[4]于是他们第一次发现了烟草，这个在岛上非常流行、深受岛民喜爱的物品。当地的泰诺族印第安人种了一种植物，在当地语中被称为cohiba，coriba，cojiba，cojoba或者gioia。它的叶子被当地人用来卷成烟抽。探险者们当时虽然不能肯定这种植物的确切名称，却描述出了它的具体形状：“它的叶子很肥大，摸起来就像天鹅绒一般柔软。”

在随后的新大陆探险中，当地土著吸食烟草的情况得到了更详尽的描述。西班牙传教士巴塞洛缪·德·拉斯·卡萨斯(Bartolomé de Las Cacas，1474—1566）曾跟随父亲参加哥伦布船队的第二次美洲大陆航行。卡萨斯在其著作《印第安人史》里写道：“一路上我们都能看到当地人，无论男女，手里拿着一根点燃的木炭和一些草状的植物。他们一边走路，一边点燃草叶，享受其散发出来的芳香。让他们如此爱不释手的东西外形看起来有些像孩子们在节日里放的鞭炮：由一张较大的干树叶裹着一些较小的干草叶组成。他们用木炭点燃其中一头，然后用嘴反复吮吸另外一头。在吞云吐雾的同时，他们的身体慢慢放松，疲惫逐渐消失，心灵也彻底沉醉其中。”这些看起来像鞭炮的东西被当时的印第安人称作“达巴科”(Tabaco)，也就是我们今天所说的“烟草”[5]。欧洲人由此发现了烟草以及它的用途。一开始欧洲人根据音译，用“Tabac”（烟草）这个词来表示印第安人吸烟的动作，直到过了很久以后，“Tabac”这个词才作为植物本身的名称出现在欧洲的词汇表中。最早时，法国人一直以另一个词“尼古提那”（Nicotiane，来源于第一个将烟草引入法国的法国人 Jean Nicot）来命名烟草。直到一个多世纪以后，《百科全书》里才开始将烟草称为“Tabac”[6]，而该词条则是由德·若古（de Jaucourt）骑士编写完成的。

随着越来越多的探险家踏足美洲新大陆，讲述印第安人吸食烟草的故事也越来越多了[7]。

1500 年 4 月 20 日，由 13 艘船和 1200 人组成的葡萄牙舰队，在航海家佩德罗·阿尔瓦雷斯·卡布拉尔（Pedro Álvares Cabral）指挥之下到达了巴西沿岸。岛上的图皮南巴族印第安人由此被发现，他们跟泰诺族一样也吸食烟草。女人们把烟草裹在棕榈叶里抽，男人们则使用一种当地特有的长管烟斗，并且互相传着抽。当时的征服者们把这种植物称为“petun”(也就是现在所说的“矮牵牛”，petunia)。当地土著使用烟草的风俗让欧洲探险家们无不称奇：“占卜者在占卜前会点燃大量的烟草，因为这种植物散发出的烟雾会让他们进入到亢奋状态，便于预卜凶吉。这种醉人的烟雾在当地大型集会上扮演着十分重要的角色。在发言者开始讲话之前，大家会往他脸上喷上几口烟。充满魔力的烟雾让他陷入沉思，帮助他更好地发表个人见解。”[8]

当然，点燃的烟草不仅用于占卜和集会，更被用于日常生活中，例如被塞进烟斗里。印第安人通常用石头雕成烟斗，有时也会使用黏土或者芦苇等材料。费尔南德斯·德·奥维多（Fernández de

Oviede)，曾经的哥伦比亚岛（现称伊斯帕尼奥拉岛）总督，在他的著作《印第安自然通史》(1536）里详细描述了印第安酋长们是如何通过“一种空心光滑状的丫形管子”来吸“燃烧的野草”[9]的。另外，胡安 · 苏亚雷斯 · 德 · 佩拉尔塔（Juan Suárez de Paralta）也在1580年提到过烟斗的使用方法：“空心的芦苇管子里塞满了一种被称为 picietl 的捣碎了的烟草，其中还夹杂着石灰、杂草根和枫树叶；印第安人把这种混合物塞进烟管（被称作 poquietl)，点燃其中一头的同时，用嘴猛吸另一头。从嘴中喷出的烟雾味道浓厚，让人昏昏欲睡。”[10]

法国的探险家们也在探索新大陆的旅程中邂逅了这种神奇的植物。1524年，受法国国王弗朗索瓦一世（François Ⅰ）派遣，迪耶普*一个名叫吉恩 · 安格（Jehan Ango）的船主带领自己的商船队登陆北美洲沿岸。随行的意大利佛罗伦萨人乔瓦尼 · 达 · 维拉扎诺(Giovanni da Verrazano）在“阿卡迪亚”（现在的加拿大）发现有个当地土著把“一根燃烧着的木条”递向一位船员，他随即开枪把印第安人给吓跑了。很可惜，维拉扎诺因此错过了这次历史性的与烟草近距离接触的机会。

相反，圣马洛人雅克 · 卡地亚(Jacques Cartier)船长却赢得了这样的机会。1534年至1541年间，卡地亚船长三次远航加拿大，并因此发现了圣劳伦斯湾和附近流域，以及霍切拉加（Hochelaga)，也就是现在的蒙特利尔。在第二次探险过程中，卡地亚船长遇见了由多纳戈纳酋长领导的休伦人，并接受了酋长的热情邀约，前往部落驻地斯塔达科内（Stadacone，未来的魁北克）小住。船长发现：“该部落种植了一种特殊的草，他们在夏天的时候把收割下来的草

---

* 迪耶普为法国北端濒临拉芒什海峡的一个港口小城。——译者注

叶堆成堆，以供冬天使用。这种草的味道很浓重，仅供部落里的男人们享用。他们把晒干后的草叶装进兽皮做的小袋子里，挂在脖子上。除此之外，他们还会随身携带一种石头或者木头做成的角状物。于是在任何时候，他们都可以从袋子里掏出一点草叶磨成粉，装进小木角里，然后用木炭点燃其中一头，另外一头则放进嘴里吸。随后，一团团烟雾从他们的嘴和鼻孔喷出，远处看起来就像是烟囱在冒烟。族人们都说，吸这种草叶不仅能让他们保暖，还能让他们身体健康。他们再也离不开这些神奇的草叶了。”[11]

1555 年，法国海军上将科利尼（Coligny）决定派出一支 600 人的舰队远征巴西。舰队于同年 8 月 14 日从迪耶普起航，由马耳他骑士、经验丰富的海军军官尼古拉·杜朗·德·维勒盖农(Nicolas Durand de Villegaignon）来指挥。科尔得利修道院的修道士安德烈·德维（André Thevet）作为随船神甫也一起来到了巴西，并成为此次远征的见证人和叙述者。[12]法国舰队在里约热内卢修建了军事堡垒，并在此驻扎了八个月。在此期间，德维采集了当地植物及生物标本：“我发现当地有一种很独特的草叶，被印第安图皮族人命名为 Petun。……他们每天都随身带着这种草叶，认为它具有神奇的魔力，有很多益处。当地居民精心地种植、采摘这种植物，并把它放在屋顶上晒干。使用方法如下：把一定数量晒干的草叶放在一张大的棕榈叶子里，然后裹成像蜡烛一样的圆筒。接着点燃一头，用嘴或者鼻子吸另外一头由此散发出来的烟。”[13]

无论是抽烟斗还是吸雪茄，欧洲的探险家们发现印第安人吸食烟草主要基于以下三个原因：

——首先，他们认为烟草具有超自然的神奇魔力：能治愈各种疾病，能让人达到某种灵魂出窍的状态，可以通神灵。从人体健康四种基本情绪平衡体系的角度考虑，德维神甫注意到，烟草是“有益身体健康的。根据当地人的体验，它能够将大脑内多余而不必要的情绪给消化排解掉，有利于身心平衡。”[14]

值得注意的是，并不是所有的印第安人都吸食烟草。德维在其著作里证实了这一点：“没有一个印第安女人吸食烟草。”原因何在？因为“浓烈的烟味会使女人们感到头晕目眩，就像喝了烈酒一样”[15]。所以女人们通常为丈夫们准备烟草，自己却不吸。但烟草有时候会被她们当成药品来服用，最常见的用途是促进消化。“烟草在印第安女人的童年或青少年时期发挥着非常重要的作用。在肚子不舒服的时候，她们会在腹部抹一点热油，然后把烟草叶放在火灰下加热，之后热敷在肚子上。”[16]

就如会引发幻觉的迷幻蘑菇和墨西哥仙人掌一样，烟草也是一种能令人麻醉的神奇植物。早期探索新大陆的航海家们都曾经提到过一个印第安传说：善神游历人间时受到了两位猎手的热情款待，为了聊表谢意，于是将烟草、玉米和豆子赐予了他们。

——其次，吸食烟草可以消除饥饿感，这在物资缺乏的年代和战争时期是非常有帮助的。烟草因此成为印第安人的生活必备品。“吸食烟草能够暂时地消除饥渴感。印第安人虽然没有公开地肯定这一点，不过他们提到，在战争时期，烟草会变得十分抢手。”[17]

——最后，烟草有着特殊的象征意义。玛雅古国帕伦克古城遗迹的浮雕上就描绘了当时贵族和萨满教祭司吸食烟草的情景。17世纪时期，一篇有关人类学研究的文章也曾以优美的笔触讲述了玛雅人拉坎顿部落庆祝“雪茄节”的场景：“……连续20天内，所有的居民都投入到雪茄的制作中，数量则由自己决定。第21天到来时，大家一起走进树林，沿着河流猎捕野鹿和鱼，采集蜂蜜等等。在某一个约定的日子，所有的居民都会回到部落，聚集在神庙前，并将自己捕到的猎物、采集的蜂蜜献给神灵……他们用猎物的鲜血擦拭神像的身体、将可可的汁液抹上神像的双唇。同时，每一家都向部落酋长（同时担当着国王和祭司的角色）献上自己制作的雪茄卷，以示臣服。大家在这一天精心地梳洗打扮，享用美食美酒，载歌载舞。这是个非常隆重的盛大节日。”[18]在中美洲阿兹特克文化里，烟草还象征着权利：例如在官员受封仪式上，他们会被赐予一大袋烟草。而随身携带的烟斗则代表着所有者高贵的身份和权利。[19]

> 部落酋长们都随身带着一种很光滑的空心管子：形状如丫，有指头这么粗，手掌这么长。他们把丫形的两端塞进鼻孔里，管子的另外一头则塞满烟草。他们随即把裹好的烟草点燃，吸上一口、两口、三口甚至好几口，直到他们毫无知觉地瘫倒在地上，陷入沉睡之中。在酋长们吞云吐雾之时，那些没有权利拥有这种烟管的普通居民们则围坐在旁边，用芦苇秆子吸一点烟管里散发出来的烟雾。酋长用的丫形管和其他人用的芦苇秆被当地人称作“达巴科”。[20]

此外，德维神甫的竞争对手，新教传教士让·德·雷利（Jean de Léry，1534—1613）也进一步印证了烟草在印第安人生活中的重要地位。1556 年 11 月 19 日，维勒盖农的侄子，海军军官布瓦(Bois）伯爵带领着三支船队奔赴巴西。跟随船队出征的雷利于1557 年 3 月到达法国在里约热内卢修建的军事要塞，并在此停留了八个月。他于 1563 年撰写了《巴西游历纪实》。由于手稿的丢失、重写、重新找回，这部作品直到 1578 年才由拉罗舍尔出版社正式出版。雷利给我们留下了非常珍贵的关于印第安图皮南巴部落的研究文献，其中也包含了一些关于烟草的描述：

> 在巴西见到的各种药草中，有一种特殊的植物被当地的图皮南巴人称为 petun：外表跟野菠菜类似，但要更高一些，而叶子更形似大飞燕草。当地土著十分珍视这种奇特的草叶，它的用法如下：首先，采摘下来的叶子被分成一袋袋挂在屋里晾干备用，需要用的时候就把一张大树叶卷成圆锥形，把四五片晒干的草叶裹入其中，接着点燃尖的那头并放入嘴里，然后就可以慢慢享用草叶燃烧后散发出来的烟雾了。烟雾最终会从嘴里或鼻子里渗出，消散在空中，但吸食者们却已得到了极大的满足，甚至可以连续几天仅以此果腹。除此之外，这种神奇的草叶还可以将大脑中多余而负面的情绪排解掉。因此，当地居民对此爱不释手，几乎每人的脖子上都挂着一袋草叶。与他们交谈时，他们随时会吸上几口，以示风雅。[21]

这种能对抗饥饿的神奇草叶甚至成为了个人身份的象征，对烟草的使用习惯不仅表明了使用者的社会阶层的不同，还能让人从中看出其处事作风。具有多重特性的烟草由此也吸引了欧洲殖民者的目光，使他们深深为之着迷。

将烟草塞入烟斗或裹成雪茄，享用点燃后散发出的烟雾，这是印第安人使用烟草的最主要方式。最早期的雪茄实际上跟现在的香烟很像，用来包裹烟草的外壳由其他材质做成：例如印第安人喜欢使用棕榈叶、玉米叶或芦苇秆当作“雪茄”的外皮来包裹烟草。《百科全书》也阐释了这一点：“西班牙人将墨西哥当地吸食烟草的工具叫做‘达巴科’，它是一种由中空的芦苇秆做成的管子，长约3英尺，里面塞满了烟草，还掺杂了一些树脂、香料等。使用者点燃管子的一头，同时吮吸另外一头。吸入口中的烟雾让他们昏昏欲睡，同时驱散了浑身的疲乏和劳累。墨西哥人则把这种充满魔力的烟管叫做‘波力克’”。

我们再来看看《百科全书》里关于另一个词条“Cigales”的解释：“安的列斯群岛上的加勒比人（拉丁美洲的印第安人）有着自己特有的吸烟方式：他们用一种薄如蝉翼、极富弹性的树皮来包裹烟草。他们把这种光滑如纸的树皮卷成烟卷，点燃一头，用嘴从另一头吸入烟雾，然后紧闭双唇，让烟雾在舌尖缭绕，最后再将烟雾从鼻孔中慢慢喷出。”[22]

可以看出，印第安人吸食烟草的方式基本大同小异，大都是通过嘴和鼻子来完成的。而整个吸食的过程同时调动了人体所有的感官。在巴拉圭，受西班牙耶稣会教化的瓜拉尼人将烟草叫做“扑哟”(pety)，这个象声词发出的声音正如双唇迸出烟雾的声音。在那里，与烟草相关的其他名词也都是从该词根引申扩展而来：例如用于吸烟的工具叫做“扑哟瓜”(petygua)，吸烟者叫做“扑哟瓜拉”(petyngurara)，从嘴里或鼻孔喷出烟雾的动作则叫做“阿扑哟姆布”(apetymbu)。[23]

此后的三百多年，人类学家们发现吸食香烟的习惯得到了很好的保持和延续，而使用方式及用途也呈多样化的发展趋势。“烟草刚被大家熟知的时候就已经具有多种用途了。在巴拿马，人们把烟草做成雪茄或烟卷。使用者把点燃的一头放进嘴里吸，随后将烟雾向外喷出，围坐一旁的伙伴们则挥舞着手掌将烟雾引向自己，以同享吸烟的乐趣。在新大陆尚未被哥伦布发现之前，雪茄或烟卷似乎比烟斗更受当地居民的欢迎。”[24]著名的社会人类学家列维－斯特劳斯（Lévi-Strauss）还写道：

> 享用烟草既可以是独自一人，也可以是三两成群；除了取乐消遣之外，烟草还具有多重的用途：在宗教祭礼中，祭司会

让信众喝入一些会导致呕吐乃至晕厥的烟草汁液，以达到净化身体、洗涤心灵的效果。而在施法仪式中，医师或者术士点燃烟草，以烟熏的方式医治病患。最后，无论是烟草叶还是烟草燃烧后的烟雾，都曾被当作是礼拜神明的祭品。

在欧洲人眼里，印第安人嘴里喷出的一阵阵烟雾具有不可思议的魔力。他们深深为之着迷，并不自觉地以夸张的笔触来描写这神奇的烟草。

## 烟草点燃西方大陆

在克服了最初的种种不适之后，西方的探险家们开始慢慢品尝到新大陆带来的各种“滋味”。雅克·卡地亚船长承认：“我们试过像当地人一样吸食烟草，那滋味就像往嘴里撒了胡椒粉，辛辣无比。”[25]雷利神甫则坚称：“正如我之前所说，烟雾从他们的嘴鼻里喷出，就像香炉一样。这种烟雾多少有点令人不舒服。我同时也发现当地的女人们几乎都不吸烟，但不知是何缘故。在亲身体验过烟草的味道之后，我感觉到它有果腹的效果。”[26]

上述朴素平实的描述说明了这两位体验者由于不善于用语言表达，尤其是没有什么品鉴能力，难以真正形容出自己的切身感受。他们仅仅通过简单的类比来表述对烟草的体验，例如提到的香炉（宗教意味）、胡椒粉（味觉方面）或者酒精（等同于醉酒的感觉）等等。

殖民者们逐渐在新大陆上安居乐业，他们很快养成了像印第安人一样的吸烟习惯。[27]从法属到西属殖民地，从安的列斯群岛到巴西，吸食烟草者无处不在。“当时的基督徒们对烟草爱不释手，十分痴迷：即使一开始就知道吸食烟草会有怎样的危险（根据我自身的体验，吸烟会让人出汗、变得虚弱，甚至导致晕厥），并且跟其他有毒的药草一样对大脑有害，他们仍然把它奉为美味佳肴。”[28]

而在不同的国家，根据当地的习惯，吸烟者对烟草的使用方式也有不同的偏好。在北美洲地区，欧洲殖民者顺应当地风俗，普遍使用烟斗；在南美洲的欧洲人则更喜欢抽雪茄或烟卷。[29]

烟与酒之间（用当时所谓“撒旦之草”换“烈火之水”）或者烟与烟之间的物物交易在当时十分流行，这也大大推进了不同文化之间的交流（例如印第安式烟斗与欧式烟斗之间的交换[30]）。在“新法兰西”（北美洲的法属殖民地），大城市里的贵族精英们习惯嗅鼻烟壶，而普通大众则像当地人一样吸点燃的烟草。其中，居住在加拿大地区的法国人则从安的列斯群岛、巴西和密西西比进口烟草。[31]

航海家们最终把美洲吸食烟草的习惯传回了欧洲大陆：

> 每天有很多海员从新大陆返回欧洲，他们的脖子上大都挂着一种用棕榈叶或其他草叶做成的小漏斗，里面塞满了捆扎好的干烟叶。他们随手点燃漏斗尖的一头，然后把嘴尽量张大，从另外一头猛吸散发出来的烟雾。海员们认为吸入的烟雾不仅可以抗饿解渴，还可以驱除疲累恢复体力。就如醉酒一般，味道浓烈的烟雾让他们大脑彻底放空，精神也由此得到放松。[32]

15 世纪伊始，葡萄牙、西班牙和法国开始在巴西争相开采巴西苏木，从这种珍贵的木材中可提取出被称为“巴西红”的染料。在法国，苏木通常从鲁昂港口入关；而就是从那个时候开始，烟斗的使用逐渐在诺曼底地区普及。诗人、航海家同时也是测绘师的皮埃尔·葛里农（Pierre Grignon）曾经参与了法国军舰“思想号”在

1529—1530年间远征苏门答腊岛的航行，并因此为人熟知。早在1525年，皮埃尔就曾在法国迪耶普的一个小酒馆里对烟斗有过“惊鸿一瞥”。从他的描述中可以看出，“烟酒不分家”早已深入人心：

> 我昨天见到了一位老朋友，与他相约去酒馆。我喝着我的布列塔尼酒，这位老海员顺手从口袋里掏出一个白色石头做成的东西……我一开始以为是一个文具盒，或者可以说有点像墨水瓶，不过接了一条长长的管子和一个小罐子。他把几张深褐色叶子碾碎后塞进较大的那头，然后在上面点火，接着再将管子放在双唇之间，吮吸散发出来的烟雾。他吞云吐雾的样子让我大为惊叹。他接着告诉我，他是从葡萄牙人那学到这一套的，而葡萄牙人又是从墨西哥的印第安人那里学来的。他还说，吸烟总能让他理清思绪，心情豁然开朗。[33]

随着两大洲之间的往来越来越频繁，吸食烟草的风气慢慢从港口城市蔓延到内陆，在整个欧洲大陆生根发芽。“烟草在欧洲风靡一时，甚至‘一叶难求’，越来越成为社会关注的焦点。无论是烟草种植，还是烟草文化的发展也都逐步臻于完善。烟草贸易已然占据了当时欧洲及美洲贸易的很大一部分份额。”[34]大西洋沿岸的港口，例如里斯本、加的斯，也成为了欧美商贸往来的枢纽。[35]

烟草跟香料一起，成为大西洋两岸往来交易的主要货品。有的地区甚至太过于沉迷其中，险些酿成大祸。让—巴蒂斯特·迪特尔德尔（Jean-Baptiste Du Tertre）在他的著作《安的列斯群岛通史》（1667—1671）里曾经提到过这样一件事：1625年，圣基茨岛上的法国人占领了安的列斯群岛，并在此驻扎：“为了将尽可能多的烟草带回法国，大家全身心投入到烟草的种植中……甚至还有人把田

《吸烟的美洲印第安人》，版画，安德烈·德维，1558 年

《野人节》，版画，狄奥多·德·布里，1562 年

里的庄稼拔掉，改种烟草……不幸的是，饥荒降临。要不是路过的荷兰船员收购了岛上所有的烟草，让居民以此换取生活必需品和食物，岛上所有的人都会因此饿死。而荷兰与安的列斯群岛间的贸易往来也由此正式建立。”[36]

新大陆的发现者和征服者们不断地从美洲带回各种珍宝、当地特产以及各种纪念品。不过，也有些人的口袋里则装满了烟草。

据说哥伦布返回欧洲时并没有带回烟草，是因为在那个时候，烟草尚未得到宫廷认可，因此未能得到官方的承认。随着两大洲之间的往来趋于频繁，各国的学者、医生、植物学家才逐渐有机会了解和进一步认识这种全新的植物。在西班牙，我们无法确切地指出是谁促发了烟草在当地的培植：有可能是拉蒙·帕内（Ramón Pané），他于1497年撰写的著作《海角部落》讲述了印第安人的风土人情；也可能是伊斯帕尼奥拉岛的第一任总督费尔南德斯·德·奥维多；还有可能是征服了阿兹特克帝国的埃尔南·德科尔斯特（Herán de Cortes），他在1519年时曾将一些烟草种子送给了当时的西班牙国王查尔斯五世（Charles Ⅴ）。继海员和港口居民之后，西班牙其他城市的居民也掀起了一阵追捧烟草的风潮。而在欧洲最早开始大批量种植烟草的是博物学家弗朗西斯科·埃尔南德斯·德·托雷多（Francisco Hernández de Toledo），他曾任菲利普二世（Philippe Ⅱ）的御用医师。托雷多曾于1559年被派往墨西哥，并在当地发现和记录了1200种植物标本，其中就包括烟草。回国之后，他开始致力于培植出适宜于西班牙本土生长的烟草。

烟草最开始进入欧洲时，被当作装饰植物或者药草来用，后来才慢慢变成了让时人为之着迷的大众消费品。1558年在里斯本，外交官达米奥·德·格尔斯（Damião de Goès）在皇家的花园里播撒了一些烟草种子。他早前曾被派驻法兰德斯，当时一位刚从佛罗里达回来的弗拉芒人将这些烟草种子送给了他。

而在法国，烟草的扎根发芽无疑要归功于雅克·卡地亚。在他的第二次（1535—1536）或第三次（1541）的北美探险旅程中，他发现了烟草这种独特的植物，并为之深深吸引。法国殖民者们从加拿大的萨格奈地区带回了所谓黄金、钻石、烟草种子等各种珍宝。然而经过专家的鉴定，前两者仅仅是普通的黄铁矿石和云母。至于烟草，则确被当作是货真价实的宝物。最早一批的烟草种子主要在法国北部生根发芽，因为那里不仅气候、土壤都适宜种植烟草，而且经济贸易相当发达。法国最早期的烟草品种主要来源于北美洲。

后来，为了向国王亨利二世和皇后凯瑟琳·德·美第奇（Catherine de Médicis）表达敬意，鲁昂举办了一场盛大的“巴西节”。城市为此搭建了一座印第安村落，村民由一部分真正的印第安人和一部分乔装打扮的当地居民组成。村落里的村民们向大家展示出印第安人原汁原味的生活，并且还时不时表演战争的场面。在对这场节日盛况的描述中，我们发现了这样一段：“……就在这个时候，走来了一队很有特色的土著，随身带着烟草，并因此自称为‘达巴格尔’（Tabagerres），在当地语言中是吸烟者的意思。”[37]烟草在舞台上闪亮登场，由此吸引了王室的目光。

被称为“巴西通”的修道士安德烈·德维，在他1575年出版的一部作品中提到：“作为第一个把‘昂古莱姆草’带回国并尝试在本土种植的法国人，我为之感到自豪。”[38]1556年，德维神甫将带回来的烟草种子种在昂古莱姆(Angoulême）的修道院花园里，并以他所在的城市“昂古莱姆”来命名这种植物。可是他的老对手让·德·雷利神甫却对此提出异议：

> 我们现在把这种植物叫做“尼古提那”、“王后草”，或

者“矮牵牛”。但其实我都懒得费口舌去说了，这两种植物，无论是外形还是属性都完全不同。而且，《乡村之家》[39]的作者表明，烟草这种植物最早是从距离巴西几千公里远的佛罗里达引进的（两地之间隔着赤道）。另外，我对那些声称栽种了烟草的地方做了调查研究。到目前为止，我都还没有发现正宗烟草在法国的踪迹。而沾沾自喜地把所谓的‘昂古莱姆草’当作真正烟草的某位，我也看过他的大作：如在他撰写的《宇宙志》中提到的该种药草的所谓特性，与“尼古提那”的属性实在有太多相同之处。鉴于以上种种，对于他自称为第一个带回烟草的法国人，我不能苟同。而且本地寒冷的气候并不利于该植物的正常生长。[40]

根据雷利的种种辩证，真正意义上将烟草引入法国的第一人应该是让·尼古特·德·维耶曼（Jean Nicot de Villemain，1530—1604）——来自尼姆一户富有家庭的新教徒（属于与雷利相同的教派）。[41]根据医学家及农学家让·里埃布（Jean Liébault）所说，时任法国驻里斯本大使尼古特，曾经派人将一些烟草叶子献给凯瑟琳·德·美第奇王后。她以儿子弗朗索瓦二世的名义，真正掌握着当时法国的统治权。烟草的神奇效用征服了美第奇王后，并因此被称作“王后草”，后来又被命名为“尼古提那”[42]。同时，王后还亲自下令在布列塔尼、加斯科尼和阿尔萨斯地区开始种植烟草。[43]

从1560年开始，烟草在欧洲的普及加快了速度。不仅在威尼斯、热那亚等港口城市，就连马德里总督统治下的那不勒斯和西西里岛都能见到它的身影。法国人对香烟的传播推广也做出了很大贡献。时任佛罗伦萨驻巴黎的使者尼古洛·托纳波尼（Niccolò Tornabuoni）从法国寄了一些烟草种子给他的叔叔阿方索·托纳波尼（Alfonso Tornabuoni）。阿方索随即将其介绍给了佛罗伦萨最有权势的美第奇家族：于是这种被称为“托纳波草”的植物开始在柯西莫·德·美第奇(Cosme de Médicis)的花园里生根发芽。几乎在同时，罗马教皇的教廷大使、红衣主教普罗斯佩罗·德·圣塔克洛斯（Prospero de Santa Cross）在1561年把烟草引入了罗马。主教大概是在被派驻里斯本的时候从达米奥·德·格尔斯的花园里发现并认识了烟草，并将它命名为“圣十字草”。烟草于1565年“登陆”英格兰，这要归功于海盗船长弗朗西斯·德雷克（Francis Drake)。当时侨居法国的两位植物学家马蒂亚斯·德·罗贝尔（Mathias de L'Obel）和皮埃尔·佩纳（Pierre Pena）联手撰写了《新草药手记》，并在此书中赋予传至伦敦的烟草一个专业的学名：印度健康神草或叫高卢尼古提那草。德国人也在很早的时候就认识烟草了：1563年，为了逃避宗教迫害，两个胡格诺派的法国人逃亡到奥格斯堡，并将烟草带了过去。

印第安人吸食烟草的习惯和方式迅速传遍欧洲。从最早前往新大陆的海员、葡萄牙或西班牙商人，到之后其他的欧洲旅行者，越来越多的欧洲人把烟草带回来，烟草很快遍布整个欧洲，几乎同时在南部和北部扎根发芽。尤其是在16世纪至17世纪，频繁的政治纷争和战事加快了烟草的推广和普及。由瓦伦斯坦和蒂利将军率领出征德意志北部的奥匈帝国皇家军队将烟草带到了奥地利和匈牙利。瑞典国王古斯塔夫二世（Gustave Ⅱ）的军队则把它们引进了瑞典。在荷兰，烟草的出现源于西班牙的军队和税收。而在瑞士，直到17世纪，人们才开始吸食烟草。

在当时，以弗兰斯·哈尔斯·维米尔（Frans Hals à Vermeer)等著名画家为代表的荷兰画派主要以描绘普通市民的生活琐事为主，并逐渐壮大自成一体。其中对吸烟馆的描绘成为早期的荷兰派画作中常出现的场景。这也从另一个侧面说明了烟草在当时生活中的重

DESCRIPTION DE
L'HERBE NICOTIANE:
*de ſes proprietez & vertus.*

CESTE herbe eſt appe-
lee Nicotiane, à cauſe
de la premiere cognoiſ-
ſance qu'en a donné en
ce Royaume Maiſtre Iean Nicot
Conſeiller

"尼古提那"条目，《各类花草的功效》，马塞尔·弗洛里杜斯著，1588 年要性。以荷兰画派中极具代表性的画作“抽烟的人”[44]为例，这幅作品是由阿德里安·伯劳威尔（Adrien Brouwer，1605 或1608—1638）创作而成的。画中的场景取自法兰德斯的一家小酒馆。男人们围坐在一起，一边喝啤酒，一边抽烟。其中一人叼着石质的烟斗，另一人拿着一截管状物（要说是今日之香烟也未尝不可）；身处近景的第三人转向观众，喷出一个个圆圆的烟圈。在这幅描绘当地人吸烟场景的画作中，画中人物的举手投足无不散发出一种神秘而暧昧的矛盾意味：画家的目的到底是在于突出轻松愉快的氛围，使欣赏者感到愉悦？或者恰恰相反，目的在于谴责吸烟者，不赞成这种对感官享受的无节制追求？无论如何，这幅画作反映了当时社会的吸烟风俗。

烟斗和烟卷作为烟草使用的两大“分支”，各自开枝散叶，逐渐发展壮大。

受印第安人部落瓜拉尼人和纳奇兹人的影响，烟斗首先在英国流传起来。1565 年，约翰·霍金斯（John Hawkins）船长从当时的英属殖民地佛罗里达带回了南美种植的烟草。该地区后来为西班牙人长期占领。[45]1586 年，弗朗西斯·德雷克船长率领手下冲锋陷阵，大败西班牙舰队凯旋而归，成为英国人民的大英雄。德雷克船长和他的船员们在此次远征期间，受印第安人的影响，都成了名副其实的“大烟枪”。烟草爱好者中，还包括了拉尔夫·莱恩（Ralph Lane），他曾经指挥英国军队奋战，夺下了英国在美洲的第一个殖民地罗阿诺克；还有托马斯·哈里奥特（Thames Harriot），著名的数学家、天文学家——英国民众对于烟草的了解和认识最早得益于他。[46]在所属殖民地缺少其他珍稀资源的情况下，英国人开始从美洲带回大批量的烟草叶和烟草种子。结果，没过多久在英格莱西部格洛斯特郡的温什科姆，烟草种植园如雨后春笋一般涌现。而烟斗在英国的风行则要归功于沃尔特·罗利（Walter Raleigh）爵士，英女皇伊丽莎白一世（Élisabeth I）的情人。1584年，他在美洲东部沿岸建立了英属殖民地，并将其命名为“弗吉尼亚”(Virginie，意为童真)，以此向女皇致意（伊丽莎白一世别称“童真女王”)。罗利爵士于两年之后回到英国，并将抽烟斗的风俗习惯引入了宫廷。很快，从朝臣到市民，大家无不争相效仿皇室，嘴中叼着塞满烟草的烟斗。自1600年开始，烟草店开始售卖搭配有弗吉尼亚烟叶的各类烟斗，富人们爱买昂贵的银制烟斗，穷人们则选择便宜的黏土或胡桃木制成的烟斗。罗利后来被斩首，但英国民众对烟斗的追捧并没有受到丝毫的影响。1611年，另一烟草爱好者约翰·罗尔夫(John Rolfe）开始接管弗吉尼亚的烟草种植及买卖业务。为了与当地的印第安酋长波瓦坦结成联盟，罗尔夫与酋长的女儿波卡洪塔斯结成了夫妻，以确保英国在当地的贸易往来得以顺利进行。[47]弗吉尼亚在很长一段时间内都占据着全世界烟草供应量第一的位置，那里出产的金黄色淡烟叶尤其适用于烟斗，同时也适用于此后出现的香烟。为了迎合大众的吸烟风潮，各种吸烟馆一间接着一间地开了起来。从17世纪起，社会每一个阶层都热衷于举行“吸烟派对”。每个学生的书包里也都装着一只塞满烟草的烟斗，以当作早餐享用。课间休息时，老师们会拿出自己的烟斗点燃，同时向学生们示范如何正确使用烟斗。“大部分人吸烟并不是出于自身需要，而是为了娱乐和消遣。”[48]

至于烟草的另一“分支”——卷烟——在欧洲的发展，则起源于西班牙。

## 首支欧洲香烟源起西班牙

作为欧洲最早发现烟草的人，西班牙人喜欢把它放进钱袋里，随身携带。把烟草带入西班牙的“引荐者”中，最出名同时也是最执著的一位是来自荷兰（当时荷兰在西班牙的统治之下）莱顿的医生让·尼安德（Jean Neander）：“烟草这个名称来自于新西班牙（指当时西班牙在美洲的殖民地）的一个省名多巴哥（Tobago），该地区位于西印度群岛新发现的土地，距离当时新西班牙首府墨西哥城约160公里，曾隶属于尤卡坦王国。当地盛产的这种珍稀植物被征服者发现并流传开来，由此被称为‘达巴科’。1519年，费尔南德·科尔特斯正式在美洲建立了殖民地——新西班牙，为纪念这一伟大的胜利，该省区随后也被西班牙人命名为‘圣母得胜城’。秘鲁及所有南美洲地区的居民则把这种植物叫做‘petun’，也有人正如或莫纳兹医生的研究中提到的那样把这种植物叫‘picietl’，同时，航海家奥维多还把它叫做‘perebecenuc’草。”[49]

法国于1753年出版的《百科全书》向法国大众阐明了这一点：烟卷起源于西班牙。其中关于“Cigales”这一词条的解释中提到：“拉丁美洲的西班牙人将它称为‘达巴科’：它是一种指头般粗细、约3英尺长的管子……里面塞入摆放整齐的几截烟草丝，外面包裹着一张大树叶。使用者点燃管子的一头，用嘴从另一头吸入烟雾。通过这种方式吸食烟草，就不需要用到烟斗了。”

比起烟斗来，西班牙人还是更偏爱雪茄卷。西班牙语里所说的“吸食烟草”，具体表达的是吸卷烟的意思。曾经随哥伦布发现新大陆的水手罗德里戈·德·杰雷兹是第一个见到古巴印第安人的欧洲人，同时也被认为是欧洲第一个烟民。1498年，有人在塞维利亚看见他手拿着一支巨大的烟卷。几年之后，另外两位旅行家胡安·德·卡斯特罗（Juan de Castro）和弗朗西斯科·埃尔南德斯（Francisco Hernandez）也提到了“达巴科”——一种他们热衷于吸食的烟卷。他们所津津乐道的珍贵烟卷是由上好的棕榈叶或玉米叶包裹而成，体态上更为轻盈。西班牙人最终用了一个特有的词汇“puro”来称呼它。这也就是香烟的前身，体形更为粗大，但已经开始使用烟草以外的材质作为烟卷的外壳了。

1611年，西班牙开始以官方的名义进口烟草。由于供应量的提高，烟草的价格很快降了下来，社会所有阶层的人都开始吸起烟来。那些经过精心制作，由烟草叶包裹的长雪茄主要供富人们消费。塞维利亚的乞丐们则发明了一种“纸烟卷”：他们把别人扔掉的雪茄烟头捡回来切开，把里面剩下的烟草丝取出，再用小纸片裹着做成小烟卷来抽。这种回收再利用的省钱方法在穷人们中间逐渐推广开来。耶稣会士胡安·尤西比奥·涅若伯格（Juan Eusebio Nieremberg）于1635年撰写的《自然史》中也证实了“纸烟卷”这一用法。人们吸雪茄的热情日益高涨，对它的需求也有增无减。雪茄的生产制造可追溯至1731年，“塞维利亚皇家烟草制造厂”于此时正式成立，成为西班牙第一家卷烟制造企业。[50]

然而，18世纪盛行一时的“亲法、崇法”风潮让西班牙上流社会的人们放弃了吸雪茄的风俗，改为像法国皇室贵族那样吸鼻烟以示优雅。不过，“中产阶级”仍旧保持了吸雪茄的习惯。以善于观察当时欧洲社会风俗风尚而闻名的意大利冒险家兼作家雅克·卡萨诺瓦·德·塞恩加尔（Jacques Casanova de Seingalt）发现，出身于波旁家族的一位西班牙国王“每天起床时都要把一大撮鼻烟塞进他硕大的鼻子里，吸上好一阵”。不过，另一位西班牙国王查理三世（Charles Ⅲ）深以西班牙为荣，所以“要求所有其他的吸鼻烟者必须自己制造鼻烟，而不能从法国进口”[51]。在当时，烟草的走私十分普遍，各种“境外”烟草包括法国鼻烟通过非法渠道进入西班牙。卡萨诺瓦（Casanova）就曾在街上被巡逻队搜查，而不得不将随身带着的鼻烟扔掉，他还辩称那只是“巴黎干乳酪”。

在远离西班牙王宫的大街小巷里，普通大众对烟卷的追捧却长盛不衰。西班牙浪漫画家戈雅（Goya）就至少画过两次吸烟者的素描。喜欢走街串巷、热衷猎奇冒险的卡萨诺瓦在马德里时惊奇地发现，客栈的老板抽一种“迷你雪茄”，里面裹的是巴西烟草：“店家懒洋洋地抽着他的‘小雪茄’，从嘴里吐出一串串的烟圈，趾高气扬。这烟卷看起来就像笔杆子，外壳由纸卷成，里面塞满了巴西烟草。”[52]

欧洲的第一支香烟虽然起源于西班牙，但欧洲最早的反烟风潮也自西班牙发起。

## 首次抵抗被迅速驱散

围绕着烟草的争论首先在宗教界展开：烟草到底是反宗教的，还是反传统的呢？

本书前面曾提到的欧洲吸烟第一人——罗德里戈·德·杰雷兹就曾于1498年在巴塞罗那街头被捕，成为反烟风潮中的第一个牺牲者：调查委员会以施行妖术的罪名判处了杰雷兹十年徒刑。吞云吐雾的吸烟者被当成了魔鬼的化身。朱塞佩·本佐尼（Ginseppe Benzoni）在其著作《新世界史》中曾明确地表达了他对烟草的厌恶之情：“显而易见，这种邪恶而极具传染性的毒药绝对是魔鬼创造出来的……刺鼻的烟雾散发出恶臭。为了避开这邪恶的气味，我不得不匆忙离开，逃到别处。”[53]对某些欧洲人来说，弥漫的烟雾让人联想到邪教的仪式，而烟草本身更被视作魔鬼的产物，散发出“黑弥撒”*一般的气味。

---

* 指一种在弥撒后献祭动物以鼓励魔鬼的活动。——译者注

纯正的基督徒绝不会接触这些撒旦的产物。民众对烟草的迷恋让多明我会修士拉斯·卡萨斯（Las Casas）——值得注意的是，当时的调查委员会受多明我会的领导——大为光火："我认识的一些西班牙人，在伊斯帕尼奥拉岛上染上了吸烟的恶习。在我斥责他们时，他们却对我说已经没有办法戒掉吸烟的习惯了。我搞不明白他们到底能从烟草里品尝到怎样的滋味。"[54]卡萨斯修士的反烟态度相对来说是比较温和的。而同为西班牙人的作家弗朗西斯科·克维多(Francisco Quevedo）的言辞则激烈得多："吸食烟草者十足一副魔鬼附身的样子，散发着恶臭的烟雾从他们体内喷出，邪恶的灵魂侵占了他们的大脑。他们泥足深陷，为之疯狂。他们的一只脚已经踏进了地狱的大门，已在提前适应那个始终烟雾缭绕的绝境。"[55]

教会的最高阶层也被这"恶魔般的烟雾"搞到心神不宁。贝内代托·斯特拉（Benedetto Stella）曾经引述过最初一些主教们对烟草的谴责言论，然而其真实性无法得到核实。[56]

受烟草"污染"最严重的当属塞维利亚教区。[57]在接到好几宗投诉后，天主教会果断表明立场，采取了行动。1642 年 1 月 30 日，教皇乌尔班八世（Urbain Ⅷ）颁布了教旨《为了将来的回忆》。从其反烟的论述中，当时对烟草的排斥境况可见一斑："近来我们得知，吸食烟草的不良风气在多个教区散布开来：无论男女老少，无论牧师神甫，无论是教会人士还是世俗大众，他们完全不顾及身份、礼仪，随处吸食烟草，甚至是在教堂做弥撒时也是如此。在塞维利亚教区的教堂内，情况尤其严重。我们深深为之不耻：令人厌恶的烟草汁液玷污了神圣的教袍，刺鼻呛人的烟味污染了神圣的殿宇，也让那些一心向好的其他教徒们感到无比愤慨。吸烟者们早已将对神明的敬畏之心抛之脑后。"乌尔班八世随即发布了将所有吸烟者逐出教会的教令："无论个人还是团体，无论男女，无论普通民众还是神职人员，任何人无论以嚼、吸或抽烟斗等任何方式在教堂内吸食烟草都将被逐出教会。"[58]

乌尔班八世的继任者英诺森十世（Innocent X）也继续重申其前任的反烟教令，并强调在教会圣地附近地区严禁吸烟。然而，这些禁令在实际执行过程中并不十分有效，以至于英诺森十一世（Innocent XI）不得不于1681年重申其前任的禁烟通告。

宗教界的反烟行动最终还是以失败告终。1729年，伯努瓦十三世（Benoît XIII）颁布了教谕《自行文书》，他对待烟草的态度要宽容得多。他最终宣布废除"真福者英诺森十世关于禁烟的教令"，仅要求神职人员对自己的行为稍加节制："吸食烟草的风气如此普遍，强行的禁止已是徒劳。"[59]

除宗教界人士之外，政界人士也曾是反烟运动的主力军。其中最强硬的反对者当属英格兰国王詹姆士一世（James I），他是虔诚的天主教徒，曾公开表明与吸烟者势不两立。1604年，他发表了一篇拉丁文的抨击文章《吸烟之恶》，措辞相当激烈：

> 最初只有美洲蛮荒之地的野人才会食用这种臭气熏天、令人憎恶的草叶，而这种恶习竟然迅速地传到了文明社会，遍布欧洲，乃至全世界。烟草不仅带来了源源不断的财富，也彻底改变了整个社会的风俗。……然而，如果你们还残存着一丝的理智，请远离烟草，请果断地丢弃这污泥中拔出的脏物。只有愚昧无知的蠢人才会去食用它。如果你们不听从我的建议，你们将会遭到神明的报应，你们的健康将受到损害，家财将被散尽，家族也将因此蒙羞。另外，吸烟的行为如此粗俗不雅，那难以忍受的烟味还将侵蚀你们的思想和智慧。而那些从嘴里喷出的邪恶烟圈就像

是从地狱里飘散出来的雾气。[60]

英格兰国王从道德及宗教层面对烟草进行了强烈的抨击，在其成见的背后也暗藏着不言而喻的政治纠葛。在詹姆士一世登基之后，已故英女皇伊丽莎白一世的宠臣沃尔特·罗利爵士成了新国王的眼中钉。而罗利正是使用烟斗的倡导者，是他最早开拓了弗吉尼亚烟草进口至英国的贸易。罗利爵士于 1618 年被捕，随即被斩首示众。两年之后，詹姆士一世开始大幅度提高弗吉尼亚烟草的进口关税。然而此项措施并未达到国王打击烟草进口的目的，反而促进了烟草的走私业务。此外，随着大英帝国的殖民扩张，国王的反烟行动也日趋式微，最终以失败告终。1607 年，英国派出 120 名拓荒者前往切萨匹克湾，并在附近建立了英国在北美的第一个殖民地詹姆斯敦。经历千难万阻，小镇逐步发展壮大（1619 年已有两千名居民），并依靠烟草种植而逐渐繁荣发达。詹姆士一世逝世后，查尔斯一世继承父位（1625），他创立了“烟草垄断集团”，以确保烟草贸易收入归皇室所有，其收入全部纳入国库。烟斗最终在这场反烟斗争中胜出。

16 世纪以后，随着烟草业的发展壮大，医学界也逐渐出现了一些反烟的声音。当时大部分医生认同烟草调节情绪平衡的那一套理论，指出烟草叶具有多重疗效，可“保暖、消肿（减轻炎症），以及收敛（促进组织收缩）”[61]。然而也有一些医者宣称烟草具有危害性，以烟雾的形式吸入尤其有害健康。

法国国王路易十四（Louis XIV）的首席御用医师盖—克雷桑·法贡（Guy-Crescent Fagon，1638—1718）正是医学界反烟派的代表之一。他曾经撰写了一部论著献给国王（路易十四从不吸食烟草），该文标题意味深长：《频繁吸烟是否会大为折寿？》[62]。

法贡医生的论作以一段警示作为开篇："那些吸食烟草的人们是多么的轻率鲁莽，这致命的毒物堪比毒芹、罂粟、莨菪，有过之而无不及。……久而久之，所有快感都将慢慢消逝，厌烦取而代之；吸烟最终成为你们躲不掉甩不开的厄运。你们珍贵的嗅觉器官鼻子，在烟雾的侵蚀下也将变成肮脏无比的下水管道。"[63]

然而这篇论著并没有取得任何成功。由于不得不留在凡尔赛宫照料身体微恙的国王，法贡错过了一场有关烟草的公开辩论，其同事巴尔班（Barbin）代为出马，并在辩论中介绍了法贡的专著。书中的论点遭到了辩论对手伯瓦尔松（Poirson）医生的大肆嘲讽。针对巴尔班本人也是吸鼻烟的狂热爱好者这一点，伯瓦尔松大声地奚落道："巴尔班大师，在您诽谤这种非凡的植物时，您的鼻子里恐怕还塞着刚刚吸完的烟草屑吧！"法贡后来的追随者们还是不得不向大众潮流低头，最终宣称吸烟对劳苦大众还是有益的：

> 吸烟所带来的愉悦确实具有难以抗拒的魅力，它尤其适用于那些生活艰辛的人们。贫苦的劳动者，例如水手、士兵们能在吞云吐雾中找到些许慰藉，暂时忘却生活的烦忧。吸烟这种无谓的行为应该仅限于这些卑微的民众，他们似乎生来就是为了消化掉这世上最邪恶的产物。相反，那些受过良好教育、举止文雅、体格健康的高尚人士则应该谨慎地避开烟草的迷惑，千万别让这散发着臭气的烟斗玷污了你们的口鼻。[64]

自从开辟美洲新大陆以来，欧洲大部分国家都采用了印第安人抽烟草的方式，唯独法国独树一帜，坚持沿用吸鼻烟，抗拒其他吸食烟草的方式。

## 法国盛行吸鼻烟

作为天主教会中的“老大”，旧制度时期的法兰西更偏爱吸鼻烟，贵族阶层甚至专门为此创立了一套礼仪规范。莫里哀的著名剧目《唐璜》中的大段台词广为人知：“……要向他学习如何成为彬彬有礼的人……要乐于让身边左右的人分享你的鼻烟。”[65]

当时在法国，如果一位贵族像印第安人一样抽烟，会被认为有失体面，不合礼仪。尼古拉·阿尔努（Nicolas Arnoult）的雕刻作品，名为《愉快的烟室》的浮雕呈现了如下场景，勃艮第公爵夫人和她的女伴们坐在凉亭中，抽着烟斗。事实上，她们这种“罪恶”的行为、野餐篮里的酒瓶，以及散落一地的空酒杯都暗示了夫人们早已被烟酒迷得晕头转向。另外，专栏作家圣西门（Saint Simon）[66]揭露了一桩在当时看来骇人听闻的皇室丑闻，太子妃玛丽·安托瓦内特（Marie Antoinette）跟女伴夏特尔公爵夫人、孔岱公爵夫人一起，跑去向几位皇宫的瑞士侍卫借抽烟用的烟具。在当时，女人吸烟一直被当作是禁忌，直到18世纪末，封建旧制度即将瓦解之时。“在法国，女人吸烟还非常少见，即使在有人相伴左右，也会显得有失端庄。那令人厌恶的烟雾不仅有损女士们的形象，还有损健康。”[67]

如前所述，法国人在烟草的使用方式上特立独行，对抽烟卷的习惯一向敬而远之。1690年出版的《菲雷蒂埃通用词典》都未曾收录关于“雪茄”或“烟卷”的条目。抽烟斗或吸烟卷的行为至多只会出现在军队里。同水手一样，士兵们也依靠吸食烟草来消解枯燥寂寞的军旅生活。在行军打仗途中，士兵们最大的享受莫过于在歇息时掏出烟盒抽上一根，尤其是在夜间站岗放哨时更需要靠吸烟来提神，即使冒着火星的烟头可能带来危险也在所不辞。18世纪时涌现了大量以此为主题的版画作品，其中一幅的配文如下：

在哨所的日子里，
我点燃了烟斗，手拿起扑克，
头戴着钢盔，
我对着明天放声大笑。

为数众多的近现代画家也都乐于以此为主题，着力描绘这放松的片刻：例如荷兰画家皮尔特·德·霍赫（Pieter de Hooch）的《哨兵》、法国画家马蒂厄·勒南（Mathieu Le Nain）的《哨所》以及塞巴斯蒂安·布尔东（Sébastien Bourdon）的《立定》。炽热的战火不再让顽强的吸烟者们感到畏惧。19 世纪时期的一幅版画描绘了两个烟酒不离手的火枪手，其铭文如下：

感到惆怅之时，
我们用烟雾来平复心情，
当活力重新被唤醒时，
我们充满了战无不胜的激情。[68]

一般而言，军队里的香烟卖价低廉。为了安抚士兵、振奋军心，法国国王路易十四接受了军事大臣卢夫瓦（Louvois）的建议，于 1688 年向几乎所有的士兵都派发了成套的吸烟用具：烟斗、火机和烟丝。法国著名军事家沃邦（Vauban）也曾在其著作《筑城论文集》中提出，烟草属于军队必需品，应该保证烟草在各要塞的充足供应：按一斤烟丝抽 100 次烟斗的标准，可向每人每天派发抽 4 次烟斗的量。1734 年 7 月 30 日颁布的法规宣布，军队中每人每月

《抽烟者和吸鼻烟者》，版画，L. 布瓦利，1824 年

可获取半公斤烟草，并规定了由随军的炊事员负责烟草的分发工作。根据部队的编制人数，炊事员每半月领取一次定额的烟草。他们以每斤几苏（sol）*的批发价格向政府买回烟草，然后以零售的价格转卖给士兵：普通的烟草按品质不同卖到 6 到 9 苏不等，荷兰式的“碎烟丝”价值 8 苏。即便如此，价格仍仅为市场价的四分之一！[69]“无烟不成兵”，从这句谚语中，我们可看出当时烟草在军队中有着怎样的重要地位。

即使法国人普遍认为抽烟斗是一种恶习，不成体统，然而其中也不乏热爱者。冒险家卡萨诺瓦不仅热衷于将情人作为“战利品”，也热爱收集各种烟斗。另外，萨德（Sade）侯爵的仆人可证明其主人喜欢“像海盗一样”抽烟。而真正的海盗船长简 · 巴特

---

* 1 法郎等于 20 苏。——译者注

（Jean Bart）据说是唯一一个敢在路易十四国王面前点燃烟斗的人。想让上等阶层们彻底戒除吸鼻烟，一次革命可远远不够。

## 无火不成烟

轰轰烈烈的法国大革命不仅在工业层面，同时也在政治层面上彻底瓦解了封建旧制度。1790 年的第一次大革命和 1820 年的第二次革命让整个法国社会发生了翻天覆地的变化，而抽烟斗（卷）的风俗也因此闪亮登场，备受新社会的推崇。

法国大革命不仅革掉了封建贵族们的头颅，吸鼻烟的风尚也随着主人的人头落地而消逝无影。然而，在雅各宾派“恐怖统治”的末期，鼻烟盒曾一度死灰复燃。

法兰西第一帝国建立伊始，皇帝拿破仑热衷于效仿旧制度时期的各种做派，其中包括吸鼻烟。他的贴身侍从总是能在皇帝的裤子口袋里发现大量的碎烟丝。不过，借民主革命之机，抽烟斗的习惯也在“无套裤汉”*当中广为传播。1790 年，埃贝尔创办了《杜歇老爹报》，他塑造的叼着烟斗的“杜歇老爹”成为当时法国大众喜闻乐见的形象：“想象一下，这家伙身材矮小粗壮，脸部棱角分明，长着两撇大胡子。他随时都叼着一只烟斗，嘴里不断喷出一阵阵烟雾。你看他眉头紧锁、双眼紧闭，一定是在为所有的罪恶而感到愤怒……见鬼！当然，单从他这副骇人的形象上，你还不能算得上真正了解杜歇老爹。”[70]巴黎公社时期，嘴含利刃的杜歇老爹成为革命者的典型形象。但其实早在这之前，手持烟斗的杜歇老爹才

---

* 法国大革命前对平民阶层的俗称。——译者注

是大众心目中革命者的标准形象。后来，随着新世纪的到来，两次大革命重新点燃了民众吸烟的热情，掀起新一轮抽烟的风潮。大革命时期流行一时的歌曲《卡马尼奥拉》里反复唱道："共和党人要什么？武器、烟草和面包。"

当然，这股抽烟的风潮并不是一时兴起，其背后暗藏着更深层次的政治因素，它实际上在某种程度上表达了民主制度的主要政治诉求，那就是彻底抛弃封建贵族阶级的意愿。18 世纪末的歌者布雷多尔写了一首讽刺贵族的歌谣：

鼻子里塞满着
肮脏的烟草屑，
得意洋洋地对你说，
她的小可爱来自鸟家族*。

与吸鼻烟相反，抽烟斗的行为则宣扬了一种对自由、平等，甚博爱的渴望。在一篇名为《吸烟者剖析》的匿名文章中，作者写道："只要是抽烟的，就都一样。穿外套的绝不会瞧不起穿工作服的；干泥瓦活儿的也不会去想捉弄公务员，而把人家的黑色制服给搞脏。"[71]

法兰西第一帝国军队里的将领们大都出身贫寒，并不受新兴贵族阶层成见的影响，早已习惯于抽烟斗。乌迪诺（Oudinot）元帅在操练军队时常常发出这样的号令："拿出烟斗， 点上，进攻！"法兰西第一帝国时期，拿破仑军队一路所向披靡，士兵们在行军打仗

---

* 近代西欧许多大贵族都是以鹰等鸟类作为家族纹章图案。——译者注

的过程中也收获了各式烟斗：英国的、荷兰的，以及俄国的应有尽有。《医学大辞典》(1821）因此这样写道："战场永远都是吸烟的乐土。尤其是在那些寒冷潮湿的国家打仗时，烟斗尤其受战士们欢迎。"在拿破仑军队横扫欧洲的传奇中也不乏关于烟草的轶事：在弗里德兰战役中，下士让—内波穆塞纳·布法尔迪（Jean-Népomucène Bouffardi）正在抽烟斗时不幸被炮弹击中，双臂被炸飞。战友们找到了他的残臂，发现他的手依然紧紧地握着烟斗！从此以后，老兵们都把烟斗叫做"布法尔迪"，这个烟斗的俗称也逐渐流传开来。

差不多在同一时期，蒸汽机也登上了历史舞台。无论是在城市还是乡村，细长的烟囱随处可见。蒸汽火车和轮船也随着轰隆隆的响声进入人们的视野，不断地向着天空喷出引人遐想的烟雾和云团。整个世界浸润在缭绕的烟雾之中，在艺术家眼里，这种朦胧的美感散发着诗情画意。"两大事件标志着新时代的开启：煤炭征服了世界，烟草虏获了人心。"诗人奥古斯特·马泰勒米（Auguste Barthélemy）于1844年发表了诗歌《吸烟的艺术》，他在作品中将取代了马车的火车头和征服了普罗大众的烟草联系在了一起，在他看来，这两样都会喷出烟雾的"神奇物品"一起推动了人类的进步："没有仪式的束缚，却深受路人的敬仰，康庄大道上燃起一簇簇贡香。"20世纪的社会学家们也善于将这两大"革命性的事件"联系在一起："就个体来看，吸烟者热衷于在众人面前吞云吐雾。被点燃的不仅仅是一支香烟，更是其躁动的内心。就整体而言，当时工业社会的新兴繁荣得益于时刻不停歇的蒸汽机和冶炼炉。吸烟者嘴里散发出的烟雾在某种程度上正是蒸汽机形象的投射。因此，吸烟者象征着一种更强大、更活跃、更丰富的生活。"[72]吸烟的习惯就此契合了工业社会文明体系的行为准则和道德标准。

在莫泊桑的小说《漂亮朋友》里，每当男主角乔治·杜洛伊“得手”（成功勾引上流社会的女子）之后，他总会走到窗户边上，点燃一支香烟，感叹道：“天呐！这感觉真棒！”故事的发生地点设在鲁昂，一个繁忙的港口城市。在这里，无数的船只停泊在港口，一边喷发着成团的烟雾，一边轰轰作响地装卸货物。在河对面更远处，郊区工厂区里林立的烟囱也不断冒出股股浓烟。我们由此可以设想一个场景，手拿香烟的美男子杜洛伊面向窗外：“密密麻麻的货船喷出浓厚的蒸汽”，而“红砖的烟囱则冒出一阵阵黑烟”[73]。

无论是在现实生活里还是在艺术创作中，这一股股烟雾无孔不入，无处不在：在莫奈的不朽名作中，烟雾弥漫在圣—拉扎尔火车站的拱顶内；在卡耶博特的画笔下，白色雾气笼罩着巴黎的欧洲广场。缥缈的烟雾被当作是现代主义手法的象征：“马奈画中身着乳白色长裙的女人，莫奈创作的睡莲系列，梵高细腻笔触下的田园风景，这些作品无不浸润着一种雾化的朦胧之感。花朵、白云、草地，所有的一切都像是被烟雾笼罩着，如梦似幻。”[74]

1820 年至 1850 年间，烟草的发展迎来了关键时刻。其时，法国社会正处于两次大革命之间，战火四起，硝烟弥漫。以国王路易—菲利普为首、代表着资产阶级利益的“七月王朝”顺应潮流，摒弃旧习惯，开始钟情于抽烟斗（卷）。当时的统计调查显示，大众对烟草的消费方式发生了翻天覆地的变化：1835 年，吸鼻烟消耗掉的烟草为 580 万公斤，而用于烟斗和雪茄卷的烟草消耗量则分别为 600 万公斤和 580 万公斤。[75]这也是首次以统计数据来客观地说明社会的精神风貌和状况。

画家路易·布瓦伊（Louis Boilly）利用画笔勾勒出最后的吸鼻烟者——正如费尼莫尔·库柏（Fenimore Cooper）讲述了《最后的

莫西干人》——一些贵妇们充满怀旧感地慨叹："这是多么美好的事情啊！"在他以社会风貌为主题的系列作品（1820年左右）中，布瓦伊同时也描绘了以不同方式吸食烟草、形态各异的人物肖像。"生理学"专家路易·乌阿赫（Louis Huart）就此专门提出了一个新的词——"烟云"："这些烟云无时无刻笼罩在拉丁区的上空，形态各异、千差万别。"[76]

19世纪出版的《通用大词典》最终将这场轰轰烈烈进行的味觉革命收录于书中。词典的出品人皮埃尔·拉鲁斯（Pierre Larouse）直接将其与工业革命紧密地联系在一起，并为其正名。

将抽烟者的嘴比作工厂的烟囱，将吸鼻烟者的鼻子比作发臭的垃圾堆，将嚼烟者的嘴唇比作肮脏的水渠，以上充满怨气的比喻都是徒劳。人们依然抽着、吸着、嚼着各类烟草，它不再是潮流所趋，而早已变成本能所需。

抽烟的全过程将所有感官都调动了起来：触觉、味觉、嗅觉，尤其是视觉。抽烟者的所有感觉器官在燃烧烟草的刺激之下，每一种感觉都被无限放大，让人回味无穷；然而，我们也注意到这样一种情况，在完全黑暗的环境下，人不会产生抽烟的愿望。天生的盲人就从不抽烟，而那些后天的失明者则放弃抽烟斗（卷），回归到吸鼻烟或嚼烟的旧习惯中去。总而言之，只有在能看到烟雾升腾的情况下，抽烟者才能真正体会到抽烟的乐趣。

人们抽烟有很多种原因，或许是为了打发时间、忘却烦恼、驱除疲倦，或许是为了娱乐消遣、装腔作势，也可能是出于自身需要。

吸烟能让人暂时将忧愁焦虑、生活琐事、家中的烦忧等等抛开一边，享受片刻宁静。在烟雾的刺激下，脑力劳动者及艺术家们或醍醐灌顶、或灵光闪现，更容易找回创作的灵感。烟草同时也为失意者、受伤者、受惊者们提供最佳的庇护。它能缓解体力劳动者们的疲惫和沮丧。它能消除寒

> 冷潮湿天气所造成的病痛。吸烟引起的轻微脑充血能促发体内的快感，让人飘飘欲仙。吸烟带来的微醺感还能安抚敏感的神经。
>
> 皮埃尔·拉鲁斯，《通用大词典》，
> 巴黎，1877年，第14卷，第1364页，"烟草"词条

## 浪漫主义下的烟火

当时以《夏倍上校》为代表的一系列文学作品无不证实了一点：烟的魅力征服了整个法国社会。实际上，从巴尔扎克、大仲马的小说，特奥菲尔·戈蒂埃（Théophile Gautier）的诗歌，维克多·雨果（Victor Hugo）的作品集，直到波德莱尔（C. P. Baudelaire）的《人造天堂》，整整一代的浪漫主义作家在各自作品中都无可避免地涉及了吸烟者这个庞大的族群。在他们的笔下，当时的人物是如何吸烟的呢？

醉心于异域风情和东方格调的浪漫主义作家们往往乐于去体验各种类型的烟。[77]作为通往新大陆的门户，西班牙成为作家们"采风"的必经之地。尤其是在安达卢西亚地区，即塞维利亚烟草厂的所在地，在烟草带来的全新感官刺激之下，作家们更容易设计出浪漫的桥段和情节。另外，近东地区也成为作家们观察和体验吸烟风俗的另一胜地。戈蒂埃就曾经写道："吸烟已成为土耳其人基本需求之一，当地烟草店遍布大街小巷……当地人抽土耳其式的长管烟斗，或者将烟草做成烟卷。后者更为广泛流传……"[78]而艾尔弗雷德·德·缪塞（Alfred de Musset）则将英国作家托马斯·德·昆西(Thomas de

Quincey）的著作《瘾君子的自白》翻译成了法文出版。

此外，19 世纪初的法国社会同时也经历着一场饮食消费行为的革命。美食家安泰尔姆·布里亚—萨瓦兰（Anthelme Brillat-Savarin）于 1826 年发表了著作《味觉的剖析》，并在其中首次阐述了味觉革命这一概念："我们的味觉器官用于品尝，并将品尝后的感觉输送到大脑，于是产生了我们对味道的体验。味觉刺激着我们的食欲、饥渴感，它引发了体内一系列的机能运作，人的身体由此生长、发育、自我完善并补充生命运动所消耗的能量。"布里亚—萨瓦兰以浪漫风趣的语言畅谈人生百味，并告诉我们从三个层面去理解味觉的作用："首先从身体层面来看，味觉是负责品尝味道的感觉器官；其次从精神层面而言，味觉是由感官引发的一种味道体验；最后从引发味觉的物质层面来看，它是物质用于刺激感觉器官的工具。"作为五大感官之一，味觉与其他四大感官相辅相成，并最终决定了机体所有的感觉。从此，19 世纪的人们开始热烈地追寻着这种快乐的源泉、味觉的体验。

《味觉的剖析》于 1839 年再版，巴尔扎克对作者的观点深以为然，并受邀为此书作序。[79]在他为序言所准备的文章中，巴尔扎克感同身受地写道："将某个物质吸收、消化、分解、同化、排出等，为了完成以上一系列机能运作，人体需要向他的感觉器官们输送能量。而这些感觉器官正是产生愉悦快感的来源。大自然创造的每一个生命都具备了能量分配均衡的身体器官，然而人类社会的发展则打破了这种平衡。我们对于满足快感的渴求让体内所对应的感官超越了其他部分，并由此获取了更多的能量。也就是说，用于体验美味的感官夺取了本应属于其他器官的能量。"

巴尔扎克在此提出了"快感"的概念以及人类追寻快感的必然性（也就是现在所说的本能的欲望）："我们体内的一部分能量用于

对欲望的满足，由此便产生了被我们所称作快感的感知，它会随着内在性格和外部环境而变化。”

巴尔扎克将以下五种物质称作“现代兴奋剂”：茶、咖啡、酒、糖以及烟草。他特别提到了烟草在当时社会的流行与普及：“雪茄早已征服了当今社会”，并联想到当时工业社会的背景：“吸烟的人随处可见，每个人都变成了‘烟囱’。”巴尔扎克同时就吸烟成瘾提出了自己的观点：“它能让一个花花公子毫不犹豫地离开心爱的女人，让一个犯人心甘情愿地服苦役。”巴尔扎克自己虽然并不吸烟，但这丝毫不妨碍他被吸烟这种行为所深深吸引。

巴尔扎克对烟的爱意表达得十分文艺，甚至声称可随之进入天堂：“你再也感觉不到身体的笨重，你已张开翅膀在仙境中翱翔，梦想的蝴蝶围绕在你身旁。你在如梦如幻的大草原上，像个孩童一般，追逐着漫天飞舞的蜻蜓。”[80]然而对享乐的无限追逐也要付出代价，巴尔扎克后来失去了抒情的兴致。经过很长一段时间的伪医学式体验，他得出了结论：“烟雾会让人口干舌燥。”巴尔扎克发现吸烟会阻塞口腔，甚至最终影响到消化系统。于是我们之后会看到，巴尔扎克变成了 19 世纪的反烟第一人。

渴望探索内心世界、追逐快感的人越来越多，用于享乐的产品也随之增多。新的时代已经来临，人们开始重新剖析自己的内心世界，更精心地呵护自己的情感；开始认真探究如何征服本我，发现自我；以便最热切地领会自身的体感。

戈蒂埃在 1846 年发表了文章《大麻俱乐部》，其中所描述的亲身经历正是最佳例证。自从 1845 年开始，画家约瑟夫 · 波瓦萨 · 德 · 布瓦德尼耶（Joseph Boissard de Boisdenier）在巴黎所开的皮莫丹旅馆内，与一群朋友每周都固定时间相聚于此，一同进行内心世界的探索之旅。俱乐部成员有来自图尔的精神病医生雅克—约瑟夫·莫罗·德·图尔斯（Jacques-Joseph Moreau de Tours），画家尤金·德拉克洛瓦（Eugène Delacroix）、厄尼斯特·梅索尼耶（Ernest Meissonier），漫画家亨利·摩尼尔（Henry Monnier）、奥雷诺·杜米埃（Honoré Daumier），作家巴尔扎克、阿方斯·卡尔（Alphonse Karr）、阿方斯·埃斯奇罗斯（Alphonse Esquios），以及诗人杰拉德·德·内维尔（Gérard de Nerval）和波德莱尔。除了吸食烟草之外，他们在聚会上还会食用一种叫做"达瓦麦斯克"（dawamesk）的果酱：它由印度大麻制成，并佐以香草、果仁、肉桂等配料，有时还会加入一些鸦片。波德莱尔撰写的《人造天堂》（1860）中也提到了这种"绿油油的膏酱"：

> 被激起的欲望是如此的强烈，以至于可以冲破束缚，将灵魂从肉体中释放出来。然而并不是所有的物质都能激发内心的心醉神迷，只有喝进的红酒、吸入的烟草和大麻才能带来如此狂热的快感、让大脑瞬间空白。
>
> 这是多么的奇特！几杯红色浆液、几口缥缈的烟雾，再加上几勺绿油油的膏酱，那看不见摸不着的灵魂便可以瞬间升腾。

在《大麻俱乐部》中，戈蒂埃详细描述了自己在旅馆中的"幻想曲"，其实就是吸食大麻后产生的幻觉：

> 我仰头望着天花板，一群没有身体的人头漂浮在空中，他们有着小天使般的脸庞，笑容可掬。他们那发自内心的幸福神情深深地感染了我，以至于我也一起沉浸在快乐之中。

他们挤眉弄眼，嘴巴和鼻孔忽大忽小：他们做着各种鬼脸供大家消遣，以消除心中烦忧。这些滑稽的小丑们围绕着我，反方向旋转着，让人眼花缭乱、头晕目眩。

浪漫主义艺术家们关于吸烟的感受和体验层出不穷。[81] 乐于此道的时髦人士也加上一道推动力，撩拨起人们对烟草的迷恋。在他们眼中，吸烟的行为充满了异国情调，散发着无穷的诱惑。

水烟筒在你双唇的滋润下，
散发着淡淡的甜香。
烟雾笼罩着你的面庞，
就像云彩掠过月亮。[82]

起源于西方、价格低廉的烟草就这样受到了文学作品的青睐，变得高贵起来。与来自东方的鸦片、大麻一起，成了文艺界精英、权贵阶层的专宠。[83]

针对如此广泛的需求，固执的香烟反对者们只能反驳道："香烟只让人们产生错觉，以为能通过它满足自身的需求，其实不然；香烟只是一种虚幻的需求来替代其他真实的需求而已。在当今社会，各种享乐手段层出不穷，而每天也都会出现新的必需品。人们必然会对享受不到的物质产生渴求：烟草填补了城市居民对乡村宁静生活的渴求；同样地，它也填补了农民对城市里多彩生活的渴求。越来越多的需求令欲望不断膨胀，人们也因此越来越依赖于那些自欺欺人的手段，例如烟草，去慰藉那些无法满足的需求。"[84]

吸烟变成了整个社会的安慰剂。在 19 世纪中期的法国，每人每年消耗掉511克烟草，其中198克用于鼻烟，313克用于烟斗(卷)。后者取得了压倒性胜利。再往后几年，吸鼻烟的习惯就将绝迹。[85]另外，当时在每十五个抽烟者中，八个选择烟斗，五个选择雪茄，另外两个则倾向于更现代的香烟。[86]

## 烟熏疗法

不同形式、不同种类的烟草在医疗方面也得到了广泛的应用，尤其是药用烟卷获得了更多的关注。正如《通用词典》里“药用雪茄”这一词条所提到的：“通过雪茄散发出的烟雾，其含有的某些药效就能发挥作用。”[87]

18世纪时，人们最喜欢使用烟熏来救治溺水者，一个世纪以后，该用途逐渐被弃用。[88]后来普遍的用法是将药用植物的叶子卷成烟卷点燃，病患通过吸入烟卷散发出的烟雾，以驱除体内病痛。除烟草叶之外，颠茄、莨菪、洋地黄、鸦片等植物也被用于制成药用烟卷。19世纪上半叶，生理学家阿尔芒·特鲁索（Armand Trousseau）曾提出这样的理论：使用烟草的烟熏疗法有利于治疗呼吸类疾病。“烟草与其他植物叶子混合制成的各类药用烟卷能够治疗各种相对应的呼吸道疾病。例如添加了曼陀罗、颠茄、莨菪、洋地黄等成分的烟卷用于治疗哮喘，添加了鼠尾草和海藻的烟卷用于治疗慢性支气管炎，添加了乙醚的烟卷用于治疗癔症；添加了香脂的烟卷用于治疗失音症；添加了樟脑或桉树叶的烟卷用于治疗咳嗽，甚至对顽固的百日咳也有一定疗效。添加了碘成分的烟卷则用于肺结核的治疗。或者还可以在烟草中添加亚砷酸和汞盐。”[89]

药用烟卷受到大众青睐，商家也因此不遗余力地大力推广。19世纪末，药用烟卷的广告充斥了各大报纸版面，通常与那些推销神

由亚历山大 · 斯丹伦设计的戏剧演出海报，1893 年

奇药酒的广告并列。[90]翻开广告版，除了抗风湿药酒、勒拉斯磷化铁和哈尔莱姆药油之外，还能看见各个牌子的香烟广告，例如“迪娃”(Diva)、“吉布森女孩”（Gibson's Girl）、“巴拉尔”（Barral）、“埃斯皮克”(Espic）或者“甘比尔”（Gambier）。大众似乎更偏爱具有东方色彩的“印度烟”，它以抗哮喘的疗效而闻名。

医学界对烟草的广泛应用再次证明，烟卷早已蔓延至整个社会。

## 第二章

# 烟卷的诞生

关于香烟的诞生故事，历史学家们众说纷纭。对于美国的史学家来说，史上第一支香烟诞生于 1856 年，由罗伯特·格洛戈（Robert Gloag）在伦敦制造。[1]不过，他们很快做出更正，指出早在 1851 年的伦敦“世界博览会”上就已经出现了香烟的身影。两位烟草零售商——来自剑桥的贝肯和来自伯林顿的西蒙，曾经生产制造并展示过一种圆柱状的小烟卷。而更早一些时候，位于伦敦齐普赛街的一家卷烟店从 1845 年开始将马里兰烟草裹在小纸片里做成烟卷（estancot）。1847 年，英国菲利普·莫里斯烟草公司也曾生产制造出香烟。而“甜树”（Sweet Trees）牌卷烟则出产于 18 世纪 50 年代。 实际上，关于香烟的历史，每个国家都有各自的神奇传说，国家不同，版本也因此不同。

在法国，烟草的生产与售卖由国家垄断，这无疑有利于烟草工业化的迅速发展。法国香烟诞生于法兰西第一帝国与第二帝国之间，两位拿破仑皇帝对香烟所持的态度截然不同：拿破仑一世认为吸烟是“游手好闲的标志”，而拿破仑三世却被人称为“烟不离手的人”。

## 雪茄与“烟卷”

19 世纪伊始，吸食烟草的热潮逐步蔓延到全球各地。1815 年，首部以烟草为主题的医学著作《烟草论》在法国发表，其中也提到了烟草在全球的风靡：“烟草早已征服了全人类：阿拉伯人在沙漠中种植它；日本人、印度人和中国人都在追捧它；无论是在炽热的非洲地区还是在其他的寒冷地带，它的身影无处不在。吸烟已然成为地球上每一个文明社会都不可或缺的风俗。”[2]而《烟草论》的作者路易—亚历山大·艾尔维尔（Louis-Alexander Arvers）正是烟草“疯狂粉丝”的典型代表：他可以连续不停地抽完 25 支雪茄！那个时候，与备受追捧的雪茄相比，家族中的“小辈子”烟卷也已悄然登场，却暂时还不那么引人注目。

1807 年，法国一家报纸发表了一篇文章，其作者义愤填膺地指出抽烟的新风俗已经“攻陷”了整个法兰西帝国。尽管当时的皇帝拿破仑一世依旧热衷于吸鼻烟[3]，但法国民众们已经开始沉湎于抽“热”烟。文章还很可能是首次提到了“抽烟者”（fumeur）这个全新的词汇，并以大写的斜体字以示突出。那个时候，“雪茄”这个词也刚出炉不久。对于这种“时髦”的吸食烟草的方式，作者毫不客气地表达了轻蔑和鄙视。整篇文章充满了对封建旧制度时代的念念不忘，无论从政治体制上（骑士精神）还是风俗习惯上（吸鼻烟），都很“怀旧”。然而，当时崛起的新贵阶层成了社会新风俗的拥趸，而点燃的烟草则创造了新的时尚风潮。

在法国报纸的这篇文章里提到的“年轻人”应该指的是 1807 年跟随拿破仑军队远征西班牙的士兵们。[4]其他一些报道也提到过那些在西班牙的法国战俘们的抽烟轶事。然而，当时法国社会对英国实行了严格的大陆封锁，这应当也妨碍了烟草在法国的大批量进口，尤其是遏制了雪茄的广泛传播。1823 年，法国再次派出数十万人的军队远征西班牙，旨在营救当时的西班牙国王，并推翻西班牙革命逃亡人士在加的斯的特罗卡德罗建立的自由主义政权。同样地，出征的法国军队再次深受当地抽烟风俗的感染。法国剧作家伊波利特·奥杰尔（Hippolyte Auger）曾写道："那些从西班牙回来的法国士兵们，常常嘴里叼着雪茄卷，洋洋自得地走在街上。这种抽烟的新风俗很快在法国蔚然成风。"[5]喝几杯小酒、抽几口雪茄逐渐成为男子气概的象征。

当时，法国社会正处于波旁王朝复辟时期，统治者力图抹去之前民主革命留下的一切痕迹。然而，抽烟的新风俗却早已深入人心，不可动摇。雪茄卷也被贵族和富人阶层视为时髦的东西。《悲惨世界》里写道：多罗米埃"手握着两百法郎的名贵拐杖，嘴含着一种叫雪茄的新鲜玩意儿"[6]。显然，抽烟卷成了一种附庸风雅的行为。

法语里"cigare"（雪茄）一词本身就散发着浓郁的异域风情："他"或"她"也可被拼写成"cigarro"或者"cigarra"*。雪茄与蝉(cigale）一词的拼写非常近似，两者在形体上也有些相似。在当时的上流社会，为了标榜自己的尊贵身份，绅士们热衷于身着时髦的衣裳，在言谈中时不时蹦出一两句英语。除此以外，崇尚英国贵族诗人拜伦的上流社会精英男士们还热衷于在晚餐后聚在一起抽雪茄，有时，他们走在大街上手里也拿着雪茄卷以示炫耀。当时的烟卷也因此被称做"伦敦烟"。腆着肚子，抽着雪茄，戴着高礼帽，

---

* 法语名词有阴性、阳性之分。——译者注

穿着无尾晚礼服，这组成了当时权贵人士的标准形象。

当我们的呼吸燃起一个“火炉”，
渐渐远去；
追随着“逃走”的那一缕缕烟雾，
唯有思绪；
划出一道道昏暗的轨迹慢慢漂浮，
亦步亦趋；
一座“灯塔”从我们的手间凸出，
又幻又虚。[7]

在法兰西第一帝国时期，政府敏锐地嗅到了烟草行业存在的巨大商机，由此成立了国家烟草专卖局。在塞维利亚皇家烟草制造厂成立二十五年之后，位于巴黎的“巨石”手工工场于 1816 年开始正式生产雪茄，开创了当时法国雪茄制造业的先河。而在此半个多世纪以前，《百科全书》曾经以整整 18 个页面详细描述了烟草的生产制造过程，但其中并没有涉及雪茄的内容。[8]

然而，在波旁王朝复辟时期，法国国内售卖的雪茄基本上都是进口的，大部分来自西班牙，还有一部分直接从当时的西属殖民地古巴进口。不过，如同其他的拉美“邻居”一样，古巴也一直企图脱离西班牙的统治。

**致抽烟者**

我们曾经有上百万民众热衷于吸食烟草，其中超过四分之三属于吸鼻烟爱好者。难道这还不够吗？不可思议的是，大家现在居然又开始热衷于抽“热”烟了，无论年龄、身份和肤色，各种各样的抽烟者如雨后春笋般涌现，数量越来越庞大。

对于航行中的水手或行军中的士兵来说，抽上几口烟斗有助于缓解疲劳，有时还能抵挡病毒感染。对此，我表示十分理解。然而，那些走在街上的普通人也手拿烟斗，嘴叼烟卷，在我看来这是多么滑稽而且龌龊的行为啊！我们有上千种方法能消除病毒感染，有上万种方式来消遣解闷；每一种都远远好过抽烟。

以前，坏血病患者不得不向药剂师购买烟草（那时并不是到处都能买到烟草的），因为抽烟草有助于缓解病痛。对此，我也表示同情。然而在今天，抽烟早已不再是药到病除的良方了：它摇身一变，成了人们盲目追捧的潮流风尚。瞧瞧，这么个时髦玩意儿难道真的是这么干净、高雅而讲究吗？（大家迷上抽烟，是因为）它能让你的牙齿染上一层“漂亮”的褐色？能散发出迷人的“香味”？能让你的舌苔变厚？还是能让你的嘴看起来像烟囱？（为此，竟然还期盼某一天有人能发明出令“通烟囱”更舒服的机器！）总之，无论高矮胖瘦、男女老幼，全都变成了“大烟枪”。

尤其是那些年轻人，更是抽烟风潮的狂热追随者。这些嘴边还没长出毛来的愣头儿青，自以为嘴里叼着雪茄，随时喷出几口烟，就能变成真正的男子汉。

抽烟者的衣服上永远散发着烟味，口袋里永远装着烟卷，就像是移动的药房。有着“魅力无穷”的烟卷在手，怎么可能不成为万众瞩目的佼佼者呢？怎么可能不受到女士们的青睐呢？又怎么可能不再现旧时的骑士风范呢？哦，对了，以前的骑士可不抽烟，那可能是因为那个年代，在内心情感层面，人们更重视实效而不是虚无缥缈的“烟雾”吧？

节选自《伊泽尔省年鉴》，

原载《卢瓦尔日报》1807年12月7日

为了打消这些海外殖民地企图独立的念头，西班牙国王不得不于1821年宣布取消之前的专属特权制度，允许古巴生产、制造并向全世界（也包括法国）售卖当地特产：哈瓦那雪茄卷。哈瓦那烟叶产自巴西比那尔德里奥省的布埃尔塔阿尔霍地区，那里肥沃的红土地和适宜的气候孕育出了世界上最顶级的烟草。这些上等的哈瓦那雪茄以50—100支捆成一捆，500—1000捆装成一箱，从勒阿弗尔港口进入法国，然后再沿着塞纳河被运往巴黎，被摆在法国首都最好的烟草店里售卖。当时的时尚作家儒勒·桑多（Jules Sandeau）写道：雪茄“已经成为时尚高雅人士的必备品”。

从18世纪30年代开始，资产阶级登上了政治舞台，雪茄不再是高高在上的贵族富人们的专享，它也开始受到小资产阶级和大学生们的青睐。在商贸界，《情感教育》一书中的画商阿尔努先生俨然成为吸烟者的典型代表。从小说一开始，阿尔诺就是个爱抽烟的人，还常常以一副炫耀的姿态派烟给别人，包括派给小说的男主角弗雷德里克·莫罗。实际上，福楼拜笔下的阿尔努先生在整个小说中总是烟不离手。而在学生界，我们可从《悲惨世界》（大学生马吕斯和他的朋友们）或者《剖析大学生》里找到代表对象：那些抽着廉价烟卷的都是新生，而那些每天抽23根烟的则是毕业生。

> 从当时的风尚来看，雪茄的盛行已经成为高等教育中不可避免的一部分。无论是临近毕业，还是刚入校园，当时的大学生认为只要能熟练地抽上一根马尼拉雪茄或者潘那特拉雪茄，就能让他们摆脱稚气，变成真正的男人。最早的时候，大家只能在咖啡馆内吸食烟草；到后来，烟草的身影开始逐渐扩散开来，出现在画家、雕塑家以及建筑家们的作坊内；到如今，烟草早已传遍了世界各个角落，无论在家里还是在街上，每天都有成千上万的人嘴里叼着香烟。无处不在的香烟主宰了整个世

界。男孩子们总是把香烟当作是“饭后甜品”的首选，即便是在家里，男人们也热衷于“饭后一支烟，赛过活神仙”。总而言之，对于在巴黎的男性居民来说，雪茄已经变成日常“餐饮”的一部分了。[9]

1835 年，法国国内的雪茄销售总量为 5800 万支。雪茄的使用日益大众化、平民化，但成品雪茄的价格却逐步攀升。解决问题的妙招便是自制雪茄：买不到烟叶的时候，用普通的纸片裹着烟斗用的烟草丝，做成小雪茄，即是我们如今所说的“烟卷”（cigaret）。

当时的人们也常把烟卷叫做“cigarito”，这个充满异域风情的别称让烟卷显得很雅致。时髦人士的代表之一、著名作家大仲马曾受邀前往西班牙，担任蒙庞西埃公爵婚礼的记录者。在西班牙时，他发现了早已在当地盛行的烟卷，并将这个时髦玩意儿带回到法国：“斜靠在壁炉旁，犹如西班牙人一样沉着和耐心，我翻动着手指，裹出了一支小烟卷。”[10]而另一位潮流人士戈蒂埃也曾在前往西班牙的朝圣之旅中发现了这种“papel espanol”（西班牙语，本意为西班牙纸片），并效仿当地人，把抽烟斗剩下的碎烟丝裹在这种小纸片里，做成纸烟卷来抽。因此，戈蒂埃将它称为“papelito”（西班牙语，意为纸烟卷），这也成为了烟卷的另一个别称。那些用于制作烟卷的小纸片上面通常都画有各种奇形怪状的图案。这种花俏的纸烟卷受到了众人的追捧，由此看来，形式似乎比内容更为重要：烟卷因此变成了烟草的最佳代言人。“关于西班牙卷烟纸”，戈蒂埃在其小说《山那边》（1843）中写道，“顺便提一句，我还未曾见过一本真正意义上的烟纸簿：当地民众通常将普通的信纸裁成小纸片用于裹烟卷；那些专用的烟纸簿都会经过甘草汁的浸染，画上五颜六色的奇异图案，并配以风格滑稽的诗歌或歌谣，制成后最终会被送往法国，供那些怀有异国情趣的爱好者们收藏。”[11]

纸烟卷掀起了人们追捧的热潮：物美价廉，容易点燃，便捷快速，它因此也象征着新兴工业社会的活力。“现代化最显著的标志就是加速。”[12]而纸烟卷带来的加快则表现在吸烟动作的简化和时间的缩短上。一般而言，抽一次烟斗需要经过好多层复杂的工序：首先要将烟袋和烟斗取出来，接着要疏通、清理一下烟管，然后将烟丝塞满烟锅，最后还要多次点火，才能吸上一口烟斗。同样地，抽一根雪茄也需要花费时间和工具（例如雪茄切头器），还得耐心地等它慢慢燃烧。可是，抽一根纸烟卷却非常简单快速，这是因为它短小而且易燃。于是，关于烟卷的词条也开始“偷偷溜进”各类法语词典里：“烟卷：将烟草放入长方形的信纸片内裹制而成。”[13]

## “小俏妞”和“大女人”

“烟卷”这个词很快由阳性名词转变成了阴性名词。《吸烟者剖析》（1840）一书的作者西奥多·布瑞特（Théodose Burette）就曾提出这么一个有趣的观点：烟卷俨然成了男性吸烟者们眼中的“小俏妞”；“她”如此“温柔、灵敏、充满活力，看起来如此撩人”。如果说雪茄（cigare）让人联想到蝉（cigale），那细长的烟卷则更容易让人联想到纤纤女子。[14]

无论是雪茄、香烟，还是烟斗，这三样东西并不相互对立，反而会互为补充。我们以一个学习法律的大学生为例：随着对民法知识的不断深入了解，他们吸食烟草的方式也可能跟着起变化。“初入门的新生总是从学抽纸烟卷开始，当接触到关于成年人解除监护的第 390 条法规时，他们会开始尝试抽真正的雪茄。而一旦了解了民法第 488 条——正式规定凡年满 21 岁即享有一切公民权利，年轻人们便会按捺不住地买上一支烟斗，时刻不停地摆弄它。”[15]

无论是时髦青年、潮流人士还是社会新贵，不同类型的代表人物根据其相应的社会地位也会选择不同的吸烟方式。例如在《漂亮朋友》一书中，年轻人乔治·杜洛瓦的记者朋友管森林总是“一边抽着烟卷，一边玩着棒接球”，而乔治也保持了同样的习惯。可当他到报社报到的第一天，向新同事们打招呼时，才发现同事们都在气定神闲地抽着雪茄。之后不久，他开始对那些抽烟斗的工人们充满鄙夷，这些“粗人”整天只会去老一辈常去的小酒馆打发时间，这些地方总是“乌烟瘴气，充斥着土烟斗和廉价雪茄的气味”[16]。同样地，以下这段关于抽烟斗者的描述也充满了厌恶和不屑的情绪：“有这么一个人，很难判断出他的职业。他抽着烟斗，跷着二郎腿，手插在裤腰带上，瘫坐在椅子里，脑袋耷拉着。他的外套污渍斑斑，口袋鼓鼓囊囊，里面塞着小酒瓶、面包块，还有一袋用旧报纸胡乱裹着的东西，包裹的细绳掉了出来。他那一头粗短的卷发凌乱花白，他的帽子随手丢在椅子旁的地上。”[17]瞧瞧，抽烟斗是多么粗鲁的行为啊！

上流社会的女士们却依旧沿袭了旧时代的遗风：吸鼻烟。为了保持优雅的风范，淑女们十分排斥抽烟的习惯，通常会鄙夷地将身边抽烟的男士赶去吸烟室。而那些无拘无束抽烟的“下等女人”更是让她们无法容忍。因此，那些爱抽烟，但同时又要为上流社会服务的女侍从、女仆人可就惨了！

此外，被包养的情妇、娼妓、“罗瑞特”*、女演员、女裁缝以及女工等，所有这些那个年代生活不幸、命运悲惨的女人们一旦染上抽烟的习惯，大都会选择纸烟卷。因为纸烟卷的烟草含量更少，既

* 特指聚集在巴黎罗瑞特圣母院地区的交际花。——译者注

能缓解愁苦，又不会让她们头晕目眩。更便宜、更纤细、更隐蔽、更雅致、更短暂，所有这些特点让烟卷逐渐走进了女人的视野，抓住了女人的心。

在罗瑞特的街头，
爱在当下，不求永久，
尽管只要一支烟的工夫，
爱情就会渐渐飘走。[18]

戈蒂埃曾在自己的作品中明确地表达了这样一种态度：雪茄属于男人，烟卷属于女人。

我点燃了一支雪茄，而我的爱人
翻动着手指卷了一支烟卷，
烟雾为帐，爱意朦胧。[19]

这同时也影射了当时男女之间的从属关系。然而“大女人”们却嚷嚷着要男女平等，尤其是那些先锋女作家们时时刻刻都在为提高妇女地位而抗争。她们斗争的武器之一便是手中的烟卷。为什么呢？因为在她们看来，正如喝酒、骑马一样，像男人一样吸烟也是争取两性平等的出发点之一。[20]

著名女作家奥罗尔·杜班（Aurore Dupin），别名乔治桑（George Sand，这源于她第一个情人的名字 Jules Sandeau），正是“大女人”的典范之一。无论是乔治桑，还是玛丽·达古（Marie d'Agoult）、弗洛拉·特里斯坦（Flora Tristan）、波琳·罗兰（Pauline Roland），这些“大女人”们都有着强烈的个性、丰富的个

由阿尔希德·洛朗兹创作的乔治桑的漫画像，1842 年

《一名男青年的生活》，版画，保罗·加瓦尔尼，1948 年

人经历以及特殊的社会地位，她们最爱跟男人较劲，追求男女平等。[21]随着名声越来越大，乔治桑曾被对手指责，也有人称她为女权主义的第一人。1842 年，《哈哈镜》画报刊登了一副由约瑟夫·洛朗兹(Joseph Lorentz）创作的乔治桑的漫画像。画中的女作家身着男装，一只手拿着议员申请表，另一只手则拿着香烟。

然而，在男人们热衷的众多吸烟方式中，乔治桑对雪茄情有独钟："一支上好的哈瓦那雪茄，这是我见过最美妙的东西之一。我尤其热爱淡雪茄，因为它有着柔和的气味、适中的长度。当你吐出最后一口烟，放下手中的雪茄卷，准备开始投入到艰苦的工作中时，最大的安慰和享受莫过于之前这半小时的吞云吐雾了。"[22]

此外，乔治桑对烟卷也颇为喜欢。她甚至是第一个在法国文学作品中，将"烟卷"这个名词从阳性变为阴性的女作家。[23]

乔治桑将小说场景设在了威尼斯，一对"世纪恋人"的故事在这个神奇的地方发生。美丽的贝帕（乔治桑本人?）同朋友一起坐着"贡多拉"*，欢畅地游览着。就在此时，她看见了伫立在桥上的本故事的叙述者（缪塞?）：

> "佐尔治，你在这儿呢！"她看见了路灯旁的我，并朝我大喊道，"我可怜的人儿，你干嘛一个人站在那里？快来，跟我们一起去丽都咖啡馆喝杯东西吧！"
>
> "一起来抽口烟斗吧！"同行的医生叫道。
>
> "快来帮我划桨吧！"裘里奥也喊道。
>
> "那就先谢过你啦！"我回答道，"不过烟斗就算了吧，还

---

* Gondola，这是威尼斯一种著名的水上交通工具。——译者注

不如我的香烟（所用为阴性的“cigarette”）好抽呢！”

故事讲述人表达了自己的喜好，那就是“香烟”。在这里，作者将本属阳性的“烟卷”一词改写成了阴性的“香烟”。由此，我们可以看出那些最大胆的女人开始将男人们手中的烟卷化为己用。那个时候，她们学会了自己裹烟卷，烟草和小纸片在她们的指尖上翻动，散发着向男性挑衅的味道。她们甚至还用上了“卷烟器”，一种专门为了裹烟卷而发明的小滚筒。[24]不过上流社会的人们对此感到不解和愤慨，认为“只有那些偏执狂才会热衷于把那么丁点儿东西裹在小纸片里，刚把它点燃，一下子就熄灭了”[25]。在那个年代，字典里关于“女学生”的注解还仅仅指的是男学生们的女伴，所以当一个真正意义上的女大学生吸着一根小烟卷出现时，绝对会成为文学作品中最出名的女主角。

说起文学作品中最出名的“女烟民”当属卡门（Carmen）。“卡门，就是我！”卡门的创作者普罗斯佩·梅里美（Prosper Mérimée）曾经这样说过。作为历史文物总督察官，这位著名的法国作家曾经漫游多国。1830年，他来到了西班牙的安达卢西亚，并将自己在此处的旅行见闻集结成册，于1831—1833年间出版了《西班牙书信集》。梅里美随后于1845年出版了著名小说《卡门》，其中的主要内容正是取材于上述书信集。小说中故事的讲述者，也就是梅里美本人，在科尔多瓦邂逅了一位美丽的吉普赛女郎。当地的女人们自由奔放，随意在瓜达尔基维尔河中洗澡，丝毫不在意桥上男人们的驻足观看。当一位刚从河中洗浴归来的美丽女子向故事叙述者走来时，他立刻扔掉了手中的香烟。这一“法国式的举动”表明了当时社会关于吸烟的礼节：不能当着女士的面吸烟。然而卡门却是这样一个离经叛道的女子：“她十分喜欢烟草的味道，甚至也吸那种淡口味的

以比才歌剧《卡门》为主题的明信片，A. 尤利提奥（设计），1900 年

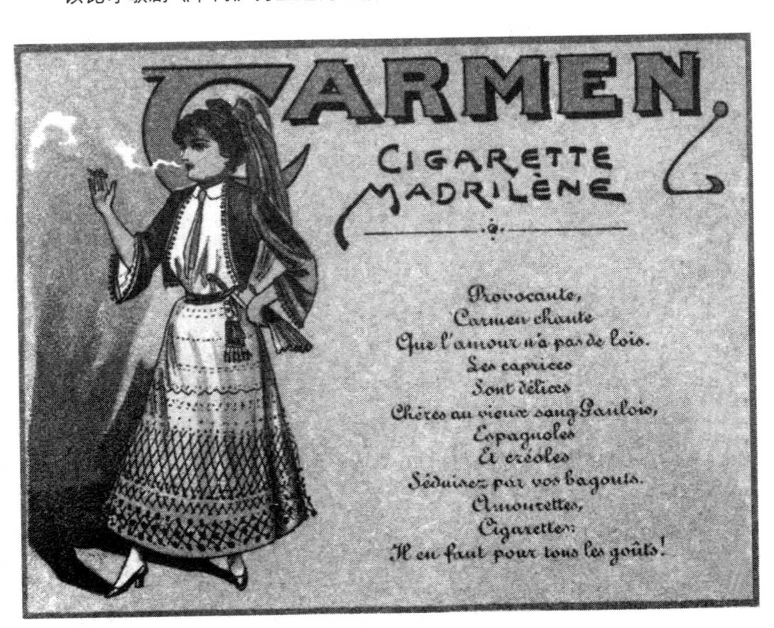


烟草标牌，作者不详，1900 年

纸烟卷。”作者在书中特地以斜体字来表明这是一个新鲜玩意儿，适宜于优雅的人。为了与这名女子攀谈，故事叙述者随即递上了自己的香烟[26]：“所幸的是，我的烟盒里还有好多烟，我迫不及待地拿出来递给她。她抽出一支并点了点头以表谢意。”“我们用了一块钱，从小孩手里换来燃烧着的草绳，卡门随即点燃了手中的‘成品’烟卷”。于是两人开始围绕着烟卷这个话题亲切地聊了起来：“我与这位刚沐浴完的美丽女子，在缭绕的烟雾中聊得兴起，以至于忘记了岸边其他人的存在，这世界上似乎只剩下我们两人。”

卡门成了“风骚撩人”的代名词并由此“流芳百世”，她的传说经久不衰。1875 年，比才（Bizet）根据她的故事创作了歌剧《卡门》。[27]作家皮埃尔·卢维（Pierre Louÿs）也以她为蓝本进行文学创作。[28]关于卡门的电影作品也层出不穷，不断地强化了她充满“致命诱惑”的形象：从 1915 年至 2006 年，以“卡门”命名的电影就有十几部。[29]

正如卡门代表了欲望，香烟也随之成为诱惑的象征。

## “手工”制造

历经几个世纪，香烟一直都是由吸烟者自己动手，把原本用于烟斗的烟草丝放在小纸片里裹制而成：俗称“手工”活儿。这种小雪茄在很长一段时间内都被叫做纸烟卷，深受浪漫派艺术家们的喜爱。[30]“小雪茄是用小纸片或干玉米叶将烟草丝裹入其中而制成的。”[31]即便很多人都不看好它的前景，纸烟卷却逐渐流行起来，随处可见。

无论是闲散人士还是上班一族，大家都深受它的吸引。纸烟卷极具潜力，有着巨大的消费空间。世人曾经的厌恶和抗拒再也无法阻挡它的脚步，烟卷早已深入每个人的生活，无论年龄，不分阶层。它甚至成为了贵妇家中的“座上宾”。即使那些看起来无法忍受烟味的场所也不得不接受它的存在，以顺应潮流。而对于劳动阶层而言，烟草已经成为名副其实的必需品，而不仅仅是一时兴起的时髦玩意儿。[32]

从烟草到香烟的演变，主要还是归功于底层劳动人民的发明创造。早在一个多世纪之前，西班牙塞维利亚的街头就出现了一个新行当：捡烟头。“街边擦皮鞋的和捡破烂的开始把捡雪茄烟头当作自己的副业：夏天，他们常常会守在咖啡馆门口，因为男士们喜欢站在门外，一边乘凉，一边抽雪茄。他们会耐心地等到吸烟者抽完烟转身离开后，跑去把扔在地上的烟头捡起来。那些穷苦人家再从他们手中买来旧烟头，裹成烟卷或放进烟斗里抽。……如果捡到的烟头质量不错的话，小工们常常会很快收集到一斤多烟草丝。”[33]

在法文中，香烟头还有一个俗称叫做“mégo”，也写作“maigot”或“mégot”，是由“mendigot”（叫花子）或“maigre”（微薄贫乏）一词演化而来，这正表明了它与“捡烟头”这一行当的密切关联。[34]

在巴黎，回收烟头的“业务”主要集中在莫贝尔广场附近，这一片区域聚居着穷学生和收入低廉的工人。在这里，穷人们忙于买卖烟头的业务，而艺术家们则热衷于来此寻找创作灵感。在19世纪中期，《未知巴黎》报的专栏记者曾经写道：“一帮精明的小混混成立了规模庞大的组织，专门负责从各个渠道，例如在酒馆和咖啡馆的桌上，大街上，甚至是臭水沟或下水道里，收集被丢弃的烟头。”[35]而对于旧烟头的回收处理则非常细致和讲究：首先，将烟头放在一块小圆木板上，慢慢切开；然后，将里面的烟丝一根根捋直、晒干；剩下的工序就是将晒干的烟丝用手“搓”成卷，让它们看起来就像新的一样；最终，一根根“西班牙式”纸烟卷就这么诞生了。

专职捡烟头的人慢慢地多了起来，逐渐成为街头小贩的一部分，就像挑水工或街边妓女一样常见。当时，一批以刻画民风民情见长的著名画家，如奥诺雷·杜米埃（Honoré Daumier）、保罗·加瓦尔尼（Paul Gavarni）以及泰奥菲勒—亚历山大·斯丹伦（Théophile-Alexandre Steinlein）等人，都争相以这群人为写生主题。法国作家乔里—卡尔·于斯曼（Joris-Karl Huysmans）也曾饶有兴致地描写道：“从事烟头买卖的生意人们背着军用帆布包，穿着柏油色的外套；几乎所有人都留着一把大胡子，胡子上还残留着些许牛肉汤汁；几乎所有人都是执拗的老酒鬼。”[36]

毫无疑问，这些以回收处理旧烟头为业的商贩们推动了烟卷的普及速度。虽说在那个世纪末掀起的倡导食品卫生的风潮让人们开始对那些经过了好几个人之口的肮脏的旧烟头避而远之，但却依旧阻止不了烟卷的壮大发展。在巴黎，买卖烟头的市场也逐渐从莫贝尔广场转移到了圣图安、利拉、旺弗、蒙特勒伊、比塞特等地区。回收、贩卖旧烟头的业务一直到1960年后才逐渐没落消失。[37]

即便里面是经过了污染的旧烟草，这种手工制造的烟卷依然大行其道。然而，有了上好的卷烟纸，才能制造出真正让人满意的烟卷。

## 应运而生的卷烟纸

最早一批专门的卷烟纸诞生于佩皮尼昂、比利牛斯中部以及图卢兹地区，因为西班牙式烟卷在这些地区大行其道。当地的造纸商们纷纷出售一种成长条状、轻薄易燃的纸张，烟民们买回家后再自己裁成适合裹卷碎烟丝的小纸片。当地人以一位将军的姓名“埃斯帕特洛”来命名当时最流行的一种卷烟纸，而这位将军以精通美食而出名。[38]

在波旁王朝复辟时期，佩皮尼昂的一位面包师傅让·巴尔都（Jean Bardou）开始将用于卷烟的纸张裁剪好之后装订成册再卖给大众，并于1838年将其制造的烟纸簿命名为J. B.。1849年，巴尔都将自己的发明创造申请了专利，并在产品名称上做了修改：在两个字母之间加入了一个星形图案。巴尔都创办的卷烟纸商行最初还只是一间手工作坊式的家族小企业。之后他与图卢兹的一名烟草行代理雅克—扎沙里叶·波亚克（Jacques-Zacharie Pauilhac）联合创建了专门从事卷烟纸销售的商业机构，而之前品牌标识中的星形图案也逐渐变成了菱形图案。菱形不仅代表着佩皮尼昂（与该地区军队的徽标相似），还与图卢兹烟草行的招牌相近，同时看起来也像变了形的字母O。因为这偶然的巧合，最终的品牌标识也变成了JOB（1842年）。[39]

1870年，巴尔都家族与波亚克家族紧密合作，联手在阿里埃日的木拉斯以及图卢兹圣—塞尔宁大教堂附近的塞德尼斯地区建立了大型工厂。 卷烟纸的生产制造从此走上了工业化、机械化的道路。1913年，佩皮尼昂的皮埃尔·巴尔都（让·巴尔都的长子）商行与图卢兹的克莱尔·波亚克商铺合并，正式成立了JOB股份有限公司。新成立的公司不再局限于卷烟纸的业务，而开始生产制造自己品牌的香烟。[40]

当时JOB公司的主要竞争对手有两家，它们同为私人企业，一家是位于昂古莱姆的Zig-Zag纸业公司，以大兵哥肖像为品牌标识。而另外一家则是由让·巴尔都的兄弟约瑟夫·巴尔都创立的“尼罗河”[41]纸业公司。不过，随着JOB公司全面开展香烟的生产与制造业务，它真正面临的强大对手来自于烟草的国有垄断。

## 工业制造时代的来临

1840年，法国文豪维克多·雨果出席了迎接拿破仑一世骨灰回国的盛大仪式，他在其作品《见闻录》中描述道：“小贩们在人群中来回穿梭，大声叫卖：烟草和雪茄！”[42]不过那时几乎见不到烟卷的身影，因为它还未正式投入生产。

将烟卷制造引向正式的规模化生产，主要有以下三个原因：

首先，手搓烟卷逐渐让人们感到厌烦，失去耐心：

> 作为一位烟民，我觉得这很可怕，
> 要不断地将烟草裹进小纸片里，并搓成小圆筒，
> 卷烟纸还时不时从指间滑落，
> 总要费很大的劲才能享受到片刻的欢愉，
> 这对我来说真是个头疼的麻烦事，
> 我是香烟爱好者，可不是香烟制造者。[43]

其次，民众对香烟越来越追捧，市场需求高涨，导致地下手工作坊泛滥。在巴黎，精明的作坊主总能巧妙地避开国家垄断的限制。他们从正式的渠道购买雪茄专用的马里兰烟草或远东烟草，然后再雇用一批工人将烟草加工成烟卷，而这样的廉价劳动力随处可找。最终，他们把手工制成的烟卷藏在大衣内，偷偷地卖出去，完成一笔笔赚钱的买卖。当时的法国烟草管理局局长也承认，烟卷的

利润可达到原材料成本的两倍。

在法国七月王朝时期，雪茄的品质开始逐渐走下坡路，价格却反呈上升趋势。1835 年进行的一项官方调查显示，以“英式”雪茄为例，其品质严重下降的同时，价格却上涨了 25—30 生丁*，逐渐变成了大众眼中“抽不起”的烟。此项调查报告还首次对烟草的使用者进行了研究：“消费者似乎更在意雪茄的可燃性而不是它的香味；相比于其他各项品质，他们最在乎的还是雪茄的便利性，也就是说，味道不要太重并且容易点燃。”[44] 于是，为了顺应“消费者”的需求，卷烟纸和烟卷相继诞生。

在国有工厂主的积极倡导之下，首批由工业化生产制造的香烟最终面世。在法国大革命失败后，随着君主政权的复辟，法国国家对烟草的垄断也得以恢复。当时的政府用尽一切手段来增加财政收入，修订各项税收政策便是其中之一。1806 年 4 月 24 日，政府通过了一条关于烟草税的法规，其主要内容如下：每售卖 1 公斤的烟草，国家就征收 20 生丁的零售税，每一包香烟要征收 1 生丁的印花税，对烟草生产商则要征收叠加税（每公斤 80 生丁）。而烟草进口税的涨幅更是到了令人瞠目结舌的地步（每 100 公斤 180—200 法郎）。在后来法国执政当局实行大陆封锁政策的阶段，进口税的涨幅甚至达到了每 100 公斤 360—400 法郎。同时，得到国家授权和许可的烟草制造商急剧增多，导致很多私营企业被挤出市场，不得不以宣告破产告终。

而在 1810 年 12 月 29 日出台的新法规中，我们可以看出法国政府对整个烟草行业加大了控制的力度。鉴于“烟草的价格与封建旧制度时期相比并未增长，目前少数几家烟草制造商创造了绝大部

---

* Centime，100 生丁为 1 法郎。——译者注

分的收益，国家从中可获取的收益则在8000万法郎左右。这既没有增加民众的负担，还能让其他行业减少同等数量的赋税”。当时对烟草购买、生产和销售等各个环节的监督管理都是由成立于1806年的“综合税务管理局”来负责完成的。所有想种植烟草的个人都必须每年提交申请，经所在省政府批准后方可获得种植许可证，而全部的收成都必须以国家每年公布的统一价格卖给政府。不仅是烟草种植，烟草的后期加工制造也是由政府来管理，并为此成立了专门的机构，名为“国家工场综合管理处”。而烟草的销售则是由另一专门机构“间接税务总署”负责监管。该机构经历了多次重组整改之后，最终于1980年正式更名为“塞塔”——法国烟草火柴专卖局。[45]总体来说，法兰西第一帝国时期所实行的烟草政策允许烟草的私人种植，但最终还是由国家垄断。[46]

烟草行政管理局的负责人通常都是由国家任命的高级官员。1842年，亨利·西梅恩（Henri Siméon，1803—1874）子爵出任了该职位。他出身于官宦世家，曾担任过最高行政法院办案员，并连续出任了几个省的省长，如孚日、卢瓦雷、索姆等。西梅恩子爵不仅熟稔公用事业的管理，而且具有超于常人的创新精神。[47]

1843年2月25日，西梅恩向分管的大臣递交了一封长信，信中阐述了关于生产制造香烟的相关事宜。他在信中指出，鉴于民众对香烟的热捧以及黑市交易的泛滥，政府有必要尽快接手香烟的生产制造。面对巨大的市场需求，投机者们不惜冒着违法的风险私建地下手工作坊，并都获得了很好的收益。即使法律明文规定：“个人私藏任何与香烟制造相关的器具，一经查出，都会被认定为非法行为”[48]，然而巨额的罚金似乎达不到有效的威慑作用。

西梅恩还曾精心策划过一场活动，成功地让香烟这种新“潮流”赢得了更多关注。1843年2月23日，玛丽—阿美莉（Marie-

Amélie）皇后组织了一场慈善义卖，旨在帮助遭受飓风侵袭的瓜德罗普灾民。西梅恩巧妙地利用了此次机会，主动提供了2万支香烟用于现场义卖。这批香烟品质优良、做工精美：卷烟纸是哈瓦那式或西班牙式的水印纸，上面印有深受宫廷喜爱的精美版画。每支香烟都镶有木质箍头，每25支为一包，用缎带束成一包包并且由宫廷中最美的女子来做展示。这绝对是一次非常成功的营销推广活动，所有香烟当场被抢购一空。

1843年10月22日，以国王谕旨的名义，法国政府宣布正式投入香烟制造生产。最早的工厂位于奥赛河畔附近的“巨石”地区。[49]该工厂早期出品的香烟由进口烟草加工而成，分为简装和精装（镶有木质箍头）两种，售价分别为0.5法郎/包和0.75法郎/包（每包10根）。[50]

国家烟草专卖局不仅成为了法国国内最早正式生产制造香烟的机构，它在世界范围内也处于领先地位。四年之后，即1877年，英国人菲利普·莫里斯（Philip Morris）相继在剑桥和牛津建立了香烟厂，生产出英国国内最早的一批香烟，随后成为了英国王室的特供商。而在美国这个烟草强国，香烟制造反而姗姗来迟。直到1858年，第一家香烟厂才出现在北卡罗来纳州的一个小城镇达勒姆。在此之前，美国种植烟草主要用于出口，而且当地人更习惯于抽板烟。[51]在南北战争时期，烟草种植和贸易也都遭受了重创。当时的“北方派”代表，时任费城财政官的莫里斯在战后曾专门组建了专家团队尝试种植新品种的金黄色烟草，并着手恢复烟草的生产制造。[52]直到1880年，首批工厂在纽约成立，专门对北卡罗来纳州出产的弗吉尼亚烟叶进行加工制造。当时的美国烟草大亨詹姆斯·布坎南·杜克（James Buchnan Duke）拥有125名雇工，然而每年的香烟产量也不过1000万支。

## 香烟厂的诞生

寄自：烟草行政管理局负责人亨利·西梅恩，1843年2月25日于巴黎

部长先生：

……香烟是一种刚刚兴起的产品，政府虽然尚未着手开发，但已在我国南部地区广泛流传开来：香烟的构造非常简单，由小纸片将烟丝裹制而成。目前，香烟的生产制造由私人的手工作坊完成，其交易仅在地下进行，属非法行为。一般来说，1公斤远东烟草或马里兰烟草的价格为12法郎，可加工制造成750支香烟，而每支香烟的售价为5生丁。由此可知，商家从中获取的利润至少是原材料价值的两倍，香烟买卖有着巨大的盈利空间，而本局却尚未参与其中。实际上，消费者对香烟的需求日益高涨，非法的黑市交易屡禁不绝，政府也已开始对此高度关注。本局负责管理烟草的种植和买卖，因此在香烟制造方面拥有绝对的优势。即使香烟的制造工序十分之繁复细碎，但这小小的困难丝毫不会成为我们介入此行业的阻力？

当然，在做出最终决定之前，我们要着手解决的首要问题是能否找到一种材质特殊，无法被仿制的卷烟纸。实际上，我们已开始进行这方面的试验，尝试将烟草叶子的叶脉加工成卷烟纸。本局每年剩余下来的烟叶叶脉达120万公斤，其中一半为进口货，可以加工成罐装烟草；而另一半本土货及欧洲货则直接被烧毁。如果能将这些边角废料制成卷烟纸，而原材料又完全掌控在本局手中，我们就能实现香烟生产制造的工业化和规模化。这样不仅能让政府获益，还能有效打击黑市交易。同时，消费者不仅能光明正大地购买香烟，还能够享有更低廉的价格。这个一举多得的提议也得到了政府的关注和支持，我们已获准进行试验并取得了初步的进展。当然，目前由烟叶叶脉加工而成的纸张仍不够轻薄柔软，尚未达到卷烟纸的标准。我们还将继续进一步尝试。如果试验成功，我们即可正式投入香烟制造业；如果试验仍不能达到预期效果，我们也可考虑使用

普通材质的卷烟纸，例如西班牙式或哈瓦那式卷烟纸。我们只需在纸张上加一个特殊水印，以证明官方认可和授权。总而言之，香烟将成为我局最为重要的产品，我对此坚信不疑。

在此，向您致以最崇高的敬意！

您谦卑的属下

烟草行政管理局负责人

亨利·西梅恩子爵敬上

（信件引自：《烟草杂志》，1967 年夏，第 11，12 页）

即使在香烟制造起步较早的法国，市场的培育发展也是缓慢的。正如西梅恩在信中所提到的，卷烟纸的品质问题直到 1850 年也没能得到很好的改善。早期手工制造的香烟在做工方面不够精细，在运输方面又不够快捷，而销售渠道有限，仅在大商场有售。所有这些问题都导致了香烟还不能作为大众消费品流行开来。在这二十年间，法国国内香烟的销售量十分有限，一直徘徊在 800 万到 1000 万支之间。事实上，香烟甚至被看作是昙花一现的过渡性产品。当时的记者朱利安·杜尔冈（Julien Turgan）在参观了巴黎皇家卷烟厂之后撰文写道："哦，香烟！在一阵轻烟中，你转瞬即逝，逐渐被遗忘。"[53]他认为香烟这种产品并不会取得多大的成功，这一想法在当时公布的一组官方数据中也得到了印证：1848 年的香烟总产量为 12680 公斤，1858 年为 7097 公斤，1862 年为 6800 公斤。[54]此外，公众对这种"成品"香烟也有诸多不满：做工粗糙，烟味不足，太容易熄灭，不仅卷烟纸的质量很差，里面的烟草杂质多，点燃后还很容易变成粉末。这些通过工业化生产出来的香烟的品质还不如私人手工作坊出品的香烟好："政府能不能别再生产这些没味道的玩意儿啦？"[55]

不久之后，为了突破困境，官方决定重新整顿香烟的生产制造业。1854 年，政府推出了全新系列的香烟产品。在新品推出之前，当时的皇帝拿破仑三世甚至亲临工厂，带领一众官员尝试由皇家烟草局精心挑选出来的各种烟草。这位皇帝的烟瘾十分惊人，每天至少要抽掉 50 根香烟，还不包括雪茄在内。于是，拿破仑三世所在的圣克卢宫总是烟雾弥漫：

> 一位面色苍白的男人沿着开满鲜花的草地漫步，
> 他身着黑衣，手拿雪茄：
> 这位面色苍白的男人在郁金香前驻足沉思，
> 他时而眼光暗淡，时而目光如炬……
> …………
> 或许，他在想着那位戴眼镜的同伴……
> 但见，他将雪茄点燃，
> 一片升腾的烟雾，正如圣克卢夜空中的浮云。[56]

在之后的第三共和国时期，民间创作了大量歌曲和漫画来讽刺挖苦这位嗜烟如命的皇帝，并为他取了第二个绰号："香烟男"*。

然而，经过皇帝的亲自过问及政府的着力整顿，香烟的销量逐渐有了起色：从 1855 年开始，香烟销量平均每年增长 70 万支。直至 1870 年普法战争前夕，香烟的销量达到了 1200 万支。[57]

---

* 拿破仑三世的另一个外号是"巴丁奎"，来源于他逃亡期间曾假扮成的泥匠的名字。——译者注

当时出产的香烟大致可分为四种：普通香烟、俄式香烟、危地马拉式香烟以及哈瓦那式香烟。普通香烟由烟草碎粒加工制成，采用的是所谓“车轮式”的生产工序。香烟管是由较厚的纸张裹制而成，以棉塞封之。1865 年，一位姓名不详的波兰工人来到巴黎的巨石工场，并由此引入了“羊皮纸”式的新型加工工序：使用的烟草变成了质感更好的烟草丝，而用于封闭烟管的棉塞也被纸质的螺旋管代替。[58]这种类型的香烟被称为俄式香烟。至于危地马拉式香烟的做工就更加考究了：卷烟纸由玉米叶制成，要经过筛选、清洗、烘干等多道工序，而一些悬在半空中、装有弹簧的玻璃球则用来完成最后一道滚压的工序，令玉米叶变得光滑平整。慢慢地，玉米叶逐渐演变成“玉米纸”，并加入了氧化铁以着色，这种以玉米叶加工制成的卷烟纸一直沿用至今。至于哈瓦那式香烟，则是由勒伊工场出产，此类型的香烟以哈瓦那烟叶的碎屑为原材料，并以哈瓦那烟草的汁液浸染卷烟纸，故得其名。

到了法兰西共和国时期，香烟的种类越发层出不穷，花样繁多，足以满足各种口味的需要。由于被普鲁士打败，要支付巨额赔款，法国当时财政非常紧张。为解燃眉之急，新上台的梯也尔政府不得不想办法增加各种间接税收，而首当其冲的就是烟草税收。为此，政府着力扩大香烟生产制造的规模，在除巴黎以外的六大城市都开设了工厂——波尔多、马赛、布列塔尼的莫尔莱、南锡、南特以及图卢兹。在此期间推出的“法兰西斯”（Française）牌香烟是法国国内最早的名牌香烟。1871 年，战败的法国签订了令人感到屈辱的《法兰克福条约》，该香烟品牌顺应时势，成功地将产品名称与国内浓厚的民族情绪联系在一起，引起了大众的广泛共鸣。“法兰西斯”牌香烟的外包装呈圆柱形，用纸带束裹，每一包里面有二十根香烟，分为红色，蓝色和绿色三种系列。红色系列采用的烟草是刚刚开始在本土培育出的高级烟草；绿色系列采用的是马里兰烟草；而蓝色系列虽然采用的是普通级别的烟草，但却别具意义：蓝色让人们联想到孚日山脉泛蓝的边界线*。于是，抽蓝色的“法兰西斯”在当时就代表着爱国的行为。

除此之外，一位名叫柯宁（Koeing）的私营企业家于 1877 年获得国家特许，随即生产并推出了自己的系列香烟品牌。由于采用的是来自远东的烟草，这些产品被赋予了具有异域风格的名字和颜色：韦兹尔(白色系列)、利凡得（淡紫或淡黄色)、拉塔柯叶赫（黄色)。于是，柯宁很快在法国掀起了一阵东方热潮。

## 机械化推动市场化

在 1843 年至 1872 年间，国家生产的香烟一直由纯手工制造：工人们用纸片裹好烟丝，在顶端塞上棉塞封口，一根根香烟就这样在双手之间诞生。直到 19 世纪末，席卷法国的工业革命浪潮也波及到了各大卷烟厂。生产模具的改造升级率先带动了香烟加工的合理化和标准化：例如，“法兰西斯”牌香烟的烟草含量被固定在每公斤 735 克的标准上。而蒸汽机及电动机的流水线作业也彻底取代了人工，每天能够加工制造出好几万支香烟。

法国首台香烟加工机于 1872 年诞生，由苏里尼及杜朗（Surini et Durand）器械公司出产。按设定好的工序，卷烟纸被放置在卷盘上

---

* 影射《法兰克福条约》中被割让的地区。——译者注

卷成圆柱形，接着被钳子夹起，加戳，再上胶粘合。工人们只需将传送带上的烟草铺展成薄薄一层，机器就会按照所需分量将烟草裹成筒状，塞入纸卷之中。成品香烟再被送至整理盒中，进行最终的分拣和包装。香烟加工机在 1878 年的世博会上亮相，它每小时加工出 3600 支香烟的能力让人为之赞叹。

**第三共和国初期香烟种类列表**

—俄式马里兰系列
—俄式高级系列
—普通东方烟草，淡紫色包装系列
—普通马里兰烟草，绿色包装系列
—普通本土烟丝，红色包装系列
—高级本土烟丝，红色包装系列
—普通本土烟丝，蓝色包装系列
—哈瓦那系列
—韦兹尔，白色包装系列
—利凡得高级烟草，淡黄色包装系列
—利凡得淡味，淡紫色包装系列
—利凡得浓味，淡紫色包装系列
—拉塔柯叶赫，黄色包装系列

皮埃尔·拉鲁斯，《19 世纪全球大辞典》，
巴黎，1877 年，第 14 卷第 1362 页，“烟草”条目

到了 19 世纪 80 年代，各种发明创造更是层出不穷，各类新兴的香烟加工设备让人应接不暇。由勒热内和勒布龙发明的机器已经能够完成多道加工工序：如烟管的切割、粘合，烟草的分拣以及填

个人香烟加工器，“勒梅尔”（Lemaire）品牌，19 世纪末

塞工作。如果说一名工人每天能手工制造出 1000 支香烟，那么在机器的协助下，她每小时就能加工出 1500 支香烟。

为推动烟草行业机械化做出巨大贡献的还有阿纳托尔 · 德古夫雷（Anatole Découflé，1835—1908）。1880 年，他首度发明的香烟连续包装器获得法国国家烟草局的采用。1885 年，德古夫雷推出的升级设备每小时能加工出 2500 支香烟。1889 年，他在世博会上展示了更新款的机器“高卢”，并一举成名。用该设备加工的烟管可通过特殊模具扣合，不再需要上胶粘合这一道工序。

日益现代化的机器设备也逐渐淘汰了传统的填塞工序。卷盘上的卷烟纸卷好后被送至沟槽设备之上，凹槽的深度与香烟一般大小。烟草在另一处经过分拣、塑形之后被送到这里，与早已被安置于此的卷烟纸合为一体，完成粘合，最后再被切割设备切成长度一致的成品香烟。滚压技术由此替代了填塞技术，毕竟填塞技术本就不适用于像烟草这样体轻易燃的物品。

虽说机器设备的发明创造高潮迭起，然而机器的普及速度却要缓慢得多。在托南市，历史最悠久（建于1726年）、规模最大的一家卷烟厂直到1922年才实现机械化生产。[59]位于洛特—加龙省的工厂则在此期间逐步发展壮大，实现了规模化生产，出品了“雅致”(Élégantes）和“高卢”（Gauloises）两大香烟系列。

而在美国，香烟制造业的机械化进程十分迅速，其现代化程度很快处于世界领先地位。1881年，弗吉尼亚州里士满的一位年轻工程师詹姆斯·本萨克（James Bonsack）为自己发明的香烟加工设备申请了专利，这款极具革命性的机器每分钟能加工出200支长度统一、直径一致的香烟。在1884年正式投入使用后，该设备导致生产成本大幅度缩减。凭借着本萨克机器的强大生产力，詹姆斯·布坎南·杜克的香烟厂每天能出产12万支香烟，相当于48名工人手工制造的产量总和。[60]1887年，杜克企业香烟的销售量高达4.6亿支，相当于法国烟草局所有工厂的产量总和。杜克家族由此坐上了美国香烟行业的第一把交椅，其1889年的销售量占市场总额的38%。

由于独享了工业化生产带来的巨大便利，詹姆斯·布坎南·杜克打起了价格战，逐渐将竞争对手逼入绝境：当时，杜克出产的香烟每包仅售5美分[61]。结果，到了1888年，杜克企业的香烟产量已占全美国总产量的40%。1890年，杜克家族最终收购了其他五大竞争对手，并组建了首家香烟行业的托拉斯：美国烟草公司。

对于香烟制造的标准化和工业化，奥利维耶·朱亚尔（Olivier Juilliard）[62]发表了一段绝妙的论述：标准化生产的香烟“不再仅仅是普通物品，而更具抽象意义：在科学技术与感知体味之间，在政治与商业的融合之间，流动着一种不真实感”。客体由此转化为主体，具体的物品升华为抽象的概念。

当然，要想全面地了解香烟这玩意儿，还要从点燃它的火柴入手。而在这个领域上，同样是垄断技术者便能称王。

当时，用于点燃香烟的火柴通常是由浸过硫黄的木条做成的，最初放于杂货铺出售。“它们悬挂于货架之上，无论是外形还是颜色，远远看起来就像一块块圆圆的干酪。”有的火柴是用冷杉木加工而成的，有的则是由长约 25 厘米的大麻制成，以 25 条细丝扎成一小捆，顶端浸以硫黄。[63]1816 年，在卷烟制造实现了工业化生产的同时，法国人弗朗索瓦·德罗斯纳（François Derosne）发明了摩擦起火的化学火柴：主干依旧是木棍，顶部浸染的却是氯化钾、硫化锑以及胶水的混合物。只需将火柴在玻璃纸上轻轻一擦，就能将其点燃。1827 年，英国人约翰·沃克（John Walker）开始对火柴进行商业开发和推广，初步尝试用圆形或椭圆形的白铁皮盒子包装，盒子外面再配以饰带。不过，早期的火柴盒尚未实现品牌标签化。

### 香烟制造的十大基本工序

1. 混合

作为原料的成捆烟叶经过预先晒干和发酵后，再按照预设的分量进行搭配和混合。

2. 预湿

搭配好的烟叶包被送入蒸汽间接受预湿工序。在真空的工作间里，喷射出的蒸汽渗入烟叶间的空隙，起到软化烟叶的作用。这道工序的目的并非是将烟叶彻底弄湿，而是要让烟叶变得不易折断，让后续的加工工作得以更顺利地完成。

3. 剥离

从蒸汽间出来之后，烟叶包来到了被称为“拆装带”的传送带旁边，等待剥离。工人们首先把整包的烟叶拆开，从中取出小捆的烟叶，来回搅动以使烟叶散开。经过拆分剥离后的散烟叶随后被放在传送带上。

4. 润燥

传送带将拆散的烟叶引入到一个大木桶中，进行润燥的工序。在进入木桶之前，烟叶会再次经过两旁喷出蒸汽的软化。而木桶内部设有一圈水龙头，烟叶在其中上下翻滚的同时，还将接受全方位的喷洒浸润。如此一来，烟叶变得更加柔软，不过也会变得杂乱无章。

5. 整理

浸湿后的散烟叶横七竖八，还不能直接送去切割。因为烟叶叠放得不整齐，就无法整齐划一地将叶子中间的梗切除。而夹杂在烟丝中的烟叶梗会让吸烟的愉悦感大打折扣。所以这一道工序就是将烟叶理顺，让叶梗对齐，以便切割。

6. 切割

整理好的烟叶以垂直的方向放入切割机中，机器的顶部装有五块刀片。成片的烟叶由此彻底改头换面，出来时已变成了长约6—9毫米的细烟丝。切割工序能否顺利完成，同时也要取决于烟叶的湿润度和柔软度。

7. 焙烧

在变成细烟丝之后，接下来的步骤就是烘干烟丝并让它变卷。烟丝被送进一个连接着通风管的金属环中。该设备通过高压蒸汽加热升温，使湿润的烟丝逐渐丧失多余的水分。通风管里的热风随即将热气吹散。烟丝在这里经过高温焙烧之后变得又干爽又卷曲。

8. 除尘

烘焙完的烟草丝还带着热度，同时也会沾染灰尘。在它被加工成可吸食的香烟之前，还必须经过除尘的工序。在筛选设备和气动分离设备的同时作用下，除尘工作得以完成，烟丝也慢慢冷却下来。

9. 香烟加工

在重力的作用下，准备就绪的烟草丝落入进料管道，被送到香烟加工设备之中。其中一部分香烟加工器与过滤嘴装配设备相连。

烟草丝像一阵雨点一般落在传动带上，随即被送至带有凹槽的另一条传送带上，与早已放置其中的卷烟纸合为一体，再经过粘合及切割之后，最终变为成品香烟。

10. 打包

加工好的香烟被分批放入船状的大盒子里，等待接受最后一道工序：打包。船形盒进入到打包装置内，被加工成盒装香烟，并在出口处接受最后的检验工作。

以上内容选自扎吉亚·贝纳巴吉—柏克齐（Zakia Benabadji-Bekhechi）1971年于阿尔及尔大学所著的医学论文《关于国家烟草及火柴制造厂工人的病理剖析》，其中有关于阿尔及尔卷烟厂生产流程的叙述

1831年，就读于多尔高中的年轻人查尔斯·索里亚（Charles Sauria）发明了所谓的“热解”火柴。实际上，他只是在浸染火柴棒的药液中添加了白磷。然而，磷这种物质不仅极度易燃，还含有剧毒。可想而知，使用和接触含磷的火柴将带来巨大的危害。之后不久，瑞典人伦德斯特伦（Lundström）兄弟率先发明了“安全”火柴：与之前的浸硫火柴不同，火柴棒先要经过石蜡溶液的浸泡，然后在顶部沾取以氯化钾、明胶、磨料以及多种催化

剂混合而成的原料。只有通过与火柴盒两侧的涂磷层相摩擦，火柴才能被点燃。由于起源于瑞典，安全火柴也被称为“瑞典火柴”。

受瑞典人的启发，法国各大工厂开始争相生产自己的火柴产品：1856 年，里昂人让—弗朗索瓦·瓜涅（Jean-François Coignet）购买了瑞典火柴的专利；1864 年，勒莫瓦纳（Lomoine）借鉴了仑兹特耶姆的发明，推出第一批家用火柴。早期的火柴盒由木材加工而成，盒底和盒身两侧分开制作，再由纸片粘合在一起。慢慢地，制作火柴盒的原料变成了硬纸壳。到 19 世纪末，有人用浸染了硬脂和橡胶的棉布条替换木制火柴棒，发明了“蜡烛火柴”。

1871 年后，财政紧张的法国政府对新兴的火柴产品征收重税，严重影响了火柴的推广和普及程度。很多从事火柴生产的私营企业经营惨淡乃至宣布破产。而政府却趁机成立了化学火柴总公司，投入火柴制造并进军销售市场。1890 年，该公司被划归国家制造业管理局管理。[64]1899 年，借助于旗下庞坦工厂的强大生产力，政府出品的火柴产量高达 3550 万盒，其中四分之一为瑞典火柴，其余为不含磷的普通木制火柴。

这些火柴不仅点燃香烟，同时也点燃了人们吸烟的热情。那个时期，香烟的销售量达到了 15 亿。小小火柴盒的出现，让吸烟变得如此方便。怀揣着火柴，人们随时随地都可以点燃一支香烟，而无须守候在火炉或煤油灯旁边。而经过不断的改良换代，火柴使用起来也越来越安全，“借火”也就变得越来越容易了。

## 撩人的烟火，美好的时代

透过福楼拜的精彩著作《情感教育》(1869)，我们可以看到，香烟在当时是如何一步一步虏获人心的。小说中的故事发生于19世纪40年代，法国在这十年间正经历着一场翻天覆地的革命，无论是在政治上还是在文化上都是如此。小说的故事开始于塞纳河中的一条蒸汽船上。男主角——年轻的毕业生弗雷德里克·莫罗乘船前往诺让探望母亲。就是在这艘船上，他邂逅了美丽的女主人公苏菲和她的丈夫阿尔努先生。阿尔努先生是一位“年约四十来岁的俊俏男子”，性格热情开朗，“向临近的每一个人派烟”，出手阔绰。香烟在小说一开篇即粉墨登场，首先说明了一点：它已逐渐取代了烟斗，成为当时社会新兴的潮流之物。在之后的故事发展过程中，弗雷德里克的好朋友、共和党人杜萨尔蒂耶遭遇了警察的“暴打”，连烟斗也被砸个粉碎。“这是一个质量上乘的海泡石烟斗：黑木的斗柄、银制的斗钵以及琥珀的烟嘴。”于是弗雷德里克将一个雪茄盒送给了杜萨尔蒂耶。而在小说的结尾，弗雷德里克与苏菲的最后一次见面充满了忧伤，香烟也成为悲剧谢幕前的最后一个道具。“出于对梦中情人的尊重和体贴，他转过身去，然后点燃手中的香烟。”她凝视着他，难掩激动。“您总是这么细致优雅！我眼中只有您！只有您！”[65]然而现实在梦境中消散，往事在回忆中淡去。这个故事的结尾同时也显示了另一个信息：代表着雅致的香烟打败了略显粗鲁的雪茄。

无论如何，香烟已经登上了历史舞台，至少是与雪茄“平起平坐”了。在法兰西第三共和国成立初期，医学专家艾梅·西昂(Aimé Riant)根据所做的调查指出，法国雪茄和香烟的每年人均消耗量分别为20支和13支。[66]

19 世纪接近尾声，香烟也越来越多地出现在了文学作品中，并成为备受关注的焦点。一项有关烟草怎样影响法国文学作品的调查表明：香烟早已成为文人开口必谈的主题。1890 年，法兰西学院院士儒勒·克拉尔提（Jules Charetie）就曾撰写小说《香烟》，并取得了巨大成功。而另一位院士埃德蒙·阿布（Edmont About）——被称为艺术评论界的巴尔扎克——则对希腊香烟进行了一番辛辣点评："这烟看起来就像是迷你的腊肠，卷烟纸倒是可以当作信纸来用。"[67] 至于意大利作家伊塔诺·斯维沃（Italo Svevo）更是在其一系列作品中对香烟大书特书：其中包括了短文《吸烟》，书籍《泽诺的意识》（其中章节"最后的香烟"），小说《我的消遣》、《写给未婚妻的日记》节选，《写给妻子的书信》选集等等。有的是青涩的第一次，有的是永恒的最后一次，无论以何种形式，香烟总是萦绕于各类文学作品中，挥之不去："这绝对是我最后一次求助于这本书来完成我的忏悔了。从清晨开始，我一直大口地抽着烟，然而给你写下这封信时，我保证要信守刚才的诺言。我可爱的金发小美人，你会原谅我的，不是吗？"[68]

就连最早期的电影都涉及了香烟这个主题。高蒙公司在 1904 年投资拍摄了《第一支香烟》，导演是第一位女性电影人艾丽斯·古伊·布拉缬（Alice Guy Blaché）。[69]

在"美好时代"*，香烟的发展也取得了初步的成效。第三共和国初期，人们只是根据捆扎香烟的缎带颜色和烟草的品质来对香烟进行简单的分类。直到 1870 年后期，法国烟草专卖局开始推出种类繁多的香烟品牌以吸引更多的消费群体：早期已有"匈牙利女郎"（Hongroises）、"妃姬"（Odalisques）、"幕间曲"（Entractes），"小侍

---

* 特指 19 世纪末至 20 世纪初法国高速发展的时期。——译者注

从”（Petits Pages）等系列，随后更推出了“猎手”（Chasseurs）、“侍从”（Pages）、“骑师”（Jockeys）、“宠儿”（Favorites）、“波雅尔”（Boyards）、“俄国人”（Russes）等系列。另外，烟草专卖局又继续推出了具有地域特色或女性特色的香烟品牌，例如“西班牙女郎”（Espagnoles）、“舞姬”（Almées）、“危地马拉”（Guatemala）、“埃及女郎”（Dames）、“哈瓦那女郎”（Havamaises）、“格林纳达”（Grenades）等等，当然还有“法兰西斯”。1894 年，在法国市场里共有 242 种香烟，但其实全部是在 17 个品牌与 15 种等级的烟草之间搭配衍生出来的。有的香烟的名称散发着东方情调，有的暗含性感魅惑，有的则充满梦幻。新推出的香烟具有更优良的比例和品质，例如“埃及女郎”系列的香烟直径为 8.2 毫米，长度为 75 毫米，其烟丝是由每 1030 克烟草精选出 1000 克制成，这也是这个产品能够取得成功的原因之一。 不过在当时，香烟盒还没有出现[70]。一些最出名的香烟，例如比“法兰西斯”系列更粗的“匈牙利女郎”系列，还有“女骑士”、“宠儿”以及“格林纳达”等系列的香烟从 1878 年起都是以 12 支、20 支或 25 支为一组，用彩色带子扎成小捆来售卖。这种成捆的香烟包也被俗称为“塞子”，因为其外形与木塞有些相似。当然，香烟的名称也不是一成不变的：1893 年，以前的“雅致”系列改名为“女骑士”；而 1910 年推出的“高卢”系列其实就是以前的“匈牙利女郎”。但名称的改变丝毫没有减弱忠实消费者的热情。

**表一　第一次世界大战前夕的香烟消耗量**

| 年份 | 1870 | 1875 | 1879 | 1889 | 1990 | 1909 |
|---|---|---|---|---|---|---|
| 百万支 | 100 | 524 | 687 | 854 | 1800 | 3000 |

数据来源：《烟草杂志》，1928 年 3 月刊，第 14 页。

保罗 · 加瓦尔尼自画像，1842 年

通过上述表格，我们可以看到，1870 年至 1909 年间香烟的消耗量增长了 30 倍。这还仅仅是成品香烟的数据，并不包含吸烟者自制烟卷的数量。当时，烟丝的年销售量约为 1.4 万吨，据估计，其中的一半并非消耗在了烟斗之上，而是用于自制卷烟。实际上按照比例，当时每售出一支成品香烟，就会有十支自制卷烟消费使用。因此，既然 1909 年售出的成品香烟是 30 亿支，那么就应该有 300 亿支自制烟卷被消耗掉。而如果把该年法国人口中 1000 多万的男性居民都视为潜在的吸烟者，那么法国当年人均消耗了 25 支成品香烟，是 1876 年西昂博士所示数据的两倍。至于自制烟卷的相应增长量，那更是至少在十倍以上。从此，香烟真正渗透到了社会的每一个角落，与我们的生活息息相关。

除了这些客观的数据，通过当时的常用语言或流行歌曲中出现的有关香烟的众多绰号，我们也可以了解到香烟的影响力到底有多大。实际上，大量涌现的俗语和俚语恰恰说明了香烟的流行程度。[71]雪茄被称为“加热棒”、“椅子腿”和“一苏烟”；“嘴边烧”和“吹气筒”指的是烟斗。香烟的绰号更是花样繁多，例如“吸水条”或“火炉条”*有的俗称词性和内容会发生变化，甚至于慢慢演变出其他不同的含义：于是“火炉条”变成了“火炉棍”；“吸水条”在 1881 年出现后，仅隔一年就变成了“吸水纸”或“吸水管”，后来，这个词根又经过了一系列的演变。此外，歌唱家阿里斯蒂德 · 布鲁昂(Aristide Bruant) 在其歌谣《黑猫》(1883) 中使用了“资产阶级和吸烟阶级”的表达方式。另外，机器加工制造的香烟被叫做“织补货”。而没钱买烟的时候就只能“自己烧”了，这

* 指香烟会去除水分，让人口干舌燥。——译者注

个词指的是将裤兜翻个底朝天找出一点烟丝碎末，还可以卷上一根“火炉条”。

至于“clope”一词，在法语里不同词性下则具有不同的含义。阴性时是“烟头”的意思，阳性时指的是完整的香烟。无论如何，所有的俗称都着重突出了香烟的通俗性和普及程度。1910 年，法国烟草局通过 5 万家香烟零售店推出了“高卢”和“茨冈”（Gitanes）两大香烟品牌。香烟从此又多了两个“花名”。

# 第三章
# 香烟的持续发展

自诞生起的150多年来，香烟不断扩张着自己的影响力和版图，我们完全可以用“持续性”来形容它的发展态势。香烟与美酒有着极为相似的发展历程：最初时低调地亮相；中间经历了飞速的推广普及阶段；接下来进入了消费稳步增长阶段。而现在来回顾香烟的发展历程，可以列出香烟在社会上持续发展的五大依据，而所有这些都涉及一个问题，那就是吸烟的行为模式规范化，这种行为模式根据吸烟地点和时间的变化有着相应不同的要求。

## 吸烟之道

随着烟草使用习惯和方式的改变，与之相关的行为规范和准则也将随之改变。本书前文曾经提到过，1807年香烟刚刚兴起之时，曾有人撰写文章大肆评判这一欠缺优雅的“作风”。在最初几年间，尚未有人认真仔细地总结过吸烟的规范与准则，“吸烟之道”还没有被纳入到基本的“处世之道”中。

法国作家大仲马曾经在安慰一位痛苦不堪的朋友时，递给对方一支自己裹制的卷烟，并把这个行动视作表达友情和关爱的一种方式：“我开始翻动着手指裹烟卷，直到弄出最完美的一支。我把它递给安东尼，我以为我的朋友会像往常一样备受感动。但他只是点了点头表示谢意，却推开了我的手。我只好低下头点燃这支烟，自己抽了起来。”[1]

然而当街抽烟在当时被视为一种“伤风败俗的恶习”。19世纪初期，抽雪茄或香烟的习惯还十分少见，医生梅拉（Mérat）就曾以莫须有的某项安全条例为由，发起了对吸烟行为的声讨：

> 我们应该向柏林或者其他德国城市学习，禁止在公众场合吸烟，以免令人厌恶的烟雾给行人带来危害。我们不止一次发现有不少妇孺备受浓烟的困扰。我们也不止一次发现有不少公众场所遭受着浓烟的污染，让身处其中的人们感到窒息。[2]

伦理学家们也极力指摘和斥责这种有失礼仪的行为：“有些人肆无忌惮地当着女士的面吸烟，有时候甚至在挽着她们时还抽着烟。还有些男士撇下同行的女伴，加入到吸烟者的小圈子里一同吞云吐雾，或者一头扎进小咖啡馆里边喝着酒边抽烟。真不知道这些人都是怎么想的？他们难道不知道自己的行为是多么令人震惊和厌恶吗？”还有更为夸张的描述：“这种不尊重女性的行为每天都会发生成千上万次！”为此，专家们不惜引用国外甚至敌对国家的例子：“例如在俄国是禁止在大街上吸烟的。在普鲁士也一样。”烟火在他们眼中变成了“会让社会腐化堕落的最可怕的东西”[3]。

因此，规范吸烟行为、指定一套文明吸烟的准则被提上了议事日程。自19世纪中期开始，各种相关的教科类书籍相继出版，例如《吸烟的艺术：如何避免引起女士的不悦》、《雪茄的法则》、《吸烟者的礼仪》等等。《吸烟者剖析》一书的作者写道："先从口袋中取出烟具，然后抓一小把烟草放在左手上，接着再把烟草塞进卷烟纸里裹成烟卷。有时候女士也可为男士代劳。"该书作者还明确指出："切勿在用餐过程中吸烟或递烟给别人。"[4]斯塔夫男爵夫人在几年之后下定决心（当然她也具备这样的资格[5]）整理出一整套关于吸烟的礼仪规范。她在其中提到了各国关于借火的风俗习惯：

> 在古巴，男士通常会先点燃自己嘴边的香烟，吸几口后再把燃着的烟卷递给同伴借火点烟。在西班牙也是如此。而在奥地利，男士会在点燃自己的香烟后，把燃着的火柴递给对方。如果第一时间把火递给同伴的话，对方应迅速地点好烟，在火柴熄灭之前递回给前者使用。在英国，绅士通常会将雪茄或裹好的烟卷递给伙伴，为他点燃，然后再另外裹一支香烟自己享用。法国人则习惯于将点燃的火柴递给同伴，等对方点完烟后再点自己的。也有的人会向大街上的陌生人借火，这个习惯来自美国。一般只有低素质的人才会这么做。当然，有教养的绅士也不会拒绝这样的借火行为，但绝不会这么做。

如果是在别人家里，想吸烟必须要征得女主人的同意。福楼拜在《情感教育》一书中曾经描写到，贵妇当布罗斯夫人在自己丈夫下葬的当天，对着情人弗雷德里克叫道："你想抽就抽吧，在我家不用客气！"[6]

男爵夫人这套"吸烟之道"的另一个重要法则规定了吸烟的时机。在用餐过程中吸烟是最为避忌的。原则上来说，绅士不应该在用餐时吸烟。然而在美国，这些"扬基佬们"粗鲁惯了，他们对此一点也不在乎。而要想优雅地吸烟，还必须遵循著名美食家布里亚—萨瓦兰（Brillat-Savarin）给出的美味法则。这位大师对所有感官进行了深入细致的体味："于我而言，对于美味的体验之旅必须要从嗅觉开始，嗅觉器官在其中发挥着重要作用。不能闻其味，必然食之也无味。我个人坚信，嗅觉与味觉相辅相成，只有这两部分的感官合二为一，我们才能真正品尝到所谓的美味。可以说，我们的嘴巴就好像实验室，而我们的鼻子则是通气管。更确切地说，前者通过触觉来'尝'，而后者则通过气味来'品'。"[7]

虽说"饭后一支烟"的行为是被允许的，但更为妥当的做法是"自觉地离开会客室或餐厅，或者将不吸烟的人转移到另一处"[8]。如果可能的话，最佳的做法是去为吸烟专设的场所：吸烟室。而雪茄也因此有着"饭后烟"的别名。那些风流倜傥的作家们，例如大仲马，都曾经描述过这样一幕："吸烟室里，在精美的陶瓷碟上摆放着各种各样的雪茄。"[9]而我们如果置身于这种吸烟室里，还能听到国王雅克一世的高谈阔论："以烟草款待来宾，才能算得上是隆重的待客之道。以烟草会客，才能算得上是愉快的交友之情！"[10]

英语中的"吸烟装"一词就来源于旧时英国的礼仪。在维多利亚女皇统治时期，绅士们在进入吸烟室后会换上一件特别的外套，并在离开时脱掉这层外套，这样就不会沾染上一身的烟味，避免让女士感到不快。这样的服装是专门为"吸烟者"而配的，所以被称为"吸烟装"。威尔士亲王，即未来的英国国王爱德华七世，以极具"巴黎范"闻名，他彻底颠覆了关于"吸烟装"的传统使用方法。他曾经要求所有受邀来赴宴的宾客都必须身穿这种原本在吸烟室里专用的"吸烟装"。自 1886 年开始，经美国人詹姆斯·波特（James Potter）的发扬光大，这一穿衣风尚逐渐传遍了大西洋彼岸，"吸烟装"成为了我们现在所说的"烟装礼服"。当年，波特在伦敦西区汇集着最顶级裁缝店的萨维尔街定制过一套这样的"吸

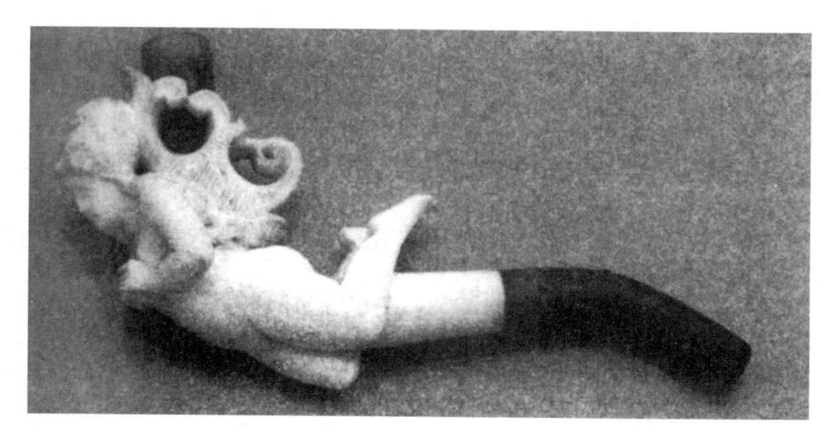

20 世纪初的海泡石烟嘴

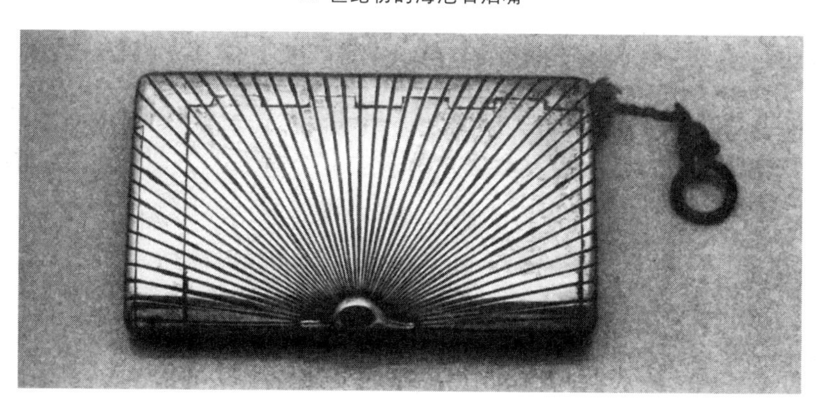

19 世纪末至 20 世纪初的银质香烟匣

20 世纪初的彩陶烟灰缸

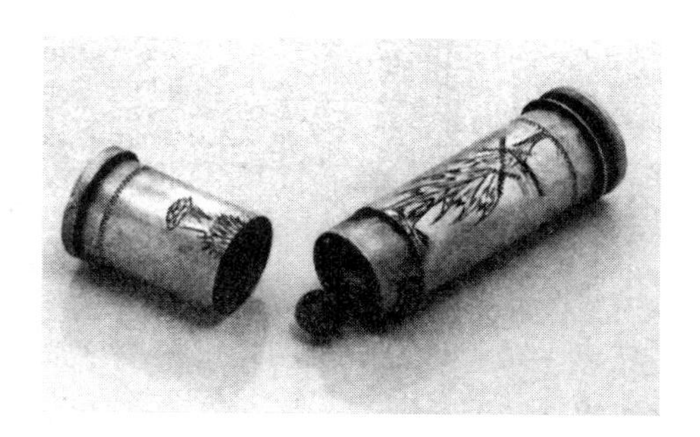

20 世纪初的铜质打火机

烟装”。这一整套服装包括外套和长裤，色泽暗淡。整体亚光式的材质是为了突出袖口处缎面的翻边和裤缝。回到纽约之后，波特穿着这套礼服去参加了“塔克士多俱乐部”（Tuxedo Club）的活动，他新潮的穿着吸引了众人的目光。不久之后，所有的男士都开始争相效仿，身着“塔克士多礼服”出席各类宴会。不过，让英国人大为恼火的是，美国人对“吸烟装”进行了修改：用缎面的宽腰带代替了里面的背心。改头换面后的烟装礼服又回流到了欧洲大陆，逐渐在赌场等许多地方出现：到了19世纪末，就连闻名世界的“007”詹姆士·邦德也穿着这套服装在蒙特卡罗的赌场里徜徉了！

除了服装之外，吸烟者们必备的还有打火机、卷烟器等各类器具。我们如今在博物馆或是旧货铺里还能看到一些保存下来的古董器具。比如说，烟嘴就曾经是旧时上流社会时髦人士拥有的整套烟具中不可或缺的一个组成部分：有的烟嘴是琥珀外镶金边的；有的则是玳瑁材质——白色金属包头；有的是由海泡石制成的，这种来自安纳托利亚（位于土耳其南部，是目前为止发现的最大、保存最完好、最古老的人类定居点）的白色石头柔软而容易雕刻；还有的烟嘴是用产自威尼斯穆拉诺岛的上好的嵌丝玻璃做成的。

如前文所说，除非是有专设的吸烟室，否则不宜在室内吸烟。而在大街上吸烟也是有失礼仪的，尤其是对女性吸烟者而言更是如此。因此，小咖啡馆和小酒馆成为了吸烟的最佳地点，甚至最终还得到了政府的官方许可。[11]在法语中，“tabagie”（烟雾腾腾）一词指的正是这类深受烟民喜爱的公众场所。到了19世纪，赌场大量涌现，于是吸烟、喝酒与博彩紧密地联系在了一起。除此之外，具有小资风格的咖啡厅也逐渐成为文艺青年们“煲烟”的潮流之地。巴尔扎克在其作品《搅水女人》（1843）中就曾经描述过小说主人公菲利普·布里杜经常光顾的几家巴黎咖啡馆：荷兰咖啡馆、朗布兰咖啡馆、米内尔夫咖啡馆等等。

有些咖啡馆因其特立独行的风格而名声大噪，例如“蒂凡”（Divan）咖啡馆就成了那些崇尚波西米亚风的文人墨客们趋之若鹜的场所。建于1837年的蒂凡咖啡馆地处勒佩尔蒂埃街3号，在这里，烟斗比雪茄和香烟更为流行。在这个咖啡馆内，沿着四面墙角摆放了一圈沙发，大家可以随意地围坐在一起谈天说地。咖啡馆的首层备有国际象棋、多米诺骨牌等棋牌游戏，不过禁止玩扑克牌；而沿着螺旋状的楼梯拾级而上就来到了第二层的桌球室。这间小小的桌球室见证了浪漫主义文学艺术的全盛时代：在这里，巴尔扎克与特奥菲尔·戈蒂埃、莱昂·德·戈兹兰（Léon de Gozlan）一起谈笑风生；阿尔弗莱德·缪塞、亨利·莫尼埃（Henri Monnier）及其笔下的人物约瑟夫·普吕多姆先生都是这家咖啡馆的常客；杰拉德·拉布鲁尼（Gerard de Labrunie）也常常与他的艺术家朋友们如画家保罗·加瓦尔尼和奥诺雷·杜米埃、作曲家埃克托尔·柏辽兹（Hector Berlioz）等欢聚于此。[12]

还有些咖啡馆成了合唱团的驻地。自1830年后，无论是保皇派还是共和派的歌舞社团都开始热衷于“边抽烟喝酒，边唱歌跳舞”的创作方式，其中包括著名的巴黎“中学歌舞团”*。同时期存在的还有创办于1841年的“动物园歌舞团”，其创始人查尔斯·吉尔斯（Charles Gills）出身于工人阶级，该歌舞团的成员自称为动物，也常在咖啡馆里进行巡演：“男男女女、猫猫狗狗，13只动物欢聚于小酒馆内。”[13]

实际上，无论是小酒馆，咖啡厅还是小餐吧，都成了“最有烟

* 该歌舞团存在于1831—1922年，其成员都自称是中学生。——译者注

味”的场所。大家一边叼着烟斗、雪茄或香烟，一边把酒言欢，觥筹交错，有时再玩上几把游戏，这样的场景无论是在巴黎还是在小乡村里都随处可见。当然，不同档次的场所接待的客人身份也不尽相同。“透过窗户，我隐约看见缭绕的烟雾笼罩着密密麻麻的一群人，他们全都是住在这个破落街区附近的居民。由于座位有限，很多人都站着，其中还有不少女人。没有人喝什么啤酒，全都在喝着廉价的烧酒……我还从来没有在其他地方见过比这更失魂落魄，更肮脏不堪的场景。”[14]

直至1914年前夕，法国国内共有50万个贩卖酒水的场所，除了这些地方之外，所有的公共场所也都慢慢“沾染”上了烟的味道。“在剧院里，阵阵青烟像薄雾一般弥漫着，舞台上的场景和远处的景物都好似蒙上了薄纱变得朦胧起来。台下的观众不断地抽着雪茄或香烟，一缕缕的白烟不断地升腾，在屋顶堆积，形成一团团的烟云笼罩在水晶吊灯的周围，笼罩在顶楼观众的头上。”[15]

吸烟的人总是乐于在朋友之间相互派烟，因为有烟同享也是一种极大的乐趣。集体性的抽烟行为会让吸烟者之间建立起同盟的关系，因而减弱了个人吸烟的罪恶感、羞愧心以及孤独感。

这些可以喝上一杯的场所之所以成为吸烟的最佳地点，是因为光顾的客人通常都是男性。实际上，女性在吸烟方面的“革命”经历了漫长的过程。甚至就连倡导女权的作家乔治·桑在自己晚年的时候也逐渐收敛个性，回归传统，变成了“诺昂小镇的淑女典范”。显然，“正经传统”的女性是不能够吸烟的。直至19世纪下半叶，绝大部分的男人看到抽烟的女人都会不以为然，会立即怀疑她们沾染了诸多恶习和毛病。当时的精神病理学着力于研究当代人的一些异常的行为，并对某些“怪癖”进行专业化定义——例如饮酒癖、吸毒癖和偷窃癖等等。而“吸烟癖”也不可避免地成为了被研究的课题之一：“一位15岁的德国女孩在月经来潮后便开始无法

《抽雪茄的资产家》和《抽香烟的无产者》，
由 G.-H. 约瑟创作的讽刺漫画，刊登于《黄油碟》（1907 年和 1905 年）

自拔地迷上了烟草；她想尽一切办法甚至到处偷窃各种雪茄和香烟，以满足自己的烟瘾。”[16]在对女性吸烟者的分析研究中，妓女被视为典型案例之一，因为在当时那个时代，她们是道德沦丧、腐化堕落的代名词[17]：“这是一位22岁的成年妇女，从事着令人羞于启齿的职业。她是我与卡隆医生（曾供职于警察局）共同研究的病例之一。据我们所知，这个苦命的女人滥交过度，极度依赖于烟草——烟斗、雪茄和香烟来者不拒。我和我的同事在她身上发现了这样的现象：当烟瘾发作时，她会出现自发性的心律不齐，而一旦戒烟，这样的症状就消失了。”[18]

在19世纪，人们通常会以伤风败俗，道德败坏，甚至更为恶毒的词汇来形容抽烟的女人。即使如福楼拜这样狂热的吸烟爱好者也只是让他笔下的男主角们在书中吞云吐雾，却坚决不会让女主角们有这样的行为。例如在他的代表作《情感教育》中，年轻浪漫的大学生、男主角弗雷德里克·莫罗可以潇洒地抽烟并派烟给别人，可优雅的女主角阿尔努夫人却绝不会这样做，甚至连书中提到的“交际花们”也没有这样的习惯。虽说在此之前许多关于礼仪的规范和条例经历了好几个世纪的变迁和改变，却依然是一点也没有提到关于女性吸烟的权利。各种有关礼仪的教科书不断地提醒：“素养和礼貌来自于善良的心灵、细致的精神、高贵的腔调以及优雅的举止。”[19]此外，在早期电影中如果需要出现吸烟的场景，一般也都是由男主角来演绎的。

## 艺术界的“新宠”：吸烟的人

在艺术界，画家们率先尝试从香烟中寻找创作灵感。此前，他们已经创作了“供两人用的”茶具和咖啡具装饰风格，同时出现的还有“供两人用的”双人酒杯，而酒杯、茶具、咖啡具和香烟一样，都是那种要举到嘴边才能享用的物件。[20]在19世纪，尽管画家们并没有放弃以抽烟斗的人物形象作画，但他们还是逐渐地将注意力转移到了抽雪茄或香烟的人像之上。

1820年，路易斯·布瓦伊创作了一系列名为《吸烟者》的画作。而欧仁·德拉克洛瓦 Eugène Delacroix 也在其著名作品《莫内尔伯爵》中描绘了一个手拿或嘴含雪茄的男人形象，并掀起了一股以吸烟者为创作主题的风潮。[21]无论是1848年古斯塔夫·库尔贝（Gustave Courbet）为波德莱尔所作的画像，或是1876年爱德华·马奈（Edouard Manet）笔下的斯特芳·马拉美（Stéphane Mallarmé），还是1891年图鲁兹—洛特雷克（Toulouse-Lautree）创作的路易斯·帕斯卡尔（Louis Pascal）先生肖像，画中人物无一不以吸烟者的形象示人。

另一位画家加瓦尔尼也开始将抽香烟的人物形象纳入到自己的艺术创作中。正如阿尔弗莱德·缪塞、欧仁·苏和弗雷德里克·肖邦一样，保罗·加瓦尔尼（Paul Gavani）也是18世纪三四十年代巴黎艺术圈内的风流人物之一，他对女人和香烟都有着浓厚的兴趣。除了着力描绘女人的《交际花与女演员》系列作品之外，加瓦尔尼在1930年还创作过这样一个场景：将他的一位美女模特儿摆在两个肆无忌惮地抽着烟的男人中间。而在1835年，加瓦尔尼的两幅作品《殖民口粮》和《同情》中也都出现了吸烟的场景。[22]第一幅作品中展示的是一个打扮时髦的男人，他身穿格子花纹的紧身裤，脚蹬高帮皮鞋，一边口吐烟雾，一边用一只手轻轻在外套下滑过，神情庄重且满足。这代表着当时资产阶级的典型形象：挺着圆滚的肚子，抽着粗壮的雪茄，尤其是还戴着一顶大礼帽。第二幅作品展示的则是两个男人之间的奇特交流，从画中可以看得出这两个男人地位悬殊，一个骑着马，抽着雪茄，另一个骑着毛驴，头戴毛线帽，前者将点燃的雪茄递给后者点火。

加瓦尔尼也是第一位手拿香烟出现在画作中的艺术家。他曾经创作了一幅吸着烟的自画像，作为其作品集《面具与脸孔》（1857）的扉页图。画中的加瓦尔尼已经41岁，但依旧一副特立独行的潮流装扮：他虽然胡子拉碴，头发散乱，却优雅地手持香烟，气定神闲。

除了加瓦尔尼等一批活跃于社交圈的画家之外，很多其他的优秀画家也开始从香烟上寻找创作灵感，很多人也像加瓦尔尼一样纷纷绘制以吸烟为主题的自画像。左拉曾经提到："马奈就像个不入流的小画家整天窝在家里跟一堆年纪相仿的小厮们混在一起抽烟喝酒。"[23]另外一位热衷为女人画像的毕加索，刚在蒙马特落户后，便挥毫创作了一系列女人肖像画：如《蓝衣女人》、《大街上的女人》、《喝苦艾酒的女人》等。他于1901年创作了《吸烟的女人》，画中女人手中细长的烟卷让她的手指越发显得纤细迷人，令人印象深刻。与此同时，崇尚淳朴风格的"原始主义"画家们也开始让香烟出现在自己的画布之上：1909年，代表之一的亨利·卢梭（Henri Rousseau）开创先河，为美国商人约瑟夫·布鲁默（Joseph Brummer）创作了一幅吸着烟的肖像画。不久之后，当费尔南德·德斯诺（Ferdinand Desnos）还只是一个大楼看门人的时候，他曾经去过法兰西学院院士、作家保罗·莱奥托（Paul Léautaud）的家里，为他画了一幅手拿香烟的坐立画像。

实际上，香烟在艺术界风靡一时，备受艺术家们的"宠爱"。无论是最流行的还是最小众的，从音乐（如1894年利奥波德·文泽尔创作的歌曲《我的香烟》）到影像（1900年代最为流行的爱情明信片），任何一种艺术创作都绕不开香烟这个主题。当然，香烟也并不总是以充满欢乐浪漫的艺术形象出现，它有时也是阴郁孤独的写照。

## 吸着烟上战场

我们曾经提到过，雪茄和香烟起源于西班牙，法帝国军队在远征西班牙时将烟卷带回了国内。即使是 19 世纪王朝复辟时期抽热烟的风俗习惯一度受到大众冷落，但底层的士兵们却一直乐在其中。拿破仑一世退位之后，代表着拿破仑时代老兵形象的绒帽、胡子和烟斗“三件套”在新时代下随着主人的落寞也逐渐式微：巴尔扎克笔下的“夏倍上校”便是其中的代表人物之一。1823 年，昂古莱姆大公的军队加入了对西班牙的讨伐，1830 年，布尔蒙元帅率军队占领阿尔及尔。在这些军队里，吸食烟草的方式发生了改变，尤其是那些出生贵族的军官们也开始对香烟爱不释手了：来自于西班牙加的斯的烟卷成了带回法国国内最受欢迎的纪念品。1843 年，奥马拉公爵率军队打败阿尔及尔的阿卜杜勒卡德尔部落，为了庆祝军队凯旋归来，政府在巴黎一间巨大的烟馆内举行欢迎宴，6000 名士官共聚一堂吞云吐雾，盛况空前。

著名诗人朱尔·拉弗格（Jules Laforgue）年纪轻轻就创作了 29 首系列诗歌，1901 年，这些诗歌被集结为诗集《大地的啜泣》。下面这首略带哀伤的《香烟》便是其中一首：

是的，这个世界如此乏味；而另一个世界亦是无谓。
我只能随波逐流，对命运再无奢求，
我消磨着光阴，等待死亡来临，

我吸着纤细的香烟，蔑视上天。

努力吧，苟活的人们，奋斗吧，都将化为白骨的人们。
而我却随着这蜿蜒的阵阵青烟，
恍然若睡，神迷心醉，
仿佛置身于无数香炉之间，余香无限。

我随即来到了天堂，这里充满明快的梦想，
我看到大象们踏着美妙的华尔兹舞步，动情拥抱，
蚊子们则在一旁高声伴唱。

当我从梦中醒来，脑海中诗句篇篇，
心中充满着甜蜜的欢娱，我骤然看见，
我亲爱的拇指，已好似鹅腿染过了熏烟。

《李子酒》，油画，爱德华·马奈，1878 年

然而，当时烟草的价格相当昂贵。法国政府在1814年出台的法规中将军用烟草的价格定为每公斤4.5法郎。面对军队里日益上涨的不满情绪，法国政府不得不于1816年4月28日推出新法规，将军用烟草的价格降为每公斤1.5法郎，但同时也规定了无论士官或普通士兵，每人每天的烟草配给量不能超过10克。然而10克烟草的用量在当时基本只相当于两只烟斗或者两支廉价雪茄，根本满足不了军人们一整天的需要。于是有些机灵聪明的士兵开始自己用小纸片把烟草裹成香烟来抽。

法国政府在1830年重建了城市民兵队，普通市民也可以随时取得军人身份；同时，法国政府还将烟草配给的政策推行到了民兵队所在的看护所。“军方对烟草的使用情况展开了首次调查[24]，相关调查人员指出，城市民兵队里的烟草消耗量不断攀升，无论是烟斗，还是从西班牙引进的烟卷都受到他们的热捧。”1840年出版的《吸烟者剖析》曾指出，烟草“武装了我们的护卫军，让我们的城市民兵队充满力量”。

在第二共和国，尤其是第二帝国时期，军队迎来了烟草使用的第一次高潮。在此期间，士兵们经历着克里米亚战争和意大利战争的苦难折磨，唯有从吸烟中寻找一点慰藉。而远征墨西哥（1861—1867）的军队则在当地发现了具有同样功效的印度植物——大麻。1853年6月29日，拿破仑三世颁布法令（该法令一直沿用了120年），重申了军用烟草每公斤1.5法郎的定价，每人每天的烟草配给量依然为10克，即10支香烟。[25]当时深受士兵爱戴的康若贝尔将军在执行此项政策的过程中则将每日的配给量放宽为15支香烟。在克里米亚战争（1854—1856）中，法军和英军士兵都发现了土耳其盟军中流行的地中海式香烟，并将这种新口味的香烟分别带回了各自的国家。[26]从1867年起，军队医院里也开始按政策发放烟草。1870年，烟草的配给政策范围甚至扩大到了军队的劳改所。

军队里的士兵们原来是抽传统的烟斗，而出身贵族的军官们则偏爱雪茄。而随着香烟的普及，越来越多的士兵开始喜欢上这种方便又快捷、随时可以抽的烟卷。拿破仑三世退位之后，官方开始在军事和医疗机构提倡吸香烟的习惯。瓦德卡斯军队医院院长皮埃尔—奥古斯坦·迪迪约（Pierre-Augustin Didiot）在其所著的《士兵救护守则》中提道："烟草能够有效地分散士兵的注意力、减轻他们所承受的痛苦。"为了避免受到指责，他还补充道："烟草能够在军队最危急的时刻带给将士们些许慰藉，为此，我们不应该再遵循那些不合时宜的成规旧俗而反对使用烟草。"另外，乔治·莫拉什(Georges Morache）教授撰写的《专论军事保健学》中更明确地表达了这一观点："对于有吸烟习惯的士兵而言，让他们在行军打仗的过程中戒烟实在是一件会带来巨大灾难的事情。"[27]

1870 年的时候，法国军队是否就是因此而溃不成军的呢？*是有这样的可能。不论如何，新建立的共和政府似乎从中吸取了教训：1871 年，法国政府规定有军衔的军官才能享有高级烟丝，而普通士兵只能得到掺杂着烟叶梗、粗制滥造的烟草。[28]然而从 1880 年开始，随着政府预算的放宽和内阁的变动，即使普通的士兵每人每天也能获得 110 克，或者每 10 天领取 360 克"灰烟草"（即品质较好的烟草)。有了充足的配给量，再加上合理有效的分拣，裹制出足够抽的香烟已经不成问题。为了体现官阶等级的重要性，分发烟草的工作被交给了军官执行。然而，在骑兵营里，通常都是由最普通的中士来完成烟草的分配工作。

1872 年、1889 年以及 1905 年出台的征兵政策让军队的征募无

* 这里指的是普法战争中法军在色当的惨败。——译者注

处不在、无人不及，吸烟者的范围也随之急剧扩大，波及各个年龄层。博德罗（Bodros）医生认为，以饮酒为乐的老兵们逐渐退役，军营里的醉鬼也随之变少了。而热衷吸烟的新兵的加入则让军营里增添了更多的烟民和“烟草倒爷”。“无论是在站岗放哨时，还是在行军途中，无论是在操练间歇，还是在营房里，甚至在床上，我们都会抽上几口烟。”[29]服兵役是法国公民的义务，兵营里，在吸烟这个问题上倒是实现了人人平等。

博德罗医生曾经在第47军团内展开一项关于烟草使用情况的调查：调查对象包括57名军官和790名士官和士兵。调查结果显示，只有17.6%的人不吸烟，而有11.3%的人是在军队中开始吸烟的。在法兰西第二帝国初期，吸烟的使用方式和习惯与从前相比也略有不同。在100个士兵中大约有41人习惯于抽烟斗；10人习惯于嚼烟草（时不时也会抽烟斗），而偏爱香烟的人数已经达到了47人。另外，吸鼻烟和抽雪茄的只有两人，这是因为吸鼻烟被认为太娘娘腔，而抽雪茄则太昂贵了。在军官方面，香烟、烟斗和雪茄的爱好者分别为33%、30%和21%，较为平均。毫无疑问的是，在军队中，吸烟者的比例相当高：同时期法国男性每人每天的烟草平均消耗量为6.62克，而在军队中这一数值分别达到了14.39克（士兵的消耗量）和20.56克（军官的消耗量）。

> 正如喝酒一样，士兵们抽烟同样是为了忘却……吸烟让我们忘却烦恼，忘却严寒酷暑，忘却军训带来的伤痛，忘却生与死的不公；没有自由和爱情，不能清爽干净、总要戴头盔，不能呼吸新鲜空气，只有吸烟才能暂时抚平这些痛苦。
>
> 马克·阿兰（Marc Alyn），《烟草的盛宴》（1962），
> 引自《论香烟》，理查德·克莱恩（Richard Klein），第232页

对于职业军人而言，著名的梅尔卡蒂耶（Mercadier）上尉*的经历正是他们生活的写照。上尉在服役的三十六年间经历了12次战役，受过3次伤："流连于各种小酒馆成了上尉根深蒂固的习惯。这些地方能满足他平生三大爱好：烟草、苦艾酒和扑克牌。他的一生基本都如此度过，只要是他驻扎过的城市，他都能在地图上标出当地的小餐馆、烟草店、咖啡馆和军人们常去的俱乐部。如果让梅尔卡蒂耶上尉坐在铺着光滑丝绒的高背椅上，在他面前铺上绿色整洁的餐布，放上一堆玻璃杯和茶碟，他一定会浑身不自在。掏出火柴，在粗糙的大理石桌上擦燃，然后点上一支雪茄，这才是上尉最怡然自得的时候。他通常会把军刀和军帽留在衣柜中，来到小酒馆后再解开几颗军服纽扣，然后松一口气，大声地笑道：'这下舒服多了！'"[30]

频繁的战争和军人们的吸烟风潮大大地加速了烟草的推广和使用。1872年，香烟的销售量为1亿支，四年之后达到了4亿支。以士兵故事为题材的"大兵闹剧"剧团的主演乔治·古尔特林（Georges Courteline）和其后几任主演都总是把香烟作为演出的必备道具。[31]

## 广告令香烟平添诱惑

如果说香烟的工业化生产起源于法国，那么美国人则是香烟营销的始创者。实际上，美国是整个现代广告业的发源地。1842年，美国人沃尔尼·帕尔马（Volney Palmer）曾在《费城指南手册》中发布了一条关于钢琴品牌的广告。帕尔马也由此创立了世界上第一

---

* 19世纪末法国的战斗英雄。——译者注

家广告代理公司。[32]

第一条关于香烟品牌的广告出现于1877年。这是一幅由乔治·派普斯汉德（George Pipeshand）设计的“考普”（Cope）牌香烟平面广告：主要场景是一群男男女女穿着轮滑鞋行走，作者希望透过活泼而优雅的画面勾起消费者的购买欲望。从1796年发明的黑白平版印刷术到19世纪90年代的彩色印刷，印刷制作工艺迅速发展，再加上美国各大企业都愿意加大广告投入的预算，大西洋彼岸的广告业迎来了迅猛发展的黄金期。[33]例如实力雄厚的垄断企业美国烟草公司在1890年创办伊始，就已经开始推出自己的商业广告画了：一位身穿短裙的女人漫不经心地靠在桌子边（桌上摆着一包烟），随意地拿着一支点燃的香烟。几乎同一时期，詹姆斯·布坎南·杜克推出了“维吉尼亚淡烟叶”系列。而在产品上市之前，杜克就已经推出了色调统一、带有品牌LOGO——戴着帽子的男人——的广告画，让消费者们预先记住了鲜明的产品形象。作为当时最大的品牌广告投放主[34]，美国烟草公司在1898年美国国内香烟市场的占有率也一度达到了85%。同时，英国的烟草商们也逐渐重视自己产品的包装设计，开始在颜色、品牌名称和烟盒图案等方面花起了心思，力图让自己的产品个性鲜明。1901年，威廉·亨利·威尔斯（William Henry Wills）成立了英国的托拉斯企业——帝国烟草公司。为了平息日益激烈的贸易大战，美英两国达成了“君子协议”，1902年成立了英美烟草公司，联手开拓全球市场。该公司由詹姆士·布坎南·杜克主管，威廉·亨利·威尔斯协助管理。然而竞争的激烈态势并未得到缓解。在美国，为了抗衡美国烟草公司，英美烟草公司成立了一系列子公司：如利格特—迈尔斯公司、R. J. 雷诺兹公司[35]以及罗瑞拉德公司。而美国烟草公司则成为罗斯福总统反托拉斯政策的头号制裁对象，于1911年惨遭解体。烟草市场的垄断格局被打破，各个香烟品牌之间的竞争愈演愈烈，广告因此也成了众多商家施展招数的主战场。每个烟草公司都推出了自己的专有品牌：例如杜克公司推出了“好彩烟”(1917)，雷诺兹公司推出了“骆驼烟”(Camel，1913)，利格特—迈尔斯公司推出了“切斯特菲尔德烟”(Chesterfield，1912)，菲利普·莫里斯公司推出了“万宝路”(Marlboro，1925)，罗利公司也于同年推出了“罗利烟”(Raleigh，1925)。

不同的香烟品牌开始推出各自的广告人物：有的是服务生形象，有的是绅士形象。广告的主题也五花八门：有的以海军为主题，有的以“东方”情调为卖点，还有的属于机械运动系列。当时最具特色和个性的香烟品牌是“骆驼”牌香烟。R. J. 雷诺兹公司早期在推出“阿尔伯特王子”牌的烟斗专用烟丝时，启用了N. W. 阿尔耶一桑广告代理公司为其进行营销推广，并取得了巨大成功。为此，雷诺兹公司高层选择继续与该广告公司合作，希望此后新推出的香烟产品能够再创辉煌。结果，这个新推出的香烟产品名称十分简单——“骆驼”，这不仅散发出浓厚的异域情调，还延续了该公司初期以动物命名嚼烟系列产品的独特风格（如“蜂鸟”、“老鼠”、“鸭腿”、“红兔”等）。在包装图案设计方面，则使用了动物明星“老乔”的画像——“老乔”是当时正在城市间巡演的著名马戏团“巴纳姆一贝利”里的一头单峰骆驼。1914年，雷诺兹公司在平面媒体上陆续投放了四幅以明星“老乔”为主题的系列小开张广告：《骆驼们》、《骆驼们来了！》、《就算亚洲和非洲的骆驼全部加起来也不会多过明天城里将出现的骆驼！》、《骆驼牌香烟来啦！》。[36]

因为法国的烟草经营一直由政府独家垄断，所以不同产品之间不会有太大区别。在20世纪初以前，法国的香烟市场基本没有竞争，因此也很少有做广告推广的需求。

阿尔伯特·纪尧姆为“尼罗河”牌卷烟纸创作的广告画，1910 年

阿尔方斯·慕夏为 JOB 牌卷烟纸创作的广告画，1898 年

法国烟草管理局在很长一段时间内全权掌握着所有烟草的生产与售卖业务，烟草广告也因此一直处于可有可无的状态。1843 年，香烟的工业化生产刚刚起步。1872 年大规模的机械化生产让香烟制造进入了突飞猛进的发展期。这同时也让烟草制造的管理者们不得不开始考虑如何引导大众摒弃旧时“自制手卷烟”的习惯，逐渐转向购买“成品”香烟。[37]然而，面对一大堆杂乱无章的香烟品牌，消费者们很难做出选择：1864 年时巴黎出产的香烟还只有 6 大类型，而到了 1894 年，市场上则充斥着 242 种不同类型的香烟。法国最早期出产的香烟并没有品牌名称，仅仅以编号来区分不同的类别。再后来，大家开始通过外包装上束带的颜色来辨别香烟的品种。直到 1876 年，法国香烟才开始有了自己的名字：例如“匈牙利女郎”、“妃姬”和“波雅尔”等。当时的香烟一般以 12 支、20 支或 25 支为一组，用彩色带子扎成小捆售卖，并以不同颜色的束带来区分香烟种类。这种成圆捆的香烟包也被民众们俗称为“塞子”。然而这种包装形式在广告设计方面并没有太大的发挥空间。直到 1910 年，新上市的“高卢”牌香烟开始采用美式的长方形烟盒，其扁平的表面显然为封面图案的设计提供了更大的便利。

在当时的法国，无论是平面媒体广告还是户外张贴的海报，都难得一见香烟的身影。实际上，酒、巧克力、香皂等大众消费品已经推出了第一批广告，而具有同样大众消费性质的烟草和香烟却莫名其妙地被排除在外。[38]不过在那个时期，我们能找到大量的关于卷烟纸的广告（正如前文所述，卷烟纸的生产制造是允许私人经营的）：例如 1890 年间推出的“JOB”、“戴尔尼尔”(Dernière)、“萨宾”(Sabin)；1900 年间推出的“布洛赫—苏伊士”(Bloch-Suez)、“福若努”(Fruneau) 以及“Zig-Zag”等。卷烟纸广告的泛滥从另一方面也反映了“自制手卷烟”当时在市场上依然占据了主导地位：

1910 年，最早期的香烟品牌广告画

在法国高速发展的“美好年代”，1支香烟的价格相当于10支手卷烟。就好像当时的酒商一样，卷烟纸的生产商们也热衷于邀请有名气的艺术家为自己的产品做包装设计。约瑟夫·巴尔都公司就曾推出过两款关于“尼罗河”牌卷烟纸的广告：一幅是戴着伊斯兰式帽子的埃及人像，一幅是由莱昂纳多·卡皮耶洛（Leonetto Cappiello，被誉为现代广告之父）创作的著名的大象图案。精美的画面再加上强有力的口号——“我只用尼罗河牌卷烟纸”，收到了极好的成效。另外一位海报大师儒勒·舍雷(Jules Chéret)* 则为JOB公司设计了这样一款广告：一位姿态优雅的年轻女子，身穿贴身的褶皱长裙。她一只手拿着香烟，另一只手拿着火柴，在同一只黑猫玩耍。另外，阿尔方斯·慕夏(Alfons Mucha)也为JOB公司创作过这样一幅广告：画面中只出现了一名女子的上半身，她的脸微微侧向一边，双眼微闭，一副陶醉的神情。手中香烟散发出的烟雾笼罩着这位女子瀑布般浓密的长卷发。该广告也成为了慕夏创作的“新艺术”系列作品的经典之一。

当然，并不是所有的香烟产品都完全不打广告，这其中也有一些例外。在19世纪末的法国市场，积极进行宣传推广的烟草品牌只有两种类型：一种是药用香烟，另一种是由法国烟草局引进的外国香烟。

1909年，“迪娃”（Diva）、“吉布森女孩”（Gibson Girl）等外来品牌得到了大力推介：“这些极其珍贵的香烟已被烟草局引进，即将全面发售。”毫无疑问，专业杂志《烟草零售商》成了这些国外品牌主要的推广阵地。自1900年起（可能是由于烟草商参加了巴

* 法国新艺术代表人物，1866年把从英国学来的色彩石版技法运用到广告印刷上，使此法风靡一时。——译者注

黎世博会），在“比尔赫与苏伊士”饮料广告的旁边出现了埃及香烟品牌“内斯托尔 · 吉阿纳克里斯”（Nestor Gianaclis）的宣传告示：“获官方批准引进，每盒 10 支（顶级系列每盒 120 法郎，特级系列每盒 100 法郎）。”接下来的几年，陆续又出现了不少外国的香烟品牌广告，包括“马诺利”（Manoli）、“埃及总督”（Khédive，产自开罗的劳伦斯公司）、“穆拉提”（Muratti，英国公司生产的土耳其烟草），以及“巴登—巴登”（Baden-Baden，产自德国的奥古斯特 · 巴沙里公司，该公司建于 1834 年，据说是欧洲最老的香烟制造企业）。由此可以看出，法国烟草局希望通过广告向大众灌输新的消费理念：来自神秘东方的烟草是新兴的潮流，同时也是最昂贵的。1910 年，法国国产香烟品牌“高卢”和“茨冈”悄然登场，低调推出。与之相比，同年引进的具有东方色彩的“塔纳格拉”（Tanagra）和“香缇雅”（Xanthia）则得到了《烟草零售商》杂志的高度关注和大肆吹捧。这两大系列都是由劳伦斯公司出品的，前者的名字来源于古希腊时期的一个同名小镇出土的陶俑（该古迹当时刚刚在雅典北部的波伊俄提亚被发掘出来），后者则在马其顿语中代表了 4 月。

至于那些在法国全国或地方性报章杂志中出现的药用型香烟广告更是让人眼花缭乱。巴黎古里莫药店就曾面向全国发售一种所谓的“印度”香烟：“这款由印度大麻制成的香烟，具有多重功效，能治愈最严重的哮喘、神经性咳嗽、嗓子嘶哑或失声、脸部的神经性疼痛、失眠、喉性肺炎，以及所有的呼吸道感染病症。”其他的医疗实验室也将大麻掺入烟草，制成各自品牌的药用香烟，号称具有抗哮喘、缓解气闷、气肿或支气管炎的功效：例如艾斯匹克、克莱利以及埃斯库福莱尔等系列香烟。

## 香烟点燃情爱之火

在慢慢渗透到社会各个角落的同时，香烟也逐渐深入到社会的人际关系，包括两性的情爱关系之中。心理分析法刚兴起时就曾指出性行为与吸烟行为的相似性。[39]另外，值得一提的是，心理分析研究的发展历程在时间上与香烟的发展是相吻合的。加斯东·巴什拉在其著作《火的精神分析》中曾指出，热度的变化、身体的升温和情爱的快感是同时相辅相成的。被称之为“诺瓦利斯情结”的情欲体验“综合了希望通过摩擦生火的那种冲动以及分享身体热量的需求”。而火柴的原理也是如此：一根硬木棍通过与带有凹槽的软木板相互摩擦而起火，这也象征了性器官媾和的场面。

> 你，鲁尔女郎，我的母老虎，
> 系上你的肩带。
> 雪茄，很粗很长的，
> 你有没有去买？
> 如果雪茄很软又很烂，
> 来吧，抽我的烟也不赖。
>
> 拉雅尔迪（S. Lajjarde），
> 载《现代情爱词典》，巴黎，1861 年，“香烟”条目

从这里可以看出，香烟是对男性生殖器官的隐喻：长长的，发着热，可以放入口中……香烟可以伴随着性爱过程中的每一个时刻：女人通常会吸烟作为勾起性欲的前戏；而“事后”一支烟则宣

告着性爱的结束。

历史学家阿兰·科尔宾（Alain Corbin）曾专门调查研究18世纪末至19世纪初法国人的性爱观念和举止，从中并未发现任何与吸烟艺术相关联的隐喻。[40]这恰恰说明了一个问题：香烟在当时还未进入到最私密的两性关系之中。另外，一向对香烟有着浓厚兴趣的巴尔扎克在他的作品《婚姻生理学》（1829）中，即使提到了“抽上一口”，也并不带有色情的意味。可以说，旧时代传统的闺房之乐中还没有香烟的一席之地。

通常只有在那些不正当的情爱关系中才会出现香烟的身影。比如说那些妓女和交际花们就总是烟不离手。无论是图鲁兹—洛特雷克（Toulouse-Lautrec）的系列作品，还是四十年后苏珊娜·瓦拉东（Suzanne Valadon）的《蓝色房间》（1923），都生动地描绘了吸烟妓女的形象。亚历山大·巴伦—杜夏特莱（Alexandre Parent-Duchatelet）[41]撰写了一部关于巴黎妓女的专著，并将她们描述为“夜总会的”、“站街的”、“军用的”、“酒馆的”等不同类型。而无论是哪种类型，放荡、滥交、轻率以及烟瘾组成了典型的妓女形象。“通常来说，那些最高档次的妓女们会挑选学法律、学医的大学生或年轻律师作为自己的情人。”[42]在1840年，妓女们成了烟民的重要组成部分，而男士们在谈及自己的“小妞”时也认为：“这女人都快把自己搞成点烟器*，甚至直接是香烟了。”1908年12月12日，无政府主义者安德烈·伊贝尔（André Ibels）在讽刺画报《黄油碟》上宣称：“在这些情爱与死亡的小酒馆里，充斥着浓烈呛鼻的烟雾。除了一双双飘忽不定的眼睛，其他什么也看不见。”通过这篇文章，

---

* 作者这里一语双关，这个词在法语里也指卖弄风骚的女人。——译者注

他同时表达了对当权者的不满和谴责："在城市里，虽说政府对烟草行业实施监管，但烟草商们仍然可以毫无忌惮地在售卖烟草的同时，兼职做上了皮条客。对于他们来说，这门生意同样有利可图。实际上，烟草铺里的女服务员们随时可以为来买烟的顾客提供特殊服务，就在店铺后面或者楼上。不仅政府完全知情，那些经政府批准获得了烟草零售经营权的代理商们也根本不去理会手下的管理者们是怎么把钱赚来的。政府这种包庇特殊人群的行为是极不正常的，应该受到惩罚。"作曲家乔治·米郎迪（Georges Millandy）在自己所写的《拉丁区回忆录》中曾提到过一间位于拉辛街，名为"香烟"的情爱小酒馆，再次证明了伊贝尔所言不虚："这间小酒馆为年轻人提供方便，他们饥渴的欲望和渴望得到爱抚的需求在这里得到了满足。"[43]

这样的需求显然会永久存在，于是提供特殊服务的行业也总是经久不衰。这些女人们在"工作"时嘴里也总叼着烟。到了20世纪，著名诗人莱昂—保尔·法尔格（Léon-Paul Fargue）[44]就曾提到，妓女也常常被人们叫做"吸烟的女人"。

当然，香烟也并非只是出现在纯金钱交易的情爱关系中。在莫泊桑的《漂亮朋友》中有这样一个场景：通奸被抓的玛德莲娜在风化警察的面前，傲慢地点燃了一支烟。小说描写道："玛德莲娜恢复了冷静，眼见着即将失去一切，也就无所畏惧了。拼尽全力找回的勇气让她的双眼闪闪发光，她拿起一张纸，卷成卷点燃，然后走到壁炉边上，逐一点亮了烛台上的十只蜡烛，以迎接这些不期而至的'客人'。她斜靠在壁炉边，抬起一只光着的脚靠近火边。在抬脚之间，她那齐臀小短裙又往上缩了一点。随后，她从玫瑰色的烟盒里掏出一支烟点燃，旁若无人地抽着。"[45]

那么，到底什么才是真正的爱情呢？这是一种很复杂的感情，里面同时包含付出和占有。在美丽的吸烟女郎盛行时期（1889）出版的《词典汇集》如此阐释：爱情不过是“人们对自己所喜爱、倾慕和渴望得到的对象所表达出的一种情感”。那么，烟草能否燃起爱的激情，或者说，是否曾经引起过爱情呢？烟草在自身发展的过程中是否同时也见证了情爱的发展史？

1907 年，《黄油碟》画报刊登了一幅西班牙画家胡安 · 格里斯（Juan Gris）以家庭日常生活为主题的漫画。画中的男人躺在床上，一边欣赏着女人在一旁梳妆打扮，一边赞叹道：“你瞧，爱情中最让人享受的，莫过于吸一口上好的烟管……”这样的玩笑话俏皮风趣，并没有大男子主义的意味。无论这是与女佣人之间的偷情，抑或仅仅是金钱与性的交易，吸烟行为都体现了婚外情欲乐趣的两面性。到底谁获得了真正的享受？获得的又是什么样的享受？是吸烟的男人，还是挑起欲望的女人？

让我们接下来看看烟草在爱情中的作用吧。在词典编撰者，同时也是医生的艾米尔 · 利特雷（Emile Littré ）看来，烟草对爱情是无益的。在她 1863 年编写出版的《法语词典》中，关于烟草这一词条的释义明确表达了作者的态度：“烟草会让性欲减退，并减弱人体的表达机能……”博学的利特雷医生认为，烟草会抑制欲望，因为“吸烟并不是自然的本能需要，它只是人们主观制造出来的习惯。这种人为的需求反而会引起各种不适与痛苦……”此外，“持续的吸烟行为……也会让人厌恶”。利特雷医生使用“排出”这一词汇来形容嘴里喷烟的动作，这说明了在他眼中，吸烟是一件令人作呕的事情。然而，烟草真的会让我们失去“性”趣吗？

利特雷医生给出了自己的诊断：“烟草会损害我们的形象。每天吸烟会让我们的牙齿染上难看的黄斑……吸烟会让我们的气息变得难闻，呛鼻的烟味会长时期停留在我们的口腔里面……抽烟的人只要一开口说话，别人就会闻到他嘴里喷出的烟味。”总之，按照这个说法，无论从视觉、听觉还是味觉来看，香烟都不是什么吸引人的好东西。吸烟只会让人觉得不舒服、不自在。

利特雷在书中还提到了法国反对滥用烟草联盟的成立，这也是法国最早出现的禁烟组织。该联盟把吸烟当作是一种危害社会的恶习，还特别邀请了医学院院士保罗·若利（Paul Jolly）作为专家顾问。若利医生反烟的态度也十分明确：“吸烟会降低精子的活跃程度，减弱性欲，烟草中的尼古丁会导致男人的性功能退化，让男人对女人失去兴趣。”[46]

然而，吸烟的习惯在实际生活中却是人们社交活动中必不可少的一部分，大家甚至会借由吸烟的习惯去寻找一种社会认同感。下面，就让我们来看看香烟是如何与爱情发生初次亲密接触的吧。

美食家布里亚·萨瓦兰创造的“第六感官”概念能帮助我们深入领会烟草与爱情之间的联系。他精通美食，曾被封为“美食王子”，法国有一款奶酪就是以他的名字命名的。萨瓦兰曾撰写过多部法律、政经题材的著作。而我们现在所讲的“第六感官”，即“遗传感官”则来自他另一方面的著作——《味觉的剖析》。在书中，布里亚—萨瓦兰以浪漫风趣的语言畅谈人生美味，并揭示了欲望产生的来源。[47]

“我们的味觉器官用于品尝，并将品尝后的感觉通过大脑输送到身体各处，于是产生了我们对味道的体验。”[48]味觉是食欲、饥渴感的“催化剂”。首先，通过对快感的体验过程，味觉能够起到对生命日常消耗进行修复和弥补的作用。其次，味觉能帮助我们在自然界给予的多种物质中选择可以当作食物的东西。

作为第五感官，味觉与其他四大感官（视觉、嗅觉、听觉、触觉）相辅相成，并最终决定体感。因此，味觉决定了身体器官的动作和选择："牙齿开始咀嚼，舌头开始蠕动，随后肠胃也随之运动起来。"这就是享受美食的整个过程：所有器官都被调动起来，体味之旅从上至下逐渐开启。而品味香烟的过程也是如此。

接下来登场的"第六感官"同样也是品味的体验过程，它是其他五大感官作用的总和："它遍布身体五脏六腑和所有其他感觉器官。"我们可以这样来理解，第六感官与情爱紧密相关。另外，从那些与口部动作有关的词汇中，我们也找到了充足的论据：那些关于吞食的单词往往兼有表达感情的第二层含义，例如"croquer"（有"咀嚼"和"倾倒"的双重含义），"avaler"（有"吞咽"和"贪婪渴求"双重含义），以及"bonne chair"（有"肉食"和"肉欲"双重含义）等等。

布里亚—萨瓦兰在《味觉的剖析》一书中并未提及"香烟"这一主题。而巴尔扎克曾为此书撰写了一篇名为《论现代生活中的刺激物》的跋文，在文中，巴尔扎克对此深感意外："布里亚—萨瓦兰通过《味觉的剖析》详细阐述了如何通过口鼻感官所体验到的各种美味，可他却没有将香烟纳入其中，这真是令人匪夷所思。"不过，布里亚—萨瓦兰虽然并没有把香烟作为具体的研究对象，但他所详尽描述的味觉体验过程对所有"美味"而言也都是相通的。

不管怎么说，烟草能令人兴奋，撩起欲望，由此唤起了快感。吸烟这一行为能散发出一种超出自我的激情，让人不可抑制地产生对情欲的渴望。"每到固定时间，步履轻快的马车总是如期而至，满载着身着华服、头戴鲜花的美女。这些女子风情万种，看似漫不经心，却眼波流转，时不时与教授的目光交会。"[49]如此耽于声色的场面在19世纪末备受追捧，风头一时无两，而如此场合绝对少不了香烟的身影。当时的各大歌舞厅，包括著名的"牧女游乐园"歌舞剧场，都纷纷推出了充满色情意味的宣传海报以吸引广大男性

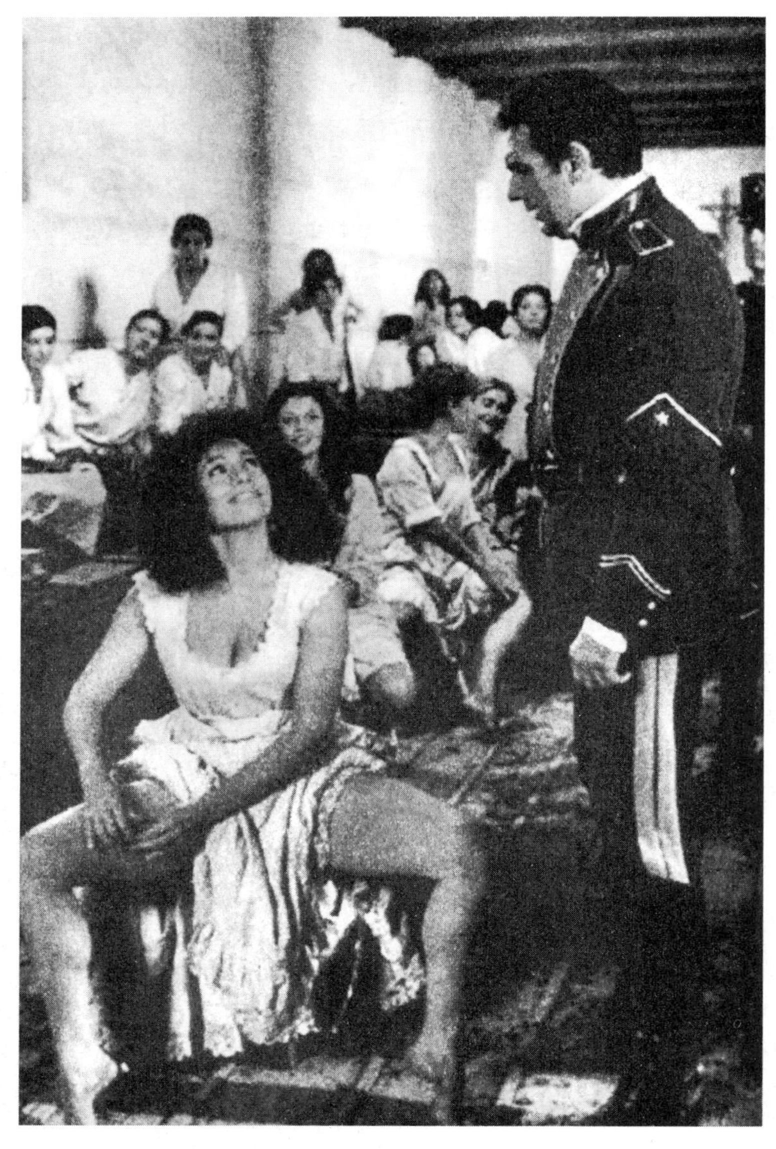

塞尔维亚卷烟厂女工，场景取自1984年弗朗西斯科·罗西导演的电影《卡门》

顾客，海报内容通常都是裸露的女人嘴含香烟，神态挑逗，充分表露出了这种歌舞轻佻淫荡的风格。画家艾伯特·纪尧姆（Albert Guilaume）就曾为“牧女游乐园”创作了这样一幅撩人的海报：性感的金发舞女露娜·巴里森（Lona Barrison）骑在马上，身穿玫瑰花图案的紧身露肩胸衣，手带黑色丝绸的长手套，脚穿系带高帮靴，一手拿着马鞭，一手拿着香烟。此外，当时“全法国发行量最大的幽默类报刊”《簌簌》（*Frou-Frou*）杂志也特别推出了一期封面专题，探讨当时盛行的声色风俗、吸烟女子的爱情态度等城中热门话题。该期杂志的封面是一位坐着的年轻女人，她曼妙的身材在轻薄如纱的内衣之下若隐若现。再加上缭绕的烟雾，整个画面直切主题。这正代表了当时大众心目中性感女神的经典形象：吸烟的女人散发出情爱的诱惑。

第四章

# 香烟业的从业者

社会大众对香烟的消费需求自然推动了香烟制造业的生产发展。在法国，香烟生产销售的国有化，再加上香烟种植的复兴，使得国家监管下的香烟市场长期保持着充足的供应量。而烟草经济也因此成为法国国家经济的重要组成部分。虽说烟草行业可能不像饮品行业的规模那么庞大，但也包含了4万至10万名烟草种植者、5千至2万名生产人员，以及3.7万至5.1万名销售人员。烟草的生产制造涉及了农业、工业和服务业，对整个社会的经济发展影响巨大。

## 烟草种植者

烟草最早来自于“新大陆”，因此美洲地区的烟草种植方式也自然而然地成为其他地区烟草种植所效仿的典范。18世纪中期，以英国为代表的欧洲国家在加拿大兴建殖民地的过程中，发现了当地印第安人烟草种植的习俗，并从他们那里学到了烟草种植的技术。当时的一篇法国报道详尽地描述了种植烟草的种种复杂工序。

## 美洲地区的烟草种植

烟草种植在俄亥俄周边地区十分盛行，尤其是在弗吉尼亚、卡罗来纳和马里兰地区。这些地区的土壤状况十分适宜种植烟草，当地出产的烟草以品质精良而闻名。另外，与弗吉尼亚特产的淡黄烟叶有所不同，伊利诺伊和纳奇兹地区种植的深色烟草叶子肥厚且味道浓烈，同样也是优质的烟草品种。

在弗吉尼亚地区，烟草的种植从3月份开始，农民们按一丛丛的栽种方式在苗床上撒种。等到烟草的苗子长到大约4至5寸的时候，种植者会把它们转移到另一处垄好的土地上。在这里，每株烟草的苗子之间都保持着三四步的距离。鉴于土壤湿度的变化，耕种者需要及时将底部烂掉的叶子摘除，以免影响到这种植物的正常生长。此外，为了阻止烟草长得太高，需要随时修剪顶部的茎秆；而为了阻止烟叶长得太密，还需要随时摘除新长出的枝叶，以保持每株烟草在8月收割之时，长成的烟叶不超过8—10片。随后，收割下来的成熟烟叶会被搁在太阳底下晒几天，然后再被悬挂在谷仓之内等待进一步的风干和成熟。接下来，农民们把长得最好的烟叶挑拣出来，制成所谓的一级烟草；其他较为成熟的烟叶则打包整理好后放入大木桶内或山羊皮囊里；品质较差的烟草则被放在另一边。最终，弗吉尼亚烟草被分成三类进入市场。

在加工过程中，有些烟草种植者会把烟叶梗剔除，还有些喜欢用水、盐水或植物汁液（类似茶叶的植物）将烟叶浸湿。收获季节结束之后，种植者们通常会停止对田中烟草苗子的修剪，任其生长，以保证留下足够的种子应付来年的耕种。

总的来说，烟草种植需要付出大量的时间和精力，还需要随时应付有可能出现的灾害：例如病虫灾害、干燥天气引起的火灾、摧毁烟苗的风灾等等。因此，烟草种植的全过程都需要严密的看管和精心的照料。

博纳（J. -C. Bonnefons），《1751—1761年间加拿大游记》，
巴黎，1978年，第127，128页

实际上，当时美洲的烟草种植也只是在蛮荒之地的粗放式耕作，并没有采取合理而系统的精耕细作。在弗吉尼亚地区，西方殖民者们发现当地土壤里当时已经不再含有氮肥、钾肥这两种烟草生长必需的养料成分。为此，殖民者们需要不断地去征服和开拓新的适宜种植烟草的土地。一般来说，种植过烟草的土地在四年内还可以种小麦和玉米，在此之后就会变成只适宜松林、酸模、灯心草生长的荒地。考虑到未来的需要，必须不断地扩大种植烟草土地的范围。当年对西部的大开发正是为了寻找合适的烟草种植地。“不久之后‘烟草之地’就会变成‘新土地’的代名词。”[1]随着烟草种植逐渐遍布美洲平原，烟草的品种也变得多了起来：在19世纪，肯塔基地区的白肋烟取代了弗吉尼亚的甜香烟草，成为市场的新宠。

另外，随着印第安人的逐渐消失，烟草种植又面临着劳动力紧缺的问题。而随之兴起的黑奴买卖为烟草种植者们化解了这一困境。在一个多世纪里（18世纪中期—19世纪中期），黑奴劳工一直是烟草种植园的专属劳动力。然而这段不光彩的历史却带来了令人高兴的结果：金黄烟草的诞生。作家奈德·里瓦尔（Ned Rival）用异常审慎的口吻讲述了这段发生在1839年的故事：在北卡罗来纳州夏德上校的烟草种植园里，一位名叫史蒂芬的黑奴由于自己的粗心大意反而阴差阳错地发明了新的烟草品种。[2]金黄烟草，又被称为“亮烟草”，顾名思义，因其闪闪发亮的金黄颜色而得名。它经过木炭火的高强度烘干而制成，因此烟叶的颜色更淡、重量更轻，更适合加工成香烟。美国内战结束后，金黄烟草在市场上取得了巨大成功，广受欢迎。北卡罗来纳州的达勒姆和温斯顿—塞勒姆地区也因此成为金黄烟叶交易最为集中的商贸中心。

简单来说，肥沃、湿润和日晒充足的土地都是能够种植烟草的。在全世界范围内符合以上条件的土地并不少见。于是美洲烟草得以被广泛地移植到其他国家和地区。最早被引入欧洲的烟草是一种来自秘鲁的野生品种："这种一年生植物，毛茸茸、黏糊糊的，长着椭圆形叶子，开着黄绿色的花。"[3]由于烟草种植耕作过程复杂而严格，欧洲的农民们也付出了极大的耐心和精力。

### 欧洲地区的烟草种植

由于引进的烟草种子异常娇贵，不允许随意地大面积播撒，所以在欧洲很难进行持续不断的播种。通常来说，欧洲种植者从3月底开始在苗圃中播种，等到6月时再把幼苗移到一块新近松过土、耙过地的田地里。如果栽种过程中一直不下雨，农民们还需要定期地进行浇水灌溉以保证烟草苗子的生长。两至三周之后，农民们会做一次轻微的中耕，然后再为每株幼苗培土加固。接下来就需要应付不断长出来的杂草，随时将其拔除。等到烟草苗子长出树冠的时候，就要开始进行修剪的工作了，这个工作其实就是要把食指和拇指指甲之间突出来的部分剪掉。这道工序一般都是在上午进行的，会一直重复到修剪好所有长出的新芽为止。修剪植物顶部的工作主要是为了让下面的叶子能充分生长。……

收割的季节一般开始于夏末秋初。农民们通常会在露水散去的晴天来进行收割工作。等到叶子变黄、往下垂的时候，收割工人们就会将整片完整的烟叶剥下来，有时还会连带把贴着地面的茎秆一起割下来。收割下来的烟叶会被搁在太阳下暴晒，等到日落之后再用绳子串在一起，悬挂于谷仓之中继续晾干。接下来，工人们把彻底晾干的烟叶以25—30张扎成一捆，再将一捆捆烟叶打包在一起堆成垛。……最后，打好包的烟叶被送往烟草管理局或香烟制造厂。

皮埃尔·拉鲁斯，《19世纪通用大辞典》，
1877年，引自"香烟"条目

烟草制造虽然迈入了机械化生产阶段，土地耕作也开始施用化肥和人工灌溉，但烟草的种植依然面临着各种困难和挑战。种植者们需要考虑如何将产量收益最大化，还要考虑如何更有效地防治各种天灾人祸。在欧洲地区，最受欢迎的烟草品种来自于意大利、匈牙利以及荷兰。在法国，烟草种植发展较快较好的地区有吉耶纳、诺曼底、阿图瓦和阿尔萨斯。

法国政府于 1816 年 4 月 28 日颁布了相关法律，针对烟草种植制定了一整套详尽的规章条例。根据上述法律规定，只有以下六个地区获得了国家批准，取得了种植烟草的资格：诺尔、加尔海峡、下莱茵、洛特以及洛特—加龙。实际上，私人非法种植烟草的现象仍然持续了很长一段时间，尤其是那些伐木商和煤炭商们纷纷利用林中空地偷种烟草。以下这项由雷岛市政厅颁布的打击非法种植的布告内容印证了这一现象的存在：“凡是违反了 1816 年法令第 180 条规定的烟草种植，都必按照本地间接税管理局的命令，由种植主自行焚毁；该种植主还必须接受每 100 株 50 法郎（开放式种植园）或每 100 株 100 法郎（带有围墙的封闭式种植园）的罚款，最高上限为 300 法郎。”[4]在尚未获得种植资格的卢瓦尔地区，当地政府明文规定禁止烟草种植，并鼓励民众揭发举报非法种植：“宪兵队、看田人或者守林人应协助国家烟草管理局完成对非法烟草种植的搜索工作；凡是发现了非法种植行为的人，政府都将给予奖励。”[5]

法国大革命之后，烟草种植进入了高速发展的扩张时期。在洛特地区，烟草种植遍布了多尔多涅河及赛尔河两岸。在法兰西帝国时期，任教于卡奥尔中心学校的罗兹尔神甫将自家田地开辟为种植园，大量地种植烟草。他认为：“只要有足够的胆量和勇气，再加上几分细心和才智，这种新资源就能为所有人和国家带来巨大的财富。”实际上，烟草种植带来的收益要高过玉米。到了王朝复辟时期，烟草种植早已遍布于洛特河谷，“除了无法栽种的花岗岩地质”[6]，所有其他的土地都已被烟草占据。

法兰西第二帝国时期，大众对烟草的需求暴涨，分布于法国四个角落的地区也获得了种植烟草的资格：如瓦尔、罗纳、多尔多涅、记龙德、兰德、上比利牛斯、默尔特、上索恩以及下莱茵等地。而在阿尔萨斯地区，种植烟草的土地面积几乎翻了一倍：从1808年的4000公顷到1860年的7400公顷。该地区的烟草种植能如此发达，也是得益于辖区内又有两个地方获得了烟草种植权：一个是曾经的公爵领地——萨瓦地区，另一个是曾经的伯爵领地——阿尔卑斯海岸地区。而这两个区在帝国时期被并入了阿尔萨斯。此前，在萨瓦还是公国的时候，拿破仑一世率军队占领此地，并初步尝试在此地种植烟草。当地的耕作者们刚开始时态度犹豫不决，对烟草种植抱有诸多疑问：如何才能找到必需的肥料，怎样搭建合适的晒场和谷仓，去哪里找足够的短工等等？然而，随着第二帝国时期法国烟草市场的开放，所有的顾虑在巨大利益的面前就变得微不足道了。从1869年开始，原本局限于阿尔本及鲁米立城镇的烟草种植迅速蔓延到小布格、伊泽尔河谷，直至慕切尔区域。在上萨瓦省范围内，烟草种植扩张到了安西、圣朱利安—日内瓦等地。虽说萨瓦地区烟草种植的收益不算丰厚，但对法国山区而言也是不可忽视的财政来源。[7]

1871年，战败的法国将阿尔萨斯—洛林地区割让给了德国。为了弥补烟草总产量的急剧下降，包括多姆山、伊泽尔、默兹和孚日在内的四个地区也获得了烟草种植的特许权。

1875年，议员维克多·阿米尔向国会提交了一份令人惊叹的巨幅长篇报告（共1088页！）。阿米尔在报告中用一幅地图描绘出了第二帝国时期法国烟草种植的分布情况：烟草土地总面积为12300公顷，种植者总人数为40000人。也就是说平均每位耕作者占有的土地面积约为30多公亩。由此看来，烟草种植的占地面积并不是很大。而根据每位种植者的烟草产出率有所不同，每人分配到的土地面积也会不同，相差不超过10公顷左右。正如国会所提到的，那些普通小农的烟草产量变化起伏很大："那些缺乏经验的种植者们通常会令人失望和不安；根据上一年的收成情况的变化，他们总是时而热情高涨，时而兴致全无。"[8]因此，烟草种植向某些地域集中的趋势要比以前明显得多。诺曼底、布列塔尼、普罗旺斯等地区全面退出了烟草种植。在上述区域让出的烟草业人力和烟草种植特许土地面积份额中，一半的种植者和60%的烟草特许耕地面积最终流入了西南部，10%的人和烟草特许耕地面积归了北部，而阿尔萨斯—洛林地区（在1870年之前）则吸纳了四分之一的人和烟草特许耕地面积。

1871年阿尔萨斯—洛林地区被割让之后，法国政府开始在阿尔及利亚大肆种植烟草，以弥补本土失地带来的巨大损失。实际上，自1830年阿尔及尔被占领之后，就有大批法国侨民移居至此。1840年，部分侨民在布若元帅（不得不提的是，元帅出身于法国西南部的农民家庭）的鼓动和号召之下，"放下佩剑"，"拿起犁耙"，开始从事烟草的种植。1854年，当地的烟草产量达到了3000吨；四年之后，烟草产量增长到了5000吨，相当于法国国内总产量的四分之一。然而新的问题也随之出现了：阿尔及利亚全部商铺加在一起的储存量只有2000吨，必须翻一倍才能有足够的空间容纳日益增长的烟草总产量。于是大量的烟草由于无法妥善储存而发霉变质，大批的种植者损失惨重，纷纷破产。很多侨民于是放弃了烟草种植，改种葡萄。1860年，阿尔及利亚的烟草出口量降到了2000吨以下。然而，随着美国内战的爆发，原产美国的烟草国际贸易受到严重阻碍，再加上《法兰克福条约》的签订令法国失去了阿尔萨斯—洛林地区，于是政府又开始鼓励阿尔及利亚的烟草种植。

1883 年，当地的烟草产量又攀升至 5200 吨，相当于 19 世纪末法国全国产量的五分之一。[9]

在阿尔及利亚，耕种者必须在获得当地委员会颁发的许可证之后，才能进行烟草种植。该委员会受法国派驻的总督领导，成员由当地官员组成。一般来说，每块烟草田地的面积不得小于 20 公亩。而每个地区分配到的烟草田地公顷数以及需要上交的烟草数量都由财政部根据每年的情况而定。间接税管理局则近乎苛刻地规定了每公顷土地需播种的烟草株数（1 万—4 万株），还有每株烟草需保留的烟叶片数（8—15 片）。最后再由财政部负责对每个地区来年收获的各类烟草品种进行定价。

种植者可以自由选择将自己种的烟草供给国家烟草加工厂，或是用于出口。但他们必须向烟草管理局设在各地的办事处汇报烟草的总体收成情况。如果实际收成未达到政府规定的上交数量，种植者们必须以军用烟草的价格补足差额。而在烟草收割结束之后，田地里剩余的烟草茎秆和根部也必须全部销毁掉，不能有任何的残存。在这样的体制之下，我们就可以很好地理解烟草管理局何以养得起如此众多的职员——办事员、检验员、监督员以及督察员等等了。

烟草耕作者们一般在 4 月播种，等到 5 月、6 月时再将苗圃中初长成的幼苗移植到另外的田地里。收割下来的烟叶经过精心处理和分拣之后，被放在晒场中晾干。彻底晾干的烟叶最终被扎成一捆或一包送至工厂。从理论上来说，国家烟草制造工厂所需的烟草原料中有五分之四来源于国内的烟草种植。但实际上，随着需求的不断增长，烟草管理局大幅提高了进口烟草的数量。直到 19 世纪末，进口烟草的总重量已跟国产总量持平，而总价值却大大超过了国产烟草的总值。然而，法国国内烟草的产量也同时在增长。据

1835年的第一次调查，法国烟草产量为13000吨。而据1875年的第二次调查，也就是前面所提到的那一份国会报告，法国烟草总产量增长到了30000吨。从阿尔萨斯—洛林地区被割让到第一次世界大战前夕，每年的法国烟草产量再也没有突破过20000吨。1919年之后，法国平均每年的烟草产量又恢复到了30000吨。第二次世界大战结束后，随着烟草种植土地的扩大（1955年共有28000公顷）、种植技术的改进，烟草产量在20世纪五六十年代达到甚至超过了50000吨。为了更好地解决生产效率的问题，法国于1957年在贝尔格拉克创办了烟草培训进修中心[10]，种植者们可以在这里学习到相关的农艺知识和管理知识。成立于1927年的烟草实验院也在不断地尝试培育出能更好抵御气候灾害和病虫灾害（如1960年让烟草种植受到重创的霜霉病）的新烟草品种。此外，烟草种植者的数量在20世纪50年代也超过了10万人。而在法国西南地区，烟草种植带来的收益一度占整个地区出口总收入的10%。不过，此后不久，烟草种植者的人数就开始急剧减少了。

## 加工香烟的女工们

在以香烟为主题的各类著作中，香烟厂的工人通常是最容易被忽略的一个群体。除了烟厂中的专职医生，基本上就不会再有其他人关注这个群体。

1811年，在法国开始施行烟草垄断政策之时，全国只有10家由政府创办的烟草手工制造厂，分布于巴黎（巨石）、里尔、斯特拉斯堡、里昂、马赛、图卢兹、勒阿弗尔、托南（洛特—加龙）、波尔多，以及莫尔莱。烟厂工人总数在1840年时为4000人，十年之后微涨至4500人。[11]随着大众对烟草需求的日益增长，到了法兰西第二帝国时期，全国共有18家工厂及2万名工人。除了已有的10家，政府又陆续在迪耶普、勒伊、沙托鲁、南特、尼斯、梅斯、南希和里翁开设了烟草工厂。1870年爆发的普法战争让法国国内的工厂数减少到了16家，而随后的新共和国时期又在庞坦、勒芒、第戎和利摩日新增了4家工厂。每一家烟厂都尽可能地开在城市中心地带，一方面是为了让物资供给更为便利，另一方面也是为了使劳动力雇用更为容易。基本上每一家工厂都规模庞大，拥有众多劳动力。例如伊西—莱—姆里诺地区的烟厂工人就超过了1000人。1900年，法国烟厂管理总局及旗下工厂共雇有17000名员工，与1875年的雇工数量基本持平。然而在此期间，香烟产量却翻了三倍。在两次世界大战之间，烟草手工制造达到了最高峰，共有22家工厂及16000名工人。而法国政府是所有这些劳工们的唯一"老板"。

烟厂工人这一群体的一大特性是女性居多。[12]1828年，里昂地区的烟厂共有377名工人，其中206名是女性：其中专门负责卷烟工序的有139人，负责"打枝"工序（剔除烟叶叶梗）的有55人，负责打包工序的有12人。而在法兰西第二帝国时期，托南地区共有945名烟厂工人，其中男性员工不到65人。[13]通常来说，男工主要负责粗重活，例如浸润、搓丝和筛选等前期准备工序。[14]而女工则负责后期的加工工序。即使机械设备逐步投入到烟草制造中，工厂对人力的需求也并未立刻降低。毕竟烟草的加工制造工序复杂，需要诸多人手的协助，尤其是烟卷的加工主要还是以手工为主。因此，随着生产规模的扩大，烟厂对女工的需求也就更大了。她们大多手工灵巧，而且酬劳更低。1874年，18个地区的烟厂共有员工17668名，其中女工人数为16325人。[15]1881年，勒阿弗尔地区烟厂共招收了540名工人，其中395人为卷烟女工，她们中有一半都未满 20 岁。[16]当时，梅里美的小说（1845）和比才的歌剧（1875）所塑造的风情万种的女主角卡门正是一名在塞维利亚烟厂工厂的女工。然而艺术化的创作远不能代表现实生活，实际上，烟厂女工们的工作相当艰苦和恶劣。

> 烟厂里大概有四五百名女工，她们主要负责烟卷的加工工作，她们所在的工作间通常不允许男人进入，除非有“24”（警察局及市政厅的专派员）的许可。因为在工作间里女工们通常都穿着随意，尤其是天气热的时候更是如此。[17]

在塞维利亚烟厂工作的波希米亚女郎卡门估计也是出现在文学作品中的首位女性烟民。从她的身上，烟厂女工的形象可见一斑。[18] 1862 年，查尔斯·达维耶（Charles Davillier）男爵与插画家古斯塔夫·多雷（Gustave Doré ）在西班牙的旅途中曾造访塞维利亚烟厂，他们更为详尽而具体地描述了烟厂女工的艰苦境况：“当我们走进负责碾压烟草的车间时，浓烈刺鼻的气味扑面而来，让人难以忍受……工厂的工头不忍看到我们的可怜相，立即把我们带到了二楼的卷烟加工车间……当我们踏入坐满了女工的长廊时，像巨大蜂群发出的‘嗡嗡’声响彻耳边。在这里，女工们双手不停地裹着烟卷，嘴上也一刻不停歇。”两位参观者还提到，女工们被分成好几个工作组，每个工作组大约有一百来人。这些女工们不仅工作条件艰苦，酬劳也相对较低。另外，作者还专门提到，塞维利亚烟厂里的女工们大多数“是有着古铜色皮肤、深色卷发的吉普赛女郎，通常住在特里亚纳的郊区”[19]。

作家皮埃尔·卢维（Pierre Louÿs）也曾经在其小说《女人与傀儡》(1898）中塑造过神秘美丽的烟厂女工形象——孔夏·佩雷

兹。与卡门一样，佩雷兹也是在塞维利亚皇家烟厂工作。作家这样描述道，“置身于有着4800名女人的后宫，她们在歌声和说笑声中裹着烟卷”。这些几乎半裸的女工们，“用灵巧的双手熟练地把面前的一个个‘小情人’裹进一片片烟叶纸里”[20]。除了略含色情意味的场景描述，作者也提到了女工们恶劣的工作环境和低廉的报酬：每加工1000支雪茄或1000盒香烟才能拿到0.75法郎。

在法国，烟厂女工们虽然不是吉普赛女郎，但也大都来自最底层，是生活最不稳定的穷苦人。“这里有被抛弃的单身母亲，有出来做工以贴补家用的未成年少女，有在街头冲突中失去一只眼睛的残疾人，还有想来巴黎或其他大城市见世面的村姑。这些女子虽然生活不济，却没有彻底堕落，都还是想寻找到正常的谋生手段。于是，她们在国有的烟厂中安置了下来。”[21]

在新工具的协助下，烟厂女工们开始干起了原先由男人才能完成的粗活重活[22]，而男性则大多担当了领导者和负责人的角色：例如在勒阿弗尔烟厂，负责打包的女工就有47人，负责修剪的女工也有47人。然而女性监督员却仅有两人。19世纪，九成的烟厂雇员都是女性，五十年后，烟厂员工的男女比例依然没有变化。可以说，在整个工业中，烟草制造业是最女性化的行业。[23]就连当时的法语字典也专门列出了“香烟女工”一词，未带任何贬义。

从一开始，卷雪茄或香烟的手工活就落在了女工们的头上：因为女人们大都手工灵巧，只要“双手一翻”，就能准确细致地把烟草裹进薄薄的小纸片里。[24]女工们在大腿上撮雪茄卷或烟卷的场景很容易让人浮想联翩。然而梅里美在他的小说中却对此只字未提：他笔下的烟厂女工卡门通常都是彪悍地拿着小刀，不是在切烟草叶，就是用它割花情敌的脸。烟厂里的女工们一般都很年轻，还有些甚至未成年。[25]技巧熟练的女工通常每天能加工出上千支香烟。

从1872年开始，法国烟草管理局购入了首批香烟加工设备。各大烟厂也开始逐步实现机械化生产，而负责操作机器的通常也是女工。按照预先设定好的程序，女工们只需将自动传送带上的烟草按标准分好堆，剩下的加工工作就都可以由机器来完成了。1880年，每名女工在机器设备的协助下，每小时能生产出1500支香烟。[26]

除了分工上有所不同，烟草工人的工资待遇也是男女有别。1874年，外省或巴黎烟厂中的男性监督员每天能挣3.75法郎至5法郎，而一天工作10小时的女工们只能拿到1.5法郎至2法郎。[27]到了1899年，同样是一天工作10小时，男工的日工资涨至5.44法郎，而女工只能拿到3.34法郎。[28]此外，皮亚塞克医生曾经提到过，烟厂女工们通常住在肮脏不堪的地方，所吃的食物也不够新鲜干净，卫生状况十分堪忧。这与作家梅里美小说中所描述的卡门的生活可是相距甚远："我们的目光，也顺着那散发着香味的烟雾，飘向空中。"[29]

**表二　勒阿弗尔540名烟草工人概况**

| 女工 | 10—15岁 | 15—20岁 | 20—25岁 | 25—40岁 | 40—50岁 | 50—70岁 | 总计 |
|---|---|---|---|---|---|---|---|
| 卷烟工 | 30 | 157 | 87 | 99 | 20 | 3 | 395 |
| 打包工 | 0 | 4 | 17 | 22 | 2 | 2 | 47 |
| 修剪工 | 0 | 1 | 3 | 18 | 0 | 11 | 42 |
| 整理工 | 0 | 9 | 7 | 10 | 1 | 1 | 23 |
| 剥离工 | 0 | 0 | 1 | 6 | 2 | 0 | 9 |
| …… | …… | …… | …… | …… | …… | …… | …… |
| 总计 | 30 | 172 | 118 | 169 | 29 | 19 | 540 |

据欧仁儒斯·比亚赛茨基（Eugonjusz Piasecki）医生的《勒阿弗尔烟厂调查》，发表于《健康与卫生》杂志，1881年，第910—919页。

**表三　里昂烟厂男女工人工资对照表**

| 年份 | 男工人数 | 男工日工资 | 女工人数 | 女工日工资 |
|---|---|---|---|---|
| 1885 | 108 | 4.84 法郎 | 608 | 2.80 法郎 |
| 1890 | 76 | 5.21 法郎 | 512 | 3.02 法郎 |
| 1895 | 72 | 5.40 法郎 | 422 | 3.23 法郎 |
| 1900 | 73 | 5.68 法郎 | 479 | 3.46 法郎 |

来源：查尔斯·曼赫姆（Charles Mannheim），法学论文《国家烟草制造厂工人概况》，巴黎，1902 年

由于工作条件恶劣，烟厂工人们常常向厂方申诉，希望厂方能满足自己的合理要求。20 世纪初，某间烟厂里的一名工程师对工人们的行为表示了担忧和不满："国家工厂为这些工人们敞开了大门，让他们享受到特殊待遇，并常常奖励他们。然而他们还不满足，依然不断地抱怨和威胁雇主，总是不断地掀起罢工，引起骚乱。"[30]实际上，作为所有烟厂的最大老板，法国政府在员工的管理制度上是相当落后的：政府用了十年的时间才将《瓦尔德克—卢梭法》*普及到各个烟厂，允许烟厂工人们成立工会。在此之前，工人们只要犯一点小错误都会受到烟厂的重罚，而且无从申诉。[31]从 1900 年开始，法国 18 家烟草厂及 7 家火柴厂都相继成立了工会组织：烟草厂共有 18000 名女工及 2000 名男工加入了工会，而在火柴厂中加入工会的则有 1400 名女工和 600 名男工。[32]为了争取更多的权利，女工们也勇敢地展开了与雇主的斗争。在女工们的强烈要求下，烟草厂在厂区附近创办了专属幼儿园，以方便女雇员们就近照看孩子。而在 1898 年，经过长期而艰苦的罢工，火柴厂也终于作出妥协，不再将白磷用作生产原料：过多地接触白磷会引发中

* 1884 年 3 月 21 日通过，为工会的成立、宗旨和活动奠定了法律基础。——译者注

毒，而磷中毒也成了最早被认知的职业病之一。在此期间，积极推动烟草业工会运动的最活跃的代表人物却是一位男性：莱昂·如奥(Léon Jouhaux)。[33]

可以看出，在法国国家烟草厂里工作的女工们成为了女工阶层中一道独特的风景线。实际上，在国家垄断之下，不仅香烟的制造过程具有独特性，其售卖的方式也与其他商品大不相同。

## 烟草加工厂生产流程

在此，我向读者们介绍一下烟草加工的大致流程，让大家对烟草的加工工作有个初步印象。……

首先，经过系统地清洗之后，烟叶会被放进浓度较高的烟草汁液中浸泡一阵子。接下来要进行的是剥离的工序，也就是将烟叶剥分开来、逐叶检查，并按照叶子的长度和细度进行分类。这项工作通常都交由经验丰富、动作灵巧的女工来负责。在分类过程中，由她们自行判断和决定哪些烟叶可以作为雪茄中的烟心叶，哪些可以作为雪茄表面的封皮。工人们再把这些被选作封皮的烟叶层叠着卷起来，放在传送带上送往带有凹槽的卡盘上。

而那些被用作烟心叶的烟草会被送到一个黑暗的大房间里，在25℃—30℃的温度下进行烘烤。借助蒸汽喷雾机，房间中的湿度会一直维持在某个固定水平。……

其实最有意思的部分是看女工们怎么裹烟卷，这可是一项非常需要细心和技巧的工作。……第一个女工负责将烟叶一张张展开、叠好，再压平。第二个女工负责用锋利的滚轮刀将烟叶裁成尺寸一致的卷烟封皮。就算与那些常为巴黎淑女们缝制丝裙的裁缝们相比，女工们细致精确的手艺也毫不逊色。接下来，女工们把做好的烟心叶卷进充当封皮的烟叶里，再借助锥形的水晶铲斗封好雪茄的顶端。另一个女工最后再用小型铡刀把成形的雪茄修剪成一样的长度。

这里所有的女工们都是以独立团队的形式完成所有工作，待遇也相对优厚。如果亲历现场的话，你一定会感到震惊：整个工序如此地有条不紊，工作间里如此地安静，而女工们是如此地神情庄严。正如马克西姆·杜冈（Maxime Du Camp，法国作家，福楼拜的好友）在其作品中所说，“怪不得巴黎烟厂出产的香烟品质要高于勒阿弗尔，这简直太精彩了！而且两三百个女人聚在一起居然能够保持沉默，这简直是奇迹！”

## 香烟的销售者

在国家的垄断体制下，法国的烟草零售商具备了国家公务员的身份。这个特殊的商贩群体同时又与自由职业者有相似之处，对商贸行业的发展也有着一定的影响。因此这一职业的发展历程也颇受历史学家们的关注。

就如公务员一样，烟草零售商的人选是由政府机构，如市政厅，甚至内务部来决定的。而整个选拔过程也十分漫长。在长达一个多世纪的时间里，这一职位通常是留给那些“在公共领域有着卓越贡献的英勇人士”的，例如退伍军人、烈士家属或退休官员等。然而这样的选拔标准显然会滋生各种任人唯亲或收买人心的舞弊现象。共和党人皮埃尔·拉鲁斯就曾在自己编撰的《19 世纪通用大词典》中毫不犹豫地公开抨击当权者们“在选拔过程中滥用职权，笼络人心，中饱私囊”[34]。下面，我们就来了解一下烟草零售商的社会职能、与大众的联系，及其可能产生的政治影响力。

纪龙德地区档案馆里珍藏的一份文献曾经提到过 1850 年间烟草零售商的分配情况：共有 43 人，其中只有 9 名所谓的“退役军人或老兵”，此外还有 9 名“业主”、4 名“杂货商”、3 名“裁缝”

《烟草制造场》，版画，A. 让安迪耶，1874 年

以及两名“成衣商”。在这43人中有16名女性和27名男性，他们大都年纪偏长（37%的人年龄超过50岁）。

即使在共和国成立之后，令人置疑的选拔制度依然没有多大改观。首先，由国会众议员和参议员组成的中心委员会要对候选人的道德品质做初步调查。其次，再由地区委员会协同地区政府组织进一步的筛选。选拔的过程通常都带有政治色彩。1887年，法国国家间接税管理局局长曾经写信给纪龙德地区政府，要求了解获选“官员”的政治倾向。从此以后，在对候选人的评估中，地方机构还会加上是否“忠于政府”或“思想反动”的评判标准。1883年，有人撰写评论文章，指责政客和政府官员们在烟草零售商的选拔上偏袒自己的党羽。[35]而1909年5月29日出版的《黄油碟》讽刺画报也刊登了一幅抨击该评选制度的漫画，并配以此文：“将军啊，就算死也死得值得啦，至少我老婆得到了一间烟草铺。”

第一次世界大战之后，烟草零售商的空缺常常被分配给了残疾军人和烈士家属。然而，新的政治主张也逐渐浮出水面。一位生产汽车配件的小作坊主曾于1909年入伍，他声称“自己在战争中遭受了毒气伤害，却没有领到抚恤金”。作为烟草零售商候选人，他的主要优势大概就是“合格的共和派，非活动分子”。另外一位候选人则具备了丰富的军队经历：1914年8月2日入伍，9月受伤后被俘虏，直至战争结束。重获自由后，他开过小咖啡馆，做过矿工。而他获得的评价是“激进的共和派”。[36]

在巴黎地区，持有烟草零售许可证的人大多数都会把烟草铺租给忠心耿耿的自己人打理，并从中提取佣金。而这些烟草零售许可证持有人通常是出身上流社会的社交名媛，位高权重。她们可以随心所欲地提高烟草铺佣金、随时修改与代理人之间的合同，这常让后者感到胆战心惊。这些名媛们完全不把法国烟草管理局放在眼

马德雷纳市郊烟草零售商众生相，瓦拉德，1850 年

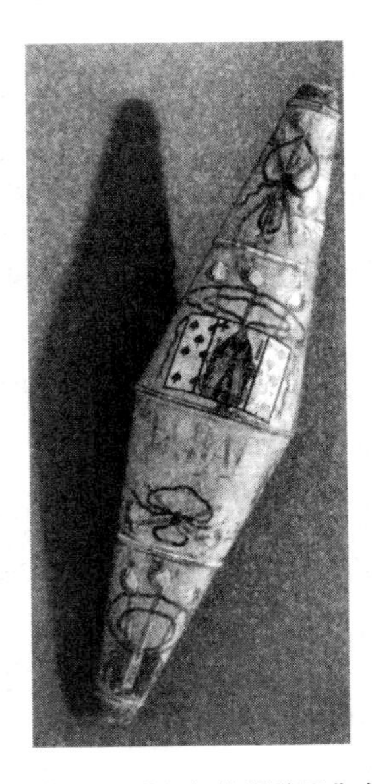

19 世纪末至 20 世纪初的烟草零售店招牌

里，因为自恃“朝中有人”[37]。然而自1906年开始，香烟铺子持有者与管理者之间的交易模式被逐渐打破，转让烟草零售资格的行为在1945年后彻底消失。此后，烟草零售商的招聘开始由法国间接税管理局接手负责。

相反，对烟草零售的等级划分却一直延续了下来。据《19世纪通用大词典》介绍，当时总共有39980间烟草零售店。根据收益额度的不同，它们被分为四类：第一类所带来的年收入超过1000法郎；第二类在500—1000法郎之间；第三类在300—500法郎之间；最后一类则是那些年收入不足300法郎，即日收益不到1法郎的店铺。实际上，只有第一类的烟草零售店经营较为活跃，能够盈利。这样的店铺共有6628家，平均年收入超过2310法郎。分布于巴黎地区的20间主要烟草零售点，平均每家的年收入都达到了14980法郎。而同样位于巴黎的法国首家烟草零售铺所创造的年收入更为可观，高达63000法郎。

为了保障自身权益，烟草零售商们于1896年创建了“法国烟草零售代理联合工会”，即现在的“国家烟草零售商联合会”的前身。在创办初期，联合工会主要立足于巴黎，在1904年发行的行业杂志《烟店掌柜》仅仅覆盖到了法兰西岛的区域。1925年，烟草管理局推出了专门的“机关刊物”——《烟草杂志》。该杂志一开始只是为零售商们提供各类相关信息，之后逐渐成为了维护整个行业利益的阵地。1974年，变身后的零售商联合会也推出了全新的会刊——《菱形》。

值得一提的是，法国的烟草零售常常与饮料售卖紧密相连，很多咖啡馆、酒馆和酒吧同时也是烟草零售点。尤其是在烟草及酒类产品需求高涨的时期，很多零售商都将两者捆绑在一起销售。于是，烟馆与酒馆合二为一，阵阵烟雾弥漫着浓浓醉意。在餐桌或酒桌上，酒瓶与烟灰缸也常常比肩为邻。而在那些小城镇里，杂货铺里也是把烟酒放在一起出售的。

除了将烟酒“捆绑”在一起售卖，烟草零售商们还逐渐开展了多种经营业务。随着法国政府不断提高烟草税赋，烟草零售商们也开始在店里做起了其他买卖：例如博彩、赌马；出售印花税票、车船税票以及电话卡等等。自第二次世界大战以来，“烟草—报刊亭”开始盛行。如今一家烟草零售店的烟草收入大概只占店铺总收入的40%。[38]福楼拜曾经说过：“最能代表烟草店的标志就是屋顶上那只白铁皮制的巨型烟卷。”[39]然而，在不久的将来，烟草店也该改旗易帜了。

**表四　烟草零售与酒类产品零售对照表**

| 年份 | 烟草零售点数量 | 每个烟草零售点平均服务的居民人数 | 酒类零售点数量 | 每个酒类零售点平均服务的居民人数 |
|---|---|---|---|---|
| 1874 | 40000 | 920 | 343000 | 105 |
| 1900 | 46000 | 847 | 435000 | 88 |
| 1939 | 50000 | 840 | 508000 | 82 |
| 1953 | 51000 | 840 | 439000 | 98 |
| 1990 | 37000 | 1530 | 70000 | 808 |
| 2003 | 33500 | 1850 | 60000 | 1033 |

# 第五章
# 世纪末的社会毒害

在小说《漂亮朋友》中，记者管森林大概是第一个为大家所知的死于吸烟的人物："在大伙刚点上烟时，管森林突然就咳了起来。这阵猛烈的咳嗽让他喉咙沙哑、双颊通红，额头冒汗。他用手巾捂住嘴，呼吸困难。"莫泊桑继续写道："一开始，偶尔的咳嗽并不算厉害；然而症状慢慢恶化，他开始没完没了地干咳，严重时连呼吸都困难。到后来管森林每次都咳得肝肠寸断，喘不过气来。"[1]

虽然小说中的人物是虚构的，然而在现实生活中因滥用烟草或过度吸烟而引起的死亡案例却是存在的。于是有不少人（通常是科学界人士）开始善意地提醒公众，吸烟有害健康。最初的反烟号召只是零星分散的个人行为，直到 20 世纪下半叶，国家才开始采取行动，组织反烟活动并出台了相关的控烟政策。

## 反对声音如桑海一粟

19 世纪上半叶，随着烟草的迅速普及，吸烟风潮席卷了整个社会。反对吸烟的势力在当时非常弱小。谁都不可能凭一己之力对抗整个社会。我们之前曾经说过，巴尔扎克在《论现代社会中的刺激物》一文中明确地表达了对烟草的批判，也因此成为了当时最出名的反烟派代表。然而这位大作家在文章中并未提到香烟，主要是因为香烟在当时还不是工业化大规模的产品。几年之后，巴尔扎克在小说《搅水女人》中着重提到了香烟带来的危害。[2]小说讲述了一位母亲对儿子的爱恨交织。小说男主角菲利普·布里多英俊而任性，年轻的他来到了美国这片新的乐土。在这个“充满各种可能性”的新世界里，他迷上了烟草；回国之后，菲利普变得“粗鲁无礼、目中无人，并且沉溺于烟酒之中”。随着小说故事情节的发展，菲利普最终“染上了被作家拉伯雷称为魔鬼之物的所有恶习：酗酒、抽烟、赌博以及滥交女人”。布里多接着去到了伊苏丹。他与几个退伍军官一起混迹于桌球室：“无论输赢，每一场比赛结束之后，他都会狂灌几杯酒，然后一边来来回回地在大街上闲逛，一边抽上数十只雪茄。每晚他都会去荷兰小酒馆，享受完几只烟斗之后便开始赌博一直到10点……”总之，这个男人彻底迷失在了烟草之中，无法自拔。巴尔扎克最后总结道：“吸食烟草远比赌博更伤风败俗，它不仅摧毁了我们的身体，损害了我们的智力，最终还会让整个民族道德沦丧。”[3]这无疑也是一句强有力的禁烟口号。

历史学家狄奥多西·布莱特在其著作《吸烟者剖析》中，用了一整个章节来讲述香烟。然而他对香烟并没有过多指责：“香烟让人口干舌燥，还会让人沾染上啃指甲的癖好。因为它会把拇指和食指熏黄，就好像剥青核桃会导致手指变黑一样，当然看起来会比这更糟糕。”[4]与其他吸食烟草的方式相比，布莱特最终还是鼓励年轻人选择香烟，因为“它不会太强烈，不容易上瘾，而且香烟纸燃烧后产生的气味还能掩盖一下烟草过于刺鼻的味道”。不过另一本论著《烟草剖析》(1841) 的无名氏作者则指出：“这种尼古丁草会让人产生倦怠，让人变得游手好闲、无所事事。”他认为只有通过“母亲的循循善诱、父亲的严加管教以及老师的善意提醒”才能让年轻人远离烟草。

在法兰西第二帝国时期，不仅普通民众热捧烟草，就连皇帝拿破仑三世本人也不遗余力地推广吸烟的习惯，这样，反对吸烟的声音就更加寥寥无几了。某个叫做杜波依斯的上校曾把“沉迷女色、滥用烟草、热衷赌博、酗酒成瘾以及投机倒把”[5]等行为称作“五大祸害”，然而大家都把他看作是疯子。而另外一位反烟人士作家儒勒·巴尔贝·多尔维利（Jules Barbey d'Aurevilly，他同时也是狂热的男权至上主义者）则以尖酸刻薄的口吻对烟草进行了评价：它令人丧失男子气概，令人耽于幻想：

> 无须拥有渊博的学识，任何人都能轻易体会并明确地指出烟草对身体机能带来的影响。任何一个人只要吸上几个小时的烟，他对烟草的了解程度丝毫不会输给那些专家学者的长篇大论。散发着刺鼻气味的烟草让我们的嘴巴微微发麻，它神不知鬼不觉地让大脑陷入昏昏欲睡的麻痹状态，这种麻木感再慢慢地蔓延到全身，最终让人变得迟钝。即使是最直白简单的描述都可以让不吸烟的人感受到烟草的独特魅力……可惜的是，这样的体验是要付出代价的，这所谓的快感只会带来男性能量的损耗……[6]

然而即使是医学界当时也拿不出什么强有力的反对理由。一位艺术家甚至还宣称：“所有需求都必须得到满足，才会感到幸福。”[7]另外，吸烟的习惯还得到了赞许：“这来源于加勒比海的珍宝，不仅有益于我们的身体健康，还能保护我们的精神远离负面影响。我们不能否认它所起的重要作用。”[8]实际上，在1842年，托南烟草厂的工人们就曾利用烟草躲过了粟粒热的传染，而里昂和鲁昂地区的烟草工人也因此避开了一场痢疾。

不过，随着人们对尼古丁的深入了解，消费者们心中逐渐蒙上了阴影。

## 探索烟草的毒性

化学家和毒理学家们率先拉响了警钟。巴黎医学院著名化学教授安托万—弗朗索瓦·富克鲁瓦（Antoine-François Fourcroy）的继任者、路易—尼古拉·福克兰（Louis-Nicolas Vauquelin）于1809年发布了他对“阔叶尼古提那”汁液（烟草植物中的一类品种）的研究结果。他发现该植物中含有一种氮化碱性物质，并指出这种物质可能含有剧毒。二十年之后，德国化学家W. 波塞尔特（W. Posselt）及L. 莱曼（L. Reimann）成功地将这种活性物质从烟草中分离出来，并将其称为“尼古丁”。而尼古丁被认作是生物碱中的一种，于是烟草就被划入了含有碱性物质、具有毒性的植物类别之中，正如1817年另一名德国人弗里德里希·威尔海姆（Friedrich Wilhelm）所发现的含有吗啡的鸦片一样。[9]

自此，人们开始对烟草的无害性产生了质疑，就连使用了几个世纪的“尼古提那”这一烟草的代名词也逐渐被具有危险意味的“尼古丁”所替代。庞库克（Panckoucke）在1821年出版的《医学大辞典》中表达了对烟草日益强烈的质疑态度：“根据烟草在医学方面的使用报告，烟草所属的这类植物所含物质活跃程度太高，对人体组织具有一定的腐蚀性。因此，要对这类有害植物的使用进行最细致的监控，并且最好尽量避免使用。”

然而，直到19世纪中叶，对于烟草毒性的研究和调查才逐渐多了起来，此前一直认为烟草有益的医学界也由此逐渐转变了态度。越来越多的毒理学家开始着手研究烟草及尼古丁所能带来的各种影响。路易—亨利·梅尔森（Louis-Henri Melsens）最早发现了烟草燃烧后所产生的烟雾中含有尼古丁。科学家们开始在动物身上进行大量的试验。据皮埃尔·拉鲁斯所说，所有试验都是为了“追求最神圣的自由”，为了“科学的进步”，连动物保护协会也无力反驳这冠冕堂皇的理由。“将一只小狗或小猫放进含有300立方英寸空气的空间里，然后将8克烟草燃烧后所产生的烟雾引入其中。一刻钟过后，动物开始出现中毒症状；半小时或45分钟后，试验对象死亡。”[10]另外一个案例：“试验对象为两只体重相同的麻雀，一只灌入一滴纯尼古丁，而另一只灌以相同剂量但浓度为20%的烟草汁液。第一只麻雀会立即暴毙，而第二只麻雀还能缓慢地飞上15分钟左右，然后边惨叫着边掉了下来，经过短暂而剧烈的抽搐，最后慢慢地向后倒地身亡。”[11]当时最著名的生理学家克劳德·伯纳德（Claude Bernard）深入研究了生物碱这类物质对神经系统的影响，并明确地指出了其中之一的尼古丁所具有的毒性：几滴尼古丁提取液就能毒死一条狗，0.06克就能毒死一个人。

另外，在法医界以及社会医疗界中出现的与烟草相关的事例同样也印证了伯纳德的观点。

19世纪发生了一起震惊全世界的刑事案件——博卡尔梅案。在比利时的比特尔蒙城堡内，一位名叫古斯塔夫·弗格尼（Gustave Fougnies）的残疾人暴毙，死状惨不忍睹。现场勘察员们在他的嘴唇和舌头上发现了灼伤的痕迹。检察官图尔内请来了毒理学家让·塞尔维·斯塔斯（Jean Servais Stas）协助侦破此案。斯塔斯一开始以为受害者是乙酸中毒而死，后来通过其特有的检验手法，最终发现这是一起尼古丁中毒事件。实际上，凶手是被害者的妻弟博卡尔梅公爵。他曾经在印度长住，因此对含毒的植物有一定的认识。博卡尔梅了解到当时没有任何一种试剂能检测出尼古丁，于是伙同自己的姐姐，将受害者绑住并强行往他嘴里灌入了尼古丁。[12]

另外一项能证明烟草毒性的实例发生在烟厂工人的身上，他们的健康状况成了专家们讨论的焦点。在18世纪，意大利人比尔纳蒂诺·拉马齐尼（Bernardino Ramazzini），意大利物理学家、哲学家就曾经注意到，烟厂工人大都患有严重的身体机能紊乱症。[13]后来，福尔克洛瓦在翻译拉马齐尼的著作时，也在原文旁边加上了自己的备注，指出要警惕烟草的不良影响。此外，弗朗索瓦—维克多·梅拉（François-Victor Mérat）在《医学大辞典》（1821）中提到："烟厂工人们普遍面黄肌瘦，常患有哮喘、腹泻、便血、头晕头痛等症状。除此之外，肌肉颤抖、麻痹或急性心绞痛等病症在他们身上也十分常见。"烟厂中无处不在的烟草正是引发所有这些病症的元凶。然而，巴伦—杜夏特莱和达尔塞等当时的医学专家权威却彻底地驳斥了梅拉这种"骇人听闻"的说法。事实上，他们却只是匆匆地翻阅了某些相关资料，仅仅听取了烟厂特聘医生们的观点，便得出了足以让烟厂逃脱责任的结论。[14]随着大量女工涌入烟厂，怀孕女工小产也逐渐成为烟厂中常见的问题。同时，关于烟草的研究专著日益增多，对于烟草的讨论也日益激烈。为了尽快平息当时熙熙攘攘的非议，法国烟草行政管理局局长西梅恩子爵在正式推行香烟工业化生产的同一年发布了一项有关烟草的详尽报告。在报告中，他大量使用了烟厂专聘医生们提供的资料和观点，并保证还未发现由烟草引起的重大疾病。他还厚颜无耻地提到，幸亏长期接触了烟草，烟厂工人才逃过了一些传染疫病和肺结核的灾害。[15]

由于事关重大，法国政府内阁于1843年5月2日写信给法兰西医学院，请求他们协助相关的研究和调查。1845年，毒理学家弗朗索瓦·梅里耶（François Mélier）提交了研究报告，却得出了以下结论："长期身处于这种含有尼古丁剧毒的植物之中，很难不会有事。"[16]关于烟草有害还是有益的讨论从此连绵不休，持续了四十多年。无论是政界、医学界还是卫生界，各界人士由于立场对立，观点也大不相同。这场争论并没有分出最终的胜负，然而对烟草的质疑开始在人们的心中生根发芽，"被动性烟草中毒"[17]让人感到害怕：烟厂女工的小产现象频繁发生，母亲和孩子的死亡率都非常之高；不过恶劣的卫生状况同样也是致命因素，烟草并不是唯一的绝对的"凶手"。然而，从19世纪开始，烟草导致的职业病和社会病也逐渐引起了人们的关注。

在其他有害成分被发现之前，人们一直认为烟草的危害都是由尼古丁引起的。由于吸烟的习惯早已普遍存在，烟草在某些人看来也成了"社会的祸害"。对于当时的医学界来说，另一性质类似的是酒精类产品，它同样具有自然的和社会的双重属性。在1850年左右，瑞典人马格努斯·胡斯（Magnus Huss）就提出了"酒精中毒"这一概念。根据症状的不同，他又把酒精中毒分为两个方面：一种是急性的"震颤性谵妄"，另外一种是对生理和心理机能的慢性损害，相关症状会逐渐显现和加重。医学机构很快地把这套理论应用到了烟草研究当中。当时，所有医生都着重指出了吸食烟草后会立即出现的负面影响：情绪亢奋、头痛恶心等等。不过他们同时又强调，一旦养成了长期吸食烟草的习惯，所有这些症状都会慢慢消失，甚至还能缓解身体的不适。"不管是以哪种方式吸食烟草，对于那些养成长期习惯的人来说，烟草不再是有害物质。相反，烟草成了他们寻求享受与快感的新源泉。"[18]可是，几十年之后，医学界人士又开始重提烟草的毒害，并将其称为“含有刺激气味的麻醉性毒物”[19]。

随着化学研究以及制药业的发展进步，药品的种类变得越来越丰富了[20]，而烟草却由此开始逐渐地退出了药物的行列。烟草在封建王朝时期被当作消除各种疼痛的“万能药”，到了19世纪末却饱受质疑。当时所剩不多的支持烟草药用的人士之一，纪尧姆·贝格里耶（Guillaume Pécholier）医生曾在《医学通用词典》（1885）中发表了长达50页的专题文章。他在其中提道：“像烟草及尼古丁这样极具能量的植物，还是具有一定的药用价值的。”贝格里耶并没有否认烟草在治疗过程中可能带来危害，所以需要在使用剂量上有所节制。同时，他用了13页的篇幅详尽描述了烟草在各种病症下的不同用法。[21]

### 关于女性烟草中毒的首个病例诊断

观察五：1872年1月，一位来自北部工业区的女人到我处看病。她提到自从绝经一年多以来，心悸的症状频繁出现，她为此十分担心。

最初为她看病的医生认为心悸的症状是由更年期引起的，要她改变饮食习惯。她一直遵照医嘱调整饮食，却没有任何收效。后来病人又找到一位江湖郎中，此次被诊断为妇科病。该医生给她开了大量的药剂，并为她做了宫颈灼烧术。

第二次的治疗措施不仅没有解除心悸的症状，反而让病人的健康状况显著恶化。最后，病人向一位在巴黎的、信誉良好的医生咨询。该医生认为病人患有神经衰弱症，并让她服用大剂量的碘化钾、洋地黄以及洋地黄甙。经过此番治疗，病人的心悸症状反而加重了。于是她来到了我的诊所。

这位女病人年纪52岁，体质较好却明显消瘦。从她的脸上可以看出，她已长期饱受病痛的折磨。通过对其心脏的仔细检查，我并未发现该器官有任何损害。然而我发现她的脉搏每隔七八下就会出现一次间歇。接着我又进行了宫颈检查，也未发现任何不妥。此外，病人有胃痛和便秘的问题。我详细询问了病人的生活习惯，她提到她这两三年来养成了喝大量咖啡的习惯（每天3至4杯）。我当时认为，是过度饮用咖啡导致了病人的心悸，并要求她戒掉这个习惯。然而此方法并未奏效，病人声称心悸现象没有得到缓解。

在随后与病人丈夫的信件来往中，我才了解到，病人在更年期刚开始时就养成了抽烟的习惯。这是我之前完全没有想到的。病人全然不顾丈夫的极力劝阻，每天都吸食大量的香烟，并声称烟草能够缓解她深深为之困扰的便秘问题。病人丈夫还提到，病人有时会因为这样那样的原因连续几天不抽烟，其心悸症状在这段时间内就变得不这么严重和频繁了。

得知此情况后，我立即给里尔方面写信，并要求对病人强制戒烟。由于病人对烟草的依赖根深蒂固，其戒烟的过程尤其痛苦：病人变得闷闷不乐，有时在家中甚至会出现发疯崩溃的状况。为了分散病人的注意力，病人丈夫陪她来到了巴黎游玩散心。在他们逗留的一个多星期内，我曾为她复诊过两次，病人的心悸症状再没有出现过。我在里尔的朋友们得知此结果后也大为振奋。

然而在六个月之后，病人的母亲过世。病人悲痛欲绝，并背着丈夫偷偷地重新吸上了烟。病人的心悸症状也随之复发，其丈夫也猜到了个中缘由。在全家人苦口婆心的劝告之下，病人保证会彻底戒烟。此后五年间，病人一直信守了承诺。

艾米尔·得卡斯纳（Emile Becaisne）医生，《吸烟的女人》，

《卫生与健康杂志》，1880年

然而，贝格里耶医生的观点并没有得到大众的认可。几乎在同

一时期，《医学及实用外科新词典》则指出，烟草在医疗上的唯一用途就是通鼻引嚏。当时对烟草危害的“揭发”也越来越深入：烟草会影响到消化功能，产生恶心呕吐、胃液分泌过剩的症状；它也会影响到血液循环系统，产生脉动加速的症状；它还会影响到呼吸系统，产生痉挛；并影响到肌肉及神经系统，引发麻痹性震颤。

除了以上各项不良影响，当时最为大众熟知的、由烟草引发的疾病就是口腔癌。此外，烟草对神经系统也有影响，会导致精神病。“伊波利特·阿代昂·得皮尔里斯（Hippolyte Adeon Depierris）医生认为，在烟草主宰社会之前，精神病患者的案例还非常少见。[22]而现在精神疾病不断增多和频发，不得不说，烟草难脱干系。”从以上观点可以看出，烟草对心理及精神上的影响开始受到更多的关注。医生们开始变成反烟的活跃分子。“烟草中毒”这一概念呼之即出。

## 何为“烟草中毒”

烟草中毒这一概念并不是突然之间冒出来的。1859 年，法兰西医学院院士保罗·若利在自己的医学论文中非常谨慎地提出了这一术语。若利医生在文中对烟草所带来的各种急性和慢性的病症进行了系统的梳理和分析，可谓真正的烟草专家第一人。[23]并不像“酒精中毒”一经提出便被广泛使用，“烟草中毒”这一概念直到 1880 年之后才逐渐为大众熟知。在此之前的十五年间，一直广为使用的是更窄义的词汇——“尼古丁中毒”或“烟碱中毒”。若利博士曾经以铅中毒引发的麻痹性震颤为例，解释说明了尼古丁麻痹症。而“烟草中毒”这一词汇则是通过另一位医学专家古埃（Gues）医生之笔在《医学及实用外科新词典》（1883）中正式出现的。[24]

## 致命的烟草

据官方数据显示，自1830年以来，在法国国内滥用烟草导致的死亡人数超过了战争、传染病以及饥荒等其他灾害所造成的死亡人数。随着大众对烟草消费需求的逐渐增长，各种心理疾病、麻痹性痴呆、脑软化、截瘫和肌肉失调等多种病症也越来越多地出现在公众视野之中。此外，不得不提的还有心绞痛、胸麻痹、致命性晕厥以及各种栓塞疾病的发病率也一直高得惊人。我们甚至常常听闻某些知名人物吸烟时突然暴毙的事例。

此外，嘴部、舌头以及其他消化器官的癌变也频繁发生。尤其是那些烟瘾严重的人士，还会开始经常出现弱视或黑矇的症状。最为关键的一点在于，几个世纪以来法国的人口一直在持续增长，而现在却开始呈减少态势，尤其是男性人口增长速度大幅减弱：40—60岁之间法国男性的死亡率非常之高，因为处于该年龄阶层的男性最容易沉溺于烟酒之中。

保罗·若利医生，《法国反烟协会简报》，第1期，1869年

1885年，弗洛里安·屈尼（Florian Cuny）在巴黎举行的论文答辩中也使用了烟草中毒这一概念。实际上，在这篇名为《烟草与烟草中毒》的论文中，屈尼这样阐述道：在持续大量使用烟草的情况下，所产生的所有急性和慢性的中毒导致的部分或总体的身体变故，可称之为烟草中毒。当今“烟草中毒”所包含的意义正是来源于此，这也充分说明了屈尼的观点极具现代性：突然停止吸烟后所产生的依赖成瘾和妄想现象也被他纳入到整个“烟草中毒”的概念之中。[25]与之类似的还有“毒物瘾”。[26]如果说“吗啡中毒”表达的是吗啡所导致的所有变故、“吗啡瘾”表达的是对吗啡产生的依赖性，那么“烟草中毒”却包含了以上两层含义。

在那些反对吸烟态度最为激烈的医生看来，烟草不仅对使用者

一张 1911 年的明信片上的讽刺画

本人产生了不良影响，还会导致下一代的“退化”现象，酒精和鸦片也是如此。对于小产、死婴、先天性畸形儿等问题的出现，烟草和酒精一样难辞其咎。总之，原先被奉为灵丹妙药的烟草变成了法国人口减退的罪魁祸首。“并不是所有尼古丁中毒者的孩子都无法存活，不过这些幸存儿的抵抗力会相对较差，身体发育也会较为迟缓。按照拉马克的基因遗传法则，下一代通常会继承父辈的习惯和癖好。因此，遗传性的本能会让这些孩子们也染上烟瘾，继续毒害自己的生命和再下一代。长此以往，最终会导致这个种族的逐渐退化与没落。”[27]然而最令人担忧的衰退在于精神层面的沦丧。在得皮尔里斯医生看来，“人类进化最显著的表现和成果正是我们为之骄傲的思考能力和道德感。然而就连我们的精神世界也无法逃过烟草的荼毒”。自杀正是烟草击溃精神的具体表现形式之一。得皮尔里斯找到了无法驳斥的论据：烟草消耗量与自杀人数的统计曲线一直呈同向变化。

### 对香烟危害的初步质疑

香烟爱好者们也无法找到充足的理由来反驳我们对香烟的批判。我们认为，香烟这种新兴的吸食烟草方式不可能无害。相反地，烟草和烟纸在燃烧过程中还会造成更严重的危害，因为它会释放出对人体无益的二氧化碳气体。

弗勒让斯·费尔蒙·德若蒙（Fulgence Fiemont de Jeumont）医生
《烟草的用途及其对经济和社会造成的直接或间接的影响》，
巴黎，特鲁西书店，1857 年

烟草甚至成了犯罪分子的帮凶和道具。博卡尔梅案多次地被各类医学论文提及。而法庭书记官玛朗巴（Marambat）经过对不同监狱里犯人的调查研究，得出了强有力的结论：小偷和杀人犯大都吸烟。同样道理，酗酒者也容易有犯罪倾向。[28]

“烟草中毒”这一概念不再仅仅是一个医学上的专业术语，它开始具有更深层的社会含义。“烟草中毒”最终上升到了对整个社会造成毒害的程度。吸烟者不仅个人身体损害，同时也对社会产生了危害。吸烟者的记忆力、智力和意志力会随着烟雾飘散而去，并因此变成一个对社会无用甚至有害的人。1885 年版的《德尚普医学词典》中提道：“那些经常逃学、滥用烟草的青少年们大部分都会一事无成。”社会秩序被扰乱，出生率也因此降低。“烟草中毒”这一原本用来表示某类疾病的词汇最终被用来描述世代相传的危害性。[29]是时候应该行动起来了。对“烟草毒害”的担忧情绪笼罩着 19 世纪末的法国社会，反对吸烟人士开始紧密团结起来。

## 医疗界统一战线

法国第一个禁烟组织是在一个十分独特的场合下诞生的。在马肉推广协会的某次会议上，协会创办者埃米尔·德克鲁瓦（Émile Decroix，军队兽医）号召与会人员一起来创办反对吸烟的组织机构：可以说是马肉造就了反烟运动！[30]1868年7月11日，法国反对滥用烟草联盟（AFCAT）正式成立并获得了官方认可。德克鲁瓦任协会秘书一职，而若利医生担任联盟的名誉主席。联盟创办伊始就得到了社会大众的欢迎和支持，尤其是那些活跃在卫生医疗界的专业人士更是如此。其规模扩展迅速：1869年时的会员数为320人，1872年时达到了607人。该机构的成员大部分来自中产或富人阶级，其中还有8%来自于贵族阶层。值得一提的是，联盟中女性成员所占的比例为11.2%，与同时期其他公益组织的女会员比例相比要高出许多。[31]在女性会员之中，有很多来自于贵族阶层的遗孀，如克莱朗博（Clérambault）伯爵夫人、蒙塔朗贝尔（Montalebert）伯爵夫人等。实际上，反对滥用烟草联盟在1878年的组织章程中就曾强调指出，“要重视和依靠女士们强有力的协助。她们常常被男士们的雪茄和香烟烟雾所笼罩，深受其害。因此她们往往是最积极活跃的禁烟分子。”另外，该联盟中的男性会员很多都来自于领导阶层。[32]

反对滥用烟草联盟也得到了科学界人士的力挺，有九名会员来自法兰西医学院，其中包括性病医治专家（坊间当时盛传梅毒会通过燃烧的烟草传播）菲利普·里科尔（Philippe Ricord）、卫生机构总督察路易·鲁尼耶（Louis Lunier）、波瓦蒙镇的亚历山大·布里埃（Alexander Brière）医生、研究所的朱尔·克洛凯（Jules Cloquet）男爵以及兽医学校的亨利·布莱（Henri Bouley）医生。在文艺界人士中，法兰西剧院总经理埃米尔·佩林（Émile Perrin）和作家小仲马也都是该组织的成员。其中，小仲马的加入，估计是因为受够了其父大仲马吸烟过度的毒害。还有一些位居高职的宗教界人士也加入了其中，例如阿尔及尔大主教查尔斯·拉维热里

(Charles Lavigerie)。此外，反对滥用烟草联盟的成员还包括了高级政府官员、大学教授以及银行家等各行各业人士。

### 法国反对滥用烟草联盟于1868年7月11日获准成立

科学理论和亲身实践都已证实，过度吸烟将对公众健康造成巨大危害。现在已经有大量的证据显示，精神疾病、麻痹性瘫痪、口腔及胃部的癌变、消化系统紊乱，以及视力减弱等诸多病症的增长速度与香烟消费量的增长速度成正比。

此外还有证据显示，滥用香烟还会导致家庭关系疏离，以至影响到整个社会的伦理道德体系。

经过严密谨慎的调查研究，法兰西皇家医学院的若利医生对香烟的危害得出了以下总结："无论从卫生医疗的角度还是从社会的角度来看，香烟所产生的影响都是极其恶劣的。其危害程度之惊人，让我难以启齿可又不得不说；其破坏威力之强大，就连我都为之胆寒！"

为了制止这场巨大的灾难，医疗卫生界人士及公益界人士联合起来创办了这样一个联盟，旨在推动和号召全社会尤其是年轻一代远离香烟的荼毒。

该联盟的成立和对禁烟运动的成功推广将造福于各阶层人士：吸烟者们会因此逐渐意识到香烟不仅加重了经济负担还损害了身体健康；那些不吸烟、讨厌烟味的人们可从中获取支持；富人阶层会迫于舆论压力放弃这种惹人生厌的不良习惯，工人阶层在戒除吸烟恶习的同时能为妻儿节省家用，而穷苦人民也将意识到香烟并不能为其带来满足，反而会带来痛苦和困扰。母亲们则再也不用抱怨自己的孩子深陷烟瘾变得一事无成了；而年轻的新婚妇女们也不用再担心丈夫成天泡在烟馆里而冷落自己了。

与之相比，香烟所引发的各种火灾、爆炸等意外事故似乎都不值一提了。但实际上，法国每年由此类事故所造成的物质损失超过3亿法郎！

《协会通报》，引自里昂（A. Riant）医生的《酒精与烟草》，
巴黎，1874年，第181—182页

1871 年 3 月至 6 月间的巴黎公社在法国日益高涨的禁烟运动中扮演了重要角色：它促使人们意识到烟草所产生的威力，加速了恐烟情绪在全社会的蔓延。实际上，巴黎公社带来的社会革命在当时被看作是一场充斥着烟与酒的狂欢盛宴，它不仅颠覆了凡尔赛政府[33]，也让全国上下都为之震惊。在若利医生看来，这场狂欢也进一步证实了他对香烟危害性的担忧："可以肯定的是，在酒精和烟草的双重影响之下，兴奋的情绪达到了极致，狂热的斗志一发不可收拾。否则的话，正常人绝不可能做出如此疯狂的举动。正如大家亲眼所见，若不是酒精和烟草激发出人们地狱般黑暗的一面，点燃了狂暴的激情，根本不可能发生如此可怕的行径。"[34]由此，香烟被打上了魔鬼的印记，并与酒精一同被当作是最危险的"祸害"。而反对滥用烟草联盟也从 1872 年 1 月 6 日开始加入到反对"滥用酒精类饮品"的斗争中。

由此开始，人们常常把酒精中毒与尼古丁中毒这两大危害联系在一起。"烟草和酒精早已深入我们的日常生活，它们对公众健康、行为规范以及社会秩序都产生了极为严重的不良影响。全社会都应为之警醒。"[35]里昂医生还强调："香烟是个令人厌恶的东西，它不仅会烧焦双唇，还会让人立即感到口干舌燥。"[36]

由于内部出现了肮脏不堪的帮派之争，法国首个反对吸烟的联盟不久之后便分崩离析。于 1875 年出任联盟主席的德克鲁瓦一直认为该联盟应该重回旧途，仅专注于禁烟运动。为此，他离开反对滥用烟草联盟，创办了自己的反对烟草滥用协会（SCAT）并出任会长直至去世（1901）。由于持续不断的内部分歧，反对滥用烟草联盟最终于 1883 年惨淡收场，而反对烟草滥用协会接棒成为法国国内禁烟运动的唯一力量。[37]

## 禁烟风潮席卷全球

实际上在世界范围内，反对滥用烟草联盟并不是独自在战斗，各国的反烟风潮也已风起云涌。早在1853年，英国伦敦就成立了“英国反烟协会”(BATS)，倡导大众摒弃吸烟的习惯。在北美大陆，禁烟运动同样进行得如火如荼，并与禁酒运动紧密联合。在马萨诸塞州，乔治·特拉斯克（George Trask）神甫在1860年创建了禁烟同盟，他认为每年死于吸烟的人数高达2万人。[38]特拉斯克神甫还促成投票通过了一条禁止在波士顿街头吸烟的法令。在伊利诺伊州，基督教妇女戒酒联盟成员、小学教师露西·卡斯顿（Lucy Caston）创办了杂志《男孩》，专门面向年轻人推广禁烟运动。她以当时的“反沙龙联盟”[39]为榜样，随即成立了“国家反香烟联盟”。19世纪末，卡斯顿也促成投票通过了一条禁止在爱荷华州、田纳西州以及北达科他州吸烟的法令。与那些空泛的说教式声讨不同，卡斯顿提出了对烟草危害的具体看法：让她看来，香烟最为致命的毒害并不在于它所含的尼古丁成分，而是来自于某种甘油成分的燃烧。这种物质常用于润湿北美出产的金黄色烟叶，被称为“糠醛”。人们把糠醛所导致的不良后果称为“香烟脸”，经验丰富的人一眼就能看出。在加拿大，议会就烟草对身体及精神健康所产生的恶劣影响还进行了专题讨论，同时各州相继颁布了禁止向未成年人售卖烟草的法令：例如在不列颠哥伦比亚省不得向15岁以下少年销售烟草（1891)，安大略省法令(1892）规定可购买烟草者不得低于18岁，新斯科舍省的法令(1892）规定购买烟草者不得低于16岁，新不伦瑞克省的法令(1893）规定购买烟草者不得低于18岁，而西北地区的法令（1896)

莫里斯·拉迪盖创作的漫画，刊登于1910年2月12日的《黄油碟》

亚历山大·斯丹伦创作的漫画，刊登于1892年8月27日的《漫画杂志》

则规定购买烟草者不得低于16岁。然而，正如美国一样，这些禁烟条令常常是无法执行的一纸空文，无法遏制住对香烟需求的迅速增长（1895年，加拿大每年人均消耗13支香烟，1906年则增长到了每人年均45支）。美国烟草公司在加拿大的分公司曾经在企业内刊《烟草日报》上宣称："我们的工业发展从未像现在这样繁荣昌盛，个人的发展机遇也从未像现在这样朝气蓬勃。"[40]

加拿大联盟政府下议院曾专门探讨过这样的问题：禁烟的限制应该仅针对青少年还是要面向全社会？1903年，在一次民主投票表决中，103票赞成、48票反对，结果一项全面彻底地禁止香烟的法令得以通过。这项超前大胆的法规在20世纪期间常常被其他各国借鉴和引用。

在当时的法国，这种极端的禁令根本行不通，只有清教徒才可能接受。因此，无论是之前的反对滥用烟草联盟还是后来的反对烟草滥用协会，采取的都是以劝服为主的温和策略，并没有要求官方强制介入，也没有提出要全面禁止香烟、雪茄、烟斗和鼻烟壶等一切烟草产品。实际上在法国，关于戒烟、戒酒的概念极具自己的特色，与在英美地区盛行的禁戒主义有所差别。[41]然而，同样是起源于英国地区的"游说"策略却对法国民众同样适用。

反对烟草滥用协会首先从火灾入手，开始进行一系列的游说和倡导活动。自18世纪开始，已有明文规定凡是火灾高发地区都严禁烟火。自1840年开始，禁烟条令开始涉及某些特定区域，例如监狱、财政部以及铁路区域。1846年11月15日，政府出台了禁止在火车车厢内吸烟的法规，并为此专门设立了"吸烟"车厢。如此超前和现代的意识不得不让人为之叹服。于是，这些禁烟法令变成了禁烟组织手中的武器。同时，他们也不断地向政府呼吁，要求扩大禁烟的范围。1871 年 9 月 27 日出台的相关法令因此提出了“夜晚禁止在哨所、岗亭内吸烟，因为烟雾会让空气变得浑浊发臭，会严重影响睡眠”。1883 年 7 月 13 日出台的新条令则将禁烟区域进一步扩大到了整个军营。而在此之前，1873 年 7 月 13 日颁布的法规已规定严禁在邮局内吸烟。于同年出台的政府公告更将大型宗教场所和证券交易所也划为禁烟区域。此外，在布洛涅地区还贴出了官方告示，提醒来此地的众多游客在扔掉烟头之前要小心确保它已彻底被熄灭，并且进入林区之后严禁吸烟。

**蒙特利尔议员罗伯特・拜克尔迪克（Robert Bickerdike）于 1903 年向议会提出的动议**

优秀的政府要为社会大众着想，应该全力倡导和鼓励对公众有益之事物，同时全力保护公众免受不良事物的危害。

已有充分证据证明，吸烟这一恶习将会对大众的身体及精神造成极为恶劣的影响和危害。

吸烟的习惯将彻底摧毁我们的健康，损害我们的智力。长此以往，它将成为社会和整个国家的最大祸害。

旧时有限度的禁烟条例苍白无力，已无法阻止香烟对我们的进一步荼毒。面向全社会的香烟销售只会让悲剧愈演愈烈。

鉴于以上种种缘由，我特此向议会提出动议，要求政府制定更有效更彻底的禁烟政策，要求投票通过相关法规全面禁止香烟的进口、生产和售卖。

引自罗伯特・坎宁安（Robert Cuningham），《烟草的战争》，
摘自《加拿大探索》，蒙特利尔，国际发展研究中心，1996 年

《夹在两杆烟枪之间》，保罗 · 加瓦尔尼，1841 年

同时，反对烟草滥用协会不断向法国政府提出质询，施加压力。他们曾要求议会通过一项针对 16 岁以下吸烟少年的处罚政策。正如 1873 年出台的未成年人不得饮酒的规定，烟草的相关法规也应该设有同样的年龄限制。此外，公众设施部也介入其中，负责确保禁烟条令在非吸烟区域内得以顺利执行。而教育界也逐渐行动起来，打击吸烟的行为。1878 年，在初等教育部部长批准和许可之下，巴黎塞纳地区率先发出了在当地学校区域严禁吸烟的公告。该禁烟规定随后扩大至整个巴黎的所有学校。

禁烟的风潮愈演愈烈，禁烟活动的规模也逐步发展壮大。1889 年 7 月 11 日，借巴黎举办世博会之机，禁烟运动人士在巴黎组织召开了国际禁烟代表大会。此次大会的组织者是法国戒酒协会会长乔治 · 迪雅尔丹 — 博梅兹（Georges Dujardin-Beaumetz）医生。他在 1878 年就曾组织举办了戒酒协会的代表大会。而在此次禁烟大会所通过的决议内容中，我们不难看出当时的禁烟运动已相当的活跃，当然，也还有大量工作有待完善。此次大会向政府提出了以下十项建议和要求：

1. 可效仿1873年1月23日颁布的禁止未成年人饮酒的法规，出台类似法令禁止16岁以下的青少年吸烟。同时还可参照美国康涅狄格州于1889年3月颁布的相关法规（由此也可看出全球化的影响已初见端倪）；

2. 铁路公司须为乘客开设足够数量的吸烟者专用车厢，并且要挂上明确的标示。如若在除此以外的其他区域发现吸烟者，列车员应该对违规者处以重罚；

3. 军方应该明令禁止在营房内的吸烟行为，因为“空气中弥漫的烟雾对非吸烟者会造成严重困扰，而且也会对士兵的健康造成极大危害”；

4. 市政警察局应彻底贯彻第74条法令，并要求每一位警员严格执行之：禁止车夫在驾驶车辆时吸烟。“此要求不仅符合道德规范，而且有利于公众安全。”

5. 鉴于“九成的吸烟者都使用火柴”，为了尽量减低由此引发的火灾隐患，政府应勒令生产厂家仅出产“安全”火柴，即在火柴盒侧面特定区域内才能擦燃的火柴。

6. 警察厅于1885年7月1日出台的相关法规禁止在公共汽车和有轨电车内吸烟。应将此禁烟规定扩展至站台区域，除非站台内有单独隔离出来的空间供吸烟者使用。

7. 按规定，任何进入矿区、易爆物品生产或放置区域的相关人员都不得携带烟草和火柴。以上机构或企业应严格遵守该项规定，并尽量招选不吸烟的员工。

8. 对于专门负责生产爆破品的岗位，企业主或生产厂家应全力避免雇佣吸烟者。煤矿企业也应如此。

9. 那些为军队供应各类物资的爱国企业或公益组织，应尽量将烟草替换为更有益士兵健康的生活必需品。

10. 最后，政府所有相关机构及人员都应贯彻执行现有的各类禁烟条例和法规，严禁在以下区域吸烟：邮局、公共交通工具内、饲料厂、林区，以及水上巴士等候室等。[42]

总的来说，法国禁烟联盟的主要诉求还是在于督促政府贯彻执行现有的各项规定。这恰恰也说明了这些禁烟条令的执行力度不尽如人意。法国政府似乎并未意识到公众健康的重要性，曾在1881年时驳回了反对滥用烟草联盟开展公益事业的申请，尽管后者已得到法兰西医学院的官方支持。法兰西医学院于1881年5月24日发文表示："公共卫生界有责任和义务向大众揭示滥用烟草的危害。实际上已有大量充足的科学依据证实了烟草引发的种种不良后果。"[43]而在1883年，尽管当时在法国的学校里已全面开展了禁酒教育，但法国公共教育部部长勒内·戈布莱（René Goblet）仍以坚决的态度拒绝了在小学内大规模张贴禁烟海报的要求。由于戒酒联盟一直得到政府的大力支持，禁酒活动的推广远比禁烟活动顺利得多。在当时的政府看来，酒精会让社会逐步"瓦解"和"沦陷"，而吸烟不过是无伤大雅的小恶习。

为了获得更多的关注和支持，反对烟草滥用协会主席德克洛瓦制定了九大方针，希望通过采取强制手段、广泛传播信息等方式达到更好的禁烟效果：[44]

1. 请求父母能够"让子女对烟草产生必要的恐惧心理"。他补充道，"比较有效的手段是：对不听话的孩子进行威胁和恐吓，必要时强迫他们闻一闻刺鼻的烟味！”；

2. 请求身边的亲朋好友行动起来，对吸烟者晓之以理；

3. 请求教师们树立良好榜样，引导学生；

4. 请求大众在公众场合尽可能地遵守禁烟规定；

5. 请求企业主尽可能阻止员工吸烟。“作为老板，难道对下属就不能提点要求吗？”

6. 请求学校对吸烟的学生处以重罚；

7. 请求军队循序渐进地推广禁烟。然而，不得不提的是，政府在1853年2月28日颁布法令，规定每个士兵每天可按0.15法郎的价格购买到10克的烟草。

8. 限制烟草的宣传推广和销售；请求大幅提高烟草价格以限制消费需求；

9. 加强宣传，让更多的人了解烟草的危害。

即使预算十分有限，反对烟草滥用协会依然坚定不移地加大了反烟宣传的力度（1895年，该协会的账户金额不足2万法郎），并借鉴了禁酒联盟的成功经验，也将青少年作为最主要的宣传受众。“禁烟先驱”们每年都会举办禁烟竞赛，以奖励那些最为积极的参与者。他们还鼓励小学老师在学校范围内成立禁烟社团，作为全国性禁烟联盟的分支机构。在1901年，法国全国共有55个这样的禁烟分会。此外，反对烟草滥用协会要求在自然课本中，参照已有的关于酒精危害的内容，加入介绍烟草危害的章节。[45]与此同时，他们还要求在思想道德课，甚至算术课中适当加入相关内容。例题如下：

一个人在5天之内共消耗了0.5公斤烟草，每公斤烟草的

第一次世界大战时期的明信片，画中标题为：烟草危机

第一次世界大战时期的海报，安德烈·莫纳尔，1915 年。 图中文字为：
“后方的烟民们，请为了前方的战士们节约烟草”

价格为12法郎。问：（1）此人平均每年在烟草上的花费为多少法郎？（2）按照每升0.4法郎的价格标准，此人每年花在烟草上的总费用能买多少升酒？[46]

直至第一次世界大战爆发，反对烟草滥用协会仍坚持不断地派发大量的宣传手册，活动的目标主要是那些“高风险者”——儿童、士兵、海员及工人，和“传道授业者”——神甫、教员及作家。[47]

然而，轰轰烈烈的禁烟斗争最终在一战爆发前夕以失败告终。1904年，法国人均每年消耗1公斤左右的烟草，相当于1000支香烟；到了1913年，人均烟草消耗量达到了1.5公斤。支持禁烟的人群也逐渐减少，只剩下少数年老的思想保守人士，禁烟斗争最终丧失了广泛的群众基础。由于得不到法国总工会领导下的工人运动的支持，禁烟宣传不得不转向无政府主义者，并于1905年在其刊物中发出了最后的呐喊：“拒绝饮酒、拒绝吸烟！”[48]事实上，反对烟草滥用协会从未真正得到法国政府的全力支持，对议会的游说也从未成功过。并不像其盟友——禁酒联盟如此一帆风顺，反烟运动的发展严重滞后。

# 第六章
# “一战”及战后时期

在法国高速发展的“美好时代”，手卷烟和工业化生产的成品烟齐头并进，共同迎来了香烟制造业的全盛时期。1914 年，几乎人人都烟不离手，女人们也不甘示弱，迎头赶上了吸烟的风潮。于是香烟成了各种演出海报中必不可少的道具。接下来的两次世界大战更是将香烟的发展推向了新的高峰。

## 1914—1918 年间

战火的洗礼总是血腥残酷的。在战壕里，士兵们浴血奋战，备受精神和身体上的双重折磨。只有毒品、酒精和烟草才能稍稍抚慰他们的心灵。为满足士兵们的需求，法国雪茄和香烟的产量增加了 30%，烟草产品的总产量增加了 50%。即使在远离战火的加拿大，烟草制造商也加大了烟草的生产量以供军需。[1]1915 年，《加拿大烟草和雪茄日报》曾大胆地发布了这样的公告：“国家目前面临的危机恰恰是烟草业难得一遇的良机。当然，工业发展会因此减退，财政会因此紧缩，人们将会对艰难的未来充满担忧。可是，战争一定会让人类意识到烟草的宝贵价值。毫无疑问，士兵们对烟草的巨大渴求和大众对此的回应将会是香烟制造的最大助推力。”[2]无论在法国还是在加拿大，老百姓在后方积极投入生产，以每个月200万公斤的产量，向前方的战士源源不断地输送烟草。[3]美军将领潘兴(John Joseph Pershing)将军号召：“要想打胜仗，就得给我们子弹和烟草！”1917年，美国生产的军需物资远渡重洋，经勒阿弗尔港口登陆法国：全球化的脚步由此迈出。而香烟，尤其是骆驼牌香烟，正是最主要的见证者之一。维吉尼亚商人雷诺兹自1913年在温斯顿—塞勒姆开创的骆驼牌香烟由此开始进入法国市场。一开始，骆驼牌香烟的外包装被设计成纸杯的形状，上面印着一头名叫乔尔的明星骆驼图案，里面再用一层锡纸包裹着20支长为70毫米的香烟。整包香烟以印花税票封口。如此特别的外形设计是为了让人能更方便地拿在手上。1915年，雷诺兹修改了包装设计，改为每盒可装10支香烟的长方形烟盒：这种简单标准化的设计更利于全球化的发展。

在欧洲大陆的交战区，诸多前线战报曾提到了士兵们对烟草的依赖，有时甚至是以一种讽刺的口吻写道：“哦，我最爱的烟草，你虽然颜色暗淡，味道平平，却是士兵们行军打仗时的最佳伴侣。你让我们沉醉于美好的梦境，暂时忘却痛苦；你甚至还能熏死蟑螂和臭虫，真是我们最好的心灵慰藉。”[4]

战争绝对是各种热烟迅速普及的最佳助推器。亨利·巴比塞(Henri Barbusse)曾在小说《炮火——一个步兵班的日记》(1916年荣获龚古奖)中描述道：“闲暇时，有人卷着香烟，有人摆弄着烟斗。大家掏出各种烟袋，那些皮革或橡胶的，都是从店里买的，占少数。大部分人是用防水布料自制成烟袋，塞上木塞，也能很好地储藏烟草。而毕盖就把自己的袜子用绳子一绑，当成烟袋来用。当然也有人随意地把烟草塞在军服口袋里。”[5]烟草常常成为士兵们增进交流的纽带。而香烟和卷烟逐渐取代了烟斗，成为士兵们热捧的对象。有意思的是，一个关于香烟的典故在士兵中流传了开来："如果连续有三人共用一根火柴点烟，那么最后点燃的人就会被对面的神枪手开枪打死。”这大概是因为狙击手会更容易发现目标，并有足够的时间瞄准。

“一战”期间，一开始，大部分士兵都习惯于自己卷烟抽，到后来“成品烟”逐渐替代了“手卷烟”：可想而知，在炮弹纷飞、全副武装的情况下，停下来裹上一支烟卷并不是一件很容易的事情。而在夜行军的路途上，这就更加不可能了，严禁吸烟的号令会随时响起：“不准点燃火柴或打火机！灭掉你们的香烟！把烟丝全丢掉！”这是因为任何一丁点儿的火星和光亮都会引来炮弹的猛烈攻击。不过，这样的命令确实很难遵守！参加过凡尔登战役的老兵们几乎个个都是名副其实的“大烟枪”。罗朗·多热莱斯（Roland Dorgelès）便是其中的一位。他根据自身经历写成的小说《木十字架》[6]获得了热烈的反响，他在书中也提到了军人们对香烟的狂热。小说主人公苏尔法特在退役回乡的路上，走进了一家烟铺："给我来包黄烟叶的香烟吧，我已经受够了那些下等的灰烟丝。”

在战争期间，即使有一些烟厂被战火摧毁，国家总会尽全力确保前方战士们的烟草供给。于是法国政府推出了只针对平民的烟草定额配给制，并号召大家对此给予充分支持和理解：鉴于烟草供应有限，对后方的限制政策都是为了更好地满足前线军队的需求。在此期间推出的高卢牌香烟成了军队的专属香烟，象征着一种爱国精神。1916 年，凡尔登战役打响，在高卢烟的陪伴之下，法国军队成功地击退了德军的进攻。从遗留下来的老照片、海报或明信片中，我们会发现当时士兵们的经典形象都是手拿烟卷或嘴叼香烟，一副沉醉其中的样子。对于很多年轻人来说，这是个“烟雾弥漫”的时代。由于前线的烟草供给相对充足，一些精打细算的士兵还能省下一部分带回给后方的亲人。

虽然远离战场的硝烟，后方却也承受着战争带来的种种重压，比如之前提到的烟草紧缺。不少人开始抱怨烟草变成了“珍稀”物品，很难买到。另外，法国北部的阿尔萨斯地区被德军占领，烟草种植地也随之落入敌人手中。在德国人的海岸封锁政策下，美国的运货船只也很难抵达。即使法国军方调集了专用车辆，也无法保证常规的运送。因此，烟草运送渠道的不通畅造成了供给的极度匮乏。烟店门口开始排起了长龙，为了买烟而等上 5 个小时的情况时有发生。[7]弗兰西斯克 · 布尔波（Francisque Poulbot）创作的一幅画报以欢快的风格描述了这一令人痛苦的场景：“一位路人走到我面前停下/你继续走你的路吧/我既没有烟草也有没香烟/我明天也许会有吧。”人口的大规模转移更是加重了烟草在某些地区的匮乏，民众的不满情绪日益高涨。某位区长抱怨道：“在相邻的地区每人能买三包烟，可在我们这里却只能买一包”。实际上，当时的烟草配给政策相当武断和专制，让人觉得很不合理：乡下的居民总觉得城里人更受优待，不常吸烟的人觉得烟民占了便宜，外地人认为本地人占有优势，平民和士兵相比就更加不用说了。那些在兵工厂干活的中国人、马格里布人以及马达加斯加人的烟草配额也常常被取消。“苦力”们怨声载道，为了去找烟草而旷工的情况也让雇主们开始担忧，由此引发的骚乱似乎一触即发。圣埃蒂安市的市长曾亲自向州长要求放宽烟草的供应，因为“要慎重处理和解决本地工人的不满，否则工厂将因缺少人手而面临停产”。

最终，政府不得不调整了政策。1918 年 5 月 20 日，法国政府发布了相关通告，多个城市的市长以此为据，通过了调整烟草配给的决议。圣埃蒂安市的规定成了全国标准：

> 鉴于近期在烟草售卖点周边的聚集和骚动频繁发生，市政府有必要采取相应措施以维护本地区的安定，确保居民的安全。特此通过下列决议：
>
> 1. 自本决议发布之日起，市政府将向居住在圣埃蒂安的吸烟者发放个人配给券，女性居民和 16 岁以下居民除外。居民需凭券购买国营烟厂制造的烟草产品。
>
> 2. 在供应充足的情况下，每张配给券可购买一包 40—50 克的烟草，或 40 支香烟，或 10 支雪茄，或 40 克板烟。
>
> 3. 每一张券都印有号码，并以 50 张为一本。符合第 1 项条款的居民在领取配给簿时，都将被登记在案。

在任何一个地区，每个享有配给额的居民都必须具有资料翔实的身份证件：这是先决条件。当然，妇女和儿童是被彻底排除在外的。这样的配给政策一直沿用至 1921 年。

在战争时期，大众对烟草的需求远远超过了酒类产品。[8] 1913 年，法国全国共消耗了 40 亿支成品香烟；1919 年，成品香烟的销售数量达到了 98 亿支，这还没算上每年大约有 220 亿支自制手卷烟的消耗量。1921 年的人口普查结果显示，法国人口降至 3902.9 万人，年度人均消费的香烟数量高达 813 支！“贝卡辛娜，请告诉我怎么区分已痊愈的病人和仍在恢复期的病人？——哦，先生，还在康复期的病人大都抽香烟，而痊愈的人通常抽烟斗。”[9] 为了奖励或者说是补偿，1924 年的赫里欧政府按周发放给每个士兵 3 包烟草，每包重达50克。此后六十年间，士兵们一直享有自由选择权，可以在用于烟斗的灰烟丝与香烟（5包）之间随意置换。然而，战后不久，香烟又变成了“和平年代的毒气弹”[10]。

## 把烟点上，像男人一样！

第一次世界大战之后，一场旨在颠覆传统行为准则的革命在法国蔓延开来。在“一战”后的“疯狂年代”，战争的苦难逐渐退去，人们开始寻求彻底的放松和解脱。女性们也逐渐觉醒，渴望像“假小子”一般无拘无束地生活：她们剪短了长发和长裙，也像男人一样打网球、开汽车。她们陶醉其中，渴望一切新鲜体验，于是开始尝试吸烟，并以此为荣。也许是为了引起更多的关注，她们喜欢用细长的玳瑁烟嘴或任何一种能彰显个性的烟嘴。当时的女性没有投票选举的权利，正因为如此，她们才更加渴望得到公众的认可。而香烟便成了她们必不可少的工具。

女作家维克多·马尔葛丽特（Victor Margueritte）的小说《野姑娘》(1922）道出了当时女性渴望挣脱传统禁锢、追求自由生活的心声。小说一开始时，女主角西蒙娜·莱尔比耶是一位出身良好、一直接受正统教育的典型淑女。按照当时盲婚哑嫁的传统，她与丈夫在结婚之前素未谋面。直到结婚当夜，西蒙娜才发现自己的丈夫是一个野蛮粗暴之徒。于是她决定离开丈夫，迎来了人生的转折点。从此以后，西蒙娜开始过上无拘无束的生活，与多个男人发生过关系。在吸烟方面，她尝试过所有种类，甚至还体验过鸦片：“这些东西一点也不会让人迟钝和糊涂。相反地，吸第一口时，所有的烦恼和沮丧都被油然而生的欣喜所代替；吸第二十口时，你就像身处于极乐世界，飘飘欲仙！”[11]

实际上，吸烟的举止行为已被解读为对自由的渴望。在当时，烟嘴、袜带和胸罩成了女性们摆脱束缚的象征。女人们在剪短头发和长裙的同时，却爱上了超长的烟嘴，这些特别的烟嘴通常比传统烟嘴长好几厘米。在小说《野姑娘》问世的同一年，画家苏珊娜·瓦拉东（Suzanne Valadon）创作了著名的《蓝色房间》，生动地展现了新一代女性形象：画中的女人身着长裤，躺在沙发上吞云吐雾。一位著名的服装设计师还从香烟中找到了诠释女人味道和现代特点的创作灵感："一位引领时尚的成功设计师在进行艺术创作时，总会从现代女性的思维出发。点上一支'好彩烟'，有助于寻找灵感。它所散发出的柔和而独特的烟味能让人很快在脑海中清晰地勾勒出一个现代女性的形象：她们活力四射、坚定果敢，在她们的钱包里，除了化妆用品之外，还放有打火机和支票簿。"[12]可可·香奈儿（Coco Chanel）如是说道。[13]

可以说，香烟成了事业成功的现代女性们生活中不可或缺的东西。然而，战后的女权运动风潮并没有真正地为妇女争取到更多的社会地位。她们依旧没有投票选举权，不能自主选择堕胎。1920年，大部分女性最终选择回归传统、走进厨房，重新做起了家庭主妇。[14]这可能也是她们爱上香烟的原因之一：通过吸烟来暂时摆脱传统生活的平淡和枯燥。

作为女烟民的代表，我在此大声疾呼：请平等对待工作女性，请给予她们和男性员工一样的权利，请让她们能同样自由随意地在工作场合中抽烟。请不要因为女性吸烟的行为而产生愤慨或冲突，请不要对她们冷嘲热讽。

同时，我也请求读者朋友和烟草商们不要戴着有色眼镜看待女烟民，不要把她们当作怪物或质疑她们的品行。吸烟的女性反而更具智慧，她们懂得抛开偏见去追求自己所欣赏的事物。

希望我的请求能得到大家理解和支持。希望无论是悉心写下这些文字的我，还是花时间阅读的你们，都没有因此而感觉在浪费时间。[15]

女运动员苏珊·兰格伦（Suzanne Lenglen）、女作家科莱特（Colette）、女演员葛丽泰·嘉宝（Greta Garbo）以及女设计师可可·香奈儿正是这些勇于打破传统禁锢的现代女性代表。她们的“特立独行”通过在媒体（报纸、电影及画报）的大肆宣扬，鼓舞着当时的女性，掀起了她们衣着乃至行为方式等方面的变革。黑人舞蹈明星约瑟芬·贝克（Joséphine Baker）曾说道：“我只属于我自己”。而科莱特在其作品《青葱麦苗》（1923）中也曾表达对烟草的熟悉和热爱。香烟把女性从钟形女帽和长项链中解放了出来。

于是，女性吸烟的风潮迅速蔓延：“很多礼仪教科书都如此写道，既然烟草已得到许多声誉极高人士的青睐，吸烟将不再是令人不齿、惹人侧目的行为了。”[16]从此以后，女性终于可以正大光明地抽烟了。

然而在礼节惯例上还是有一定的保留：例如向女性派烟时，只能选择金黄色烟叶制成的口味较淡的香烟；在公开场合下保持优雅的姿态。很多女士在吸烟时会表现得“动作笨拙，而且会时不时挥动手臂以驱散惹人厌的烟雾，还会不合时宜地眯眼皱鼻”。另外，还要注意吸烟的场合：“举止优雅的女士不可在某些公众场合内吸烟以免引起别人的反感：如敞篷车内、火车上、大街上、音乐茶座里、电影院内等。最好是在自己家、朋友沙龙或酒店大厅里吸烟。”

“蜀葵”牌香烟广告画，由马克斯·庞蒂创作，1931 年

两名运动的女人吸着烟，1929 年

当然，一些固有的观点并没有因为新的礼仪规范而有所改变："烟草会在口腔和衣物上留下让人讨厌的气味。我们还是无法避免由此带来的不悦，尤其是当我们靠近女士身边时更是如此。"[17]不过，吸烟的女人会变得更大胆自信，而反过来，大胆自信的女人通常也都会吸烟："我曾经在别人家里看见过，某些出身良好的女士会在喝咖啡的时候点燃香烟，淡定优雅地吸上几口。此举其实是在向众人暗示：先生们，我是你们一伙的，请尽管放心地抽烟吧……"[18]

1920年之后，女人们不再以吸烟为耻：1931年流行的小调《灰烟丝》恰恰讲述了这样的内容。而一旦连女性群体都对吸烟习以为常并以此为乐时，整个社会也就更加飞快地被尼古丁攻陷了。此前，烟草已经被划入了会引发"毒瘾"的"麻醉剂"一类范畴。"毒瘾"概念的创造者之一、保罗—莫里斯·勒格兰（Paul-Maurice Legrain）医生于1925年发表了论著《社会的麻醉剂》，把烟瘾也纳入了"毒瘾"之中："对烟草的普遍热爱是我见过的最为典型的集体性狂热行为，这种狂热之爱在大多数时候是无意识的一时冲动。"[19]但实际上，大众对烟草的迷恋和追捧，既不是"无意识的"，更不是"一时冲动"，它往往是在广告宣传的影响下才逐渐形成的。

## 香烟的广告攻势

在第一次世界大战结束后不久，新生的视觉文化开始兴起。广告逐渐成为消息传播的基本手段：它通过形象的表达方式，试图将速度美学、真实再现、社会情怀和女性诱惑等多层内涵融为一体。[20]显而易见，广告传播发源于美国。由美国出品的烟草广告创意，在语言措辞和画面营造上引领了当时的潮流。[21]

1926年，利格特&迈尔斯公司推出了首个烟草广告，以推广针对女性顾客的“切斯特菲尔德”牌香烟。这个由奈格赛尔—埃米特出品的广告打破了常规。[22]广告中的女子对身旁正吸着烟的男子要求道：“嘿！给我这边来点烟雾吧！”广告一经推出，该品牌香烟的销售量翻了一番。一年之后，著名的N. W. 阿尔耶—桑广告代理公司[23]在为雷诺兹公司设计广告时，采用了很巧妙的创意，以大众更容易接受的方式委婉地表达了女性对香烟的渴望：在广告中，一位女子正在欣赏早已成名的骆驼牌香烟的经典海报——为了香烟，男人随时准备踏上征途。事实上，1928年出现的一些广告画面散发着优雅的氛围：吸烟的男人们总是被女人们包围着，而画面中的女人通常都没有吸烟。到了1930年，骆驼牌香烟的广告又迈出了一大步：在广告中，女人递了一支烟给男人，男人接过后说道：“为了‘骆驼’，我愿意跋涉数千里的旅程；而为了女人，我甘愿付出同样的努力。”

法国迅速地借鉴了美国的经验。在“一战”结束之后，烟草广告开始走进法国大众的视野。实际上，在战争期间，几乎所有的广告都不复存在了。不过一些专业性报刊，例如《烟草零售商》杂志，还是会做一些烟草品牌的宣传介绍：在1918年8月刊中，就曾以小布告栏的形式推介了16种香烟品牌。所有这些品牌都是以远东烟草为主要原材料的外国香烟：“皇家德比”、“达令”、“埃及艳后”、“塔纳格拉”、“费加罗”、“埃及总督”（包括“软木系列”、“730”、“超精选”）、“摩纳哥王子”、“香缇雅”（包括“金头”、“网球”、“桥牌”、“索尼娅”）、“特制烟”、“总统”、“帕尔玛”。

战争结束之后，烟草零售商成立了统一的工会组织，如何提高利润成为大家迫切想要解决的问题。1924年，在安德烈·雪铁龙

（André Citroën）主持召开的一次议会委员会上，有代表建议烟草管理局从年度总开支中拨出1%用作广告的预算。[24]而法国正处于困难时期，尤其需要寻找到新的财政收入来源以弥补战争亏空。为此，政府于1926年8月7日颁布法令，成立了国防债务自筹基金；随后又在同年8月13日宣布筹建新的烟草垄断机构——烟草工业开发事业部（SEIT）。该机构设在上述自筹基金之下，取代了旧时的国家烟草生产管理局。1935年，火柴业务也被纳入该机构管辖之内，SEIT由此更名为“塞塔”（SEITA）。[25]

塞塔随后着重进行了一系列的产品改良工作，并掀起了大规模的广告攻势：通过海报、报刊、站台、报刊亭等多种渠道进行烟草的宣传推广，甚至不放过任何一次展销博览会。[26]烟草的销售额也因此出现了迅猛的涨幅：1913年，法国烟草销售总量为38亿支；“一战”结束后的第一年，销售量涨至100亿，到了1929年，该数字达到了160亿。[27]时任国防债务自筹基金委员会主席的阿尔伯特·勒布伦（Albert Lebrun）参议员，未来的共和国总统，曾在某一次委员代表会上兴高采烈地宣布：“……我们在广告宣传上下足了功夫：印制彩色的产品宣传册，张贴海报，在报纸上投放广告，在电影院播放广告片，还多次参加了国内外大大小小的展览会（1929年共40次）。其成效也颇为显著，国营烟草销售额超过了10亿法郎。每年巴黎博览会的人流量都不会少于10万人，我们要让每一个经过我们展台的参观者认识到，在推广新产品方面，我们绝对不会输给那些私营企业。”[28]

在此期间，不断有新的香烟品牌推出以吸引不同的客户群。而有些深受喜爱的老品牌也不断推出广告，以进一步提高自己的品牌形象。

**1930年塞塔旗下香烟品牌一览**

本地粗烟草：高卢（Gauloises，1910—　）、茨冈（Gitanes，1910—　）

马里兰烟草：雅致（Élégantes，1892—1935）、格林纳达（Grenades，1893—1940）、宠儿（Favorites，1893—1942）、波雅尔（Boyards，1893—1938）、马里内特（Marinettes，1925—1934）

维吉尼亚烟草：周末（Week-end，1924—1967）、巴尔托（Balto，1931—　）、刚果（Congo，1931—1939）、时尚（Fashion，1923—1924）、高尚生活（High Life，1923—1973）

远东烟草：米尔托（Myrto，1930—1936）、蜀葵（Primerose，1927—1936）、女骑士—维兹尔（Amazones-Vizir，1893—1935）、茨冈—维兹尔（Gitanes-Vizir，1910—1956）、后妃（Sultanes，1914—1940）、萨朗波（Salambo，1924—1951）、眼镜蛇（Naja，1932—1953）

烟草广告的盛行也造就了一批才华横溢的广告设计师，如莫里斯·吉沃（Maurice Giot）、沃尔夫（Wolff）、乔·布里吉（Joe Bridge）、朱尔—伊斯纳尔·德朗西（Jules-Isnard Dransy）等。他们以幽默、简洁明快的风格为香烟广告艺术带来了新鲜的创意。“广告画报爬上了各大城市的墙头，重复不断地向广大烟民们传递着各类新产品的信息。”[29]经典的广告口号被反复地使用，以加强印象：“‘蜀葵’，玫红色的花瓣，散发独特香味”；“禁止吸烟……即使是茨冈”。“高卢”和“茨冈”两大品牌香烟相继改变了“外包装”：前者戴上了插有双翼的高卢头盔，后者换上了茨冈人典型的全套装备。另外“刚果”牌香烟广告着重突出了殖民地的优势，因为那个时候恰逢布拉柴维尔—黑角铁路开通。而“纳塔莎”和“阿努卡”等系列香烟广告则将斯拉夫的独特魅力、对沙皇俄国的怀念和吸烟的乐趣联系在了一起。此外，“周末烟”散发着英式风格，其名称让大众很容易联想到休息日和假期，产生美好的期待。在很长的一段时间里，香烟广告所传递的信息和诉求通常总是围绕着“异域”、“享受”以及“放松”等主题。这是因为在现实社会中，人们生活节奏快、工作压力大、人际关系日益淡薄，而以上关键词道出了大家内心的渴求。

除了海报，电影广告片也是烟草宣传的主要形式之一。19 世纪末，乔治·梅里埃（George Méliè z）开启了拍摄广告片的先河，并将其称之为“活动的画面”：这种电影短片可以投射在墙上放映，风格大都幽默滑稽，通常以一段“对产品的赞颂”作为片尾结束语。由于技术变革日新月异，战后的香烟广告片也经历了从无声默片到有声配乐，从低速拍摄到每秒 24 帧高速拍摄的发展演变。梅里埃还发明了电影特效，当时已退休的他在战后重出江湖，为法国烟草局拍摄了这样一部广告片：在影片中，教师手中的粉笔神奇般地变成了香烟，随后香烟也一下子消失不见了。[30]无论是幽默滑稽片还是西部牛仔片，各种香烟广告从此充斥着各大屏幕。而“茨冈”牌香烟的首个广告片将影像的魅力发挥得淋漓尽致，将烟草广告的效应推向了巅峰。这部于 1929 年拍摄，于 1932 年配音的广告片名为“猛兽间的停战”，充分展现了茨冈香烟的风格和基调：在著名的“皇家宫殿”餐厅内，几乎整个巴黎的文体界名流汇聚一堂，其中包括了让·科克托（Jean Cocteau）和安德烈·布列顿（Audré Breton）、运动员尤里斯·拉杜麦克（Jules Ladoumè gue）、日本画家和子（Foujita），还有旅法的美国舞蹈明星约瑟芬·贝克，众人的目光都落在了旋转着的茨冈香烟之上。最终，画外音响起：“不容置疑的态度和对香烟的热爱，是他们之间仅有的共同点。”然而，所有这一切都只是假象。在弥漫的烟雾之下，这些明星其实是由相貌相近的替身演员扮演的。

除了香烟本身之外，周边产品的宣传推广也随之兴起：例如火柴盒、打火机、烟灰缸，甚至围巾等等。这些物品的层出不穷也不断刺激着大众对烟草的消费欲望。在两次世界大战之间的时期，烟嘴和可可·香奈儿或萨卡·圭特瑞（Sacha Guitry）一样，象征着时尚和潮流。海泡石、玳瑁、镀金、镶银或是之后出现的镀烙或树脂，花样繁多的烟嘴映射了烟草行业的繁盛。

然而，在所有的广告载体之中，香烟盒却依然是最有效的宣传渠道："为了提高香烟的品牌形象，我们采用了多种形式和渠道进行宣传推广。显而易见的是，效果最显著的形式之一恰恰是香烟盒的包装与设计。实际上，烟盒上的内容是大众最易接触到的也是最直观的……烟草局每年售出约 10 亿盒香烟，就算每盒烟只有五六个人看到（实际上远不止），烟盒广告的影响力和覆盖率也已经相当之高了。"[31]高卢牌香烟正是因为其独特的烟盒设计而深受大众喜爱的。巴黎烟草生产管理局局长的绘画指导老师莫里斯·吉沃于 1925 年接手负责高卢牌香烟盒的设计：在渐变的蓝色底上，一个插有双翼的头盔形象跃然纸上。该设计的灵感来自于日尔戈维亚战役中大败古罗马侵略者的法国勇士形象，同时也让大众联想到不久之前法国在第一次世界大战中击退德国的胜利。可以说，该形象代表了法国的民族精神。1936 年，未来的广告界奥斯卡得主马塞尔·雅科诺（Marcel Jacno）继承了吉沃的创意，设计出的高卢牌烟盒沿用至今：人物形象更为粗犷更具活力，插翅的头盔看起来更高更大，这样就能吸引更多的男性顾客了。[32]

在媒体渠道方面，业内专业杂志《烟草杂志》是烟草广告投放必不可少的渠道之一。《烟草杂志》的读者群主要是烟草零售商，这些由国家委派的烟草业务代理人同时也是广告商们需要锁定的目

E. 德鲁埃和
C. 勒萨克创作的广告画，1938 年

阿尔伯特·纪尧姆为“好彩”牌香烟创作的广告画：“这是烧烤过的烟”，1932 年

马克斯·庞蒂为
“高卢”牌香烟创作的广告画，1950 年

勒内·文森特为
“茨冈”牌香烟创作的广告画，1933 年

标受众。在该杂志中不仅能看到大量法国烟草品牌的广告，从1930年开始也出现了越来越多的国外香烟广告，例如来自英国、意大利甚至土耳其或埃及等由政府负责进口的香烟品牌。此外，为了吸引普罗大众，烟草广告也开始逐渐出现在其他报刊杂志上。

当时，烟草工业开发事业部所推行的广告宣传策略主要遵循了以下三大基本原则：

1. 推介新产品和“老酒装新瓶”策略。例如1893年出品的“宠儿烟”和“波雅尔”品牌在1924年时又掀起了新一轮的广告攻势；

2. 利用改良品种重复刺激消费，以实现利润最大化。1924年推出的“周末烟”和1934年推出的“巴尔托”成为当时市场上最受关注的两大品牌。而为了给老品牌“茨冈”注入新活力，“茨冈—维兹尔”于1924年推出。

3. 针对农村居民和低收入者，主要推介杂牌香烟。

那个时候，经济危机的肆虐令香烟的销售数量一下子从1933年的177亿支降到了1935年的167亿支。烟草的广告宣传攻势却变得越发猛烈，覆盖范围也更加广阔。随着广告业的发展壮大，烟草的广告推广也变得更加专业化和规模化。[33]一时间，在人头涌涌的电影院里、在几百万人收听的广播节目中，包括报纸头版上的口号（“我爱，我吸烟”）以及户外张贴的海报，烟草的身影无处不在。自从1937年的世界博览会之后，烟草的电视广告也开始崭露头角了。

密斯丹格苔（Mistinguett）和莫里斯·切瓦力亚（Maurice

Chevalier)[*]在表演时常常会收到香烟作为演出酬劳，他们会高兴地掏出一根放入嘴里以示感谢。[34]1932年，电影明星米歇尔·西蒙(Michel Simon)参与拍摄了由让·勒奴瓦（Jean Renoir）执导的电影《跳河的人》。在拍摄过程中，他借用了片场的道具和戏服，出演了“高卢”系列的一条电影广告——“不含尼古丁的淡口味烟”。在片中，西蒙以含混不清的口吻说道：“我好像醉了，我的脑袋里一团糨糊。我慢悠悠地吮吸着烟头，心满意足。”为了让大家看得明白，他又补充道：“烟头是我的最爱。当我吸上一口‘高卢’，我简直比贵族还更幸福。”不久之后，《逃犯贝贝》中贝贝所扮演的吸着烟的小市民形象也同样深入人心。1938年，演员费南代尔(Fernandel)为“周末”牌香烟拍摄了一个电影广告，他在片中哼唱的歌曲《伊尼亚斯》也一举成名：“我只抽法国烟草局出品的香烟……有着迷人名称的‘周末’烟是我的首选。”有些造作但名气很大的女演员萨卡·圭特瑞则是“茨冈”牌香烟广告专门指定的代言人。而喜剧作家圣格拉尼耶（Saint-Granier）对香烟的赞美则散发出了幽默的味道：“有了香烟‘阿尼克’(Anic)，疲惫烦恼算什么?”

然而在烟草大家族中，只有热烟成为了广告的宠儿。鼻烟和嚼烟逐渐失去了影响力，备受冷落，最后淡出了大众的视线。另外，对于不同烟草产品的推广力度也是有所区别的。尽管塞塔在1933年其实也生产了12种碎烟丝产品，但除了逢年过节的时候，烟丝产品几乎不会出现在广告之中。[35]当时，最闪亮的广告明星绝对还是香烟。

---

* 著名的女歌手密斯丹格苔和著名电影演员切瓦力亚早年都曾在巴黎“丽都秀”走台。——译者注

香烟的广告宣传相当热烈，众多品牌竞相争艳。1926年，“茨冈”牌香烟的包装设计充分体现了当时“装饰艺术”的风格；并使用了不同的颜色表示与“高卢”香烟的区别。设计者莫里斯·吉沃同时也是“高卢”烟的设计者，他使用了折扇、长鼓、耀眼的橙色等元素将西班牙风情表现得淋漓尽致。此外，莫卢松（A. Molusson）于1928年设计的“茨冈”广告海报和1931年朱尔—伊斯纳尔·德朗西的广告海报都获得了极高的评价。到了1930年，由勒内·文森特（Roné Vicent）创作的广告语出现在了巴黎各个地铁站内：“禁止吸烟……即使是‘茨冈’。”* 该创意也成为了烟草广告中最经典的案例之一。在这十年间，“茨冈”烟的销售数量从7.5亿支增至10亿支。

看来，就连经济危机也无法阻挡香烟扩张的脚步了：1939年，法国香烟销售总量达到了205亿支。

## 充满诱惑的舶来品

在两次世界大战之间，国外的香烟品牌以不同凡响的姿态登陆法国，其广告宣传的攻势也颇为壮观。

实际上，最早的一批香烟广告的主角正是国外的香烟品牌，更确切地说，是来自远东的产品：例如“萨洛尼卡”是由一家始建于1903年的埃及企业出品。该品牌广告自1925年8月起出现在《烟草杂志》上；另外，还有总部设于洛桑的撒托远东烟草企业推出的同名产品“撒托”，以及另一个埃及品牌“马托桑”。这

* 该广告明面的意思是呼吁禁烟，但其实暗指“茨冈”烟的魅力难以抵挡。——译者注

两大品牌坚持每个月都在《烟草杂志》上刊登小广告，直至1939年为止。

大众也对远东香烟的热情也持续了很长的一段时间：埃及企业劳伦斯推出的“纳兹克”、“阿—巴恰里”、“雅思米娜”、“埃及总督”等系列产品都具有一种独特的烟味，让法国人联想到法兰西第二帝国时期的香烟。此外，土耳其烟草局也从1933年4月开始进军法国市场，号称拥有“世界上最好的香烟”。

英国的香烟企业也不甘落后：威尔斯烟草公司、选手约翰烟草公司，以及威斯敏斯特烟草公司的烟草产品率先打进了法国市场。美国的众多香烟品牌接踵而来：美国国内烟草市场的竞争已相当激烈，美国烟草企业们开始尝试全球化的发展战略，以抢占先机。在詹姆斯杜克企业的垄断局面被打破之后，由波西瓦尔·希尔（Percival Hill）及其子乔治·希尔（George Hill）掌管的美国烟草公司异军突起，于1916年推出了“好彩”牌香烟。这两家竞争对手也在法国市场上进行了交锋。山姆大叔们表现得信心爆棚：“美国人吹嘘道，如果由他们接手管理法国烟草业，烟草的销售量会比法国政府垄断管理下的销售量高出四倍。”[36]在当时法国国内，美国产品引领了时尚风潮：美国舞蹈明星约瑟芬·贝克之所以爱上了巴黎，也是因为法国民众对她如此厚爱。

“好彩”牌香烟在法国打出了“这是烘烤过的烟”的宣传口号，企图塑造出一个健康卫生的产品形象：烟草在经过烘烤之后，其中的尼古丁、氮或其他刺激成分的含量会有所减弱。该品牌在1930年进一步宣传道，烤培后的烟草味道温和，“不会刺激喉咙，不会引起咳嗽”。“烘烤的程序还能去除烟草中的杂质”，因此“好彩”牌香烟是“无害”的香烟。实际上，烟草的烘焙是所有烟草生产商都会采用的基本工序：“通过着重强调‘好彩’烟的烘烤特色，乔治·希尔成功地让自己的产品变得与众不同，然而这种区别实际上却是不存在的。”[37]

此外，为了吸引法国消费者的目光，美国烟草公司还采取了明星推广策略。他们大量地采用文艺界知名人士为旗下产品做代言，以彰显品位和高贵的形象：其中包括了剧作家圣格拉尼耶（Saint-Granier）和歌星密斯丹格苔，作家科莱特和安德烈·莫洛亚（Andre Maurois），男中音歌剧明星瓦尼·马库斯（Vanni Marcoux），雕塑家玛扬（Mailland），演艺明星多丽丝·戴维斯（Dollis Davis）、丹尼尔·帕罗拉（Danièle Parola）、盖比·莫尔莱（Gaby Morlaix）、纳丁·皮卡尔（Nadine Picard）曾获1929年的最佳气质奖）、玛格丽特·莫雷诺（Marguerite Moreno），以及1932年开始为其代言的雷·旺图拉（Ray Ventural）乐队。自1932年起，“好彩”牌香烟广告再次推陈出新，邀请了一大批包括肯恩（L. Kren）、帕维斯（G. Pavis）、威廉姆·拿破仑·格罗夫（Willian Napoléon Grove），罗杰·瓦莱里奥（Roger de Valerio）在内的优秀画家为其设计广告作品。才华横溢的漫画家乔·布里吉（Goe Bridge）也受邀为“好彩”创作了一系列的幽默漫画广告。

除了美国烟草公司以外，其他几家规模较小的美国企业也低调地进入了法国市场，参与竞争。“小公司”切斯特菲尔德自1920年起也开始在法国推出了广告。其广告设计十分简单——画中主角就是一包烟，然而该广告的投放却相当频繁，连续十二年，每个月都会出现在《烟草杂志》中。在20世纪30年代末，切斯特菲尔德公司推出的广告变得更有吸引力了：一位手戴长手套的优雅女士手中拿着一包香烟，嘴角挂着动人的微笑。此外，“长红”（Pall Mall）香烟在1925年刚推出时并未引起多大的反响，但在1945年之后却成了大卖的热门品牌。[38]而另外一家公司菲利普·莫里斯直到20世纪 30 年代末才开始进入法国市场。

## 烟民的“最佳伴侣”

当时，香烟已经走进了每个人的日常生活之中。其中一些人的烟瘾大得惊人：例如保罗·瓦勒里（Paul Valéry）每天就要抽60支烟。当然，这些极端的例子并不能代表平均水平。全国总体的吸烟状况主要还是由平均水平来体现。

**表五　法国香烟消耗量变化表**

| 年份 | 1906 | 1909 | 1913 | 1924 | 1927 | 1933 | 1938 |
| --- | --- | --- | --- | --- | --- | --- | --- |
| 10 亿支 | 2.5 | 3 | 3.8 | 9.8 | 10.3 | 17.7 | 20.5 |

数据来源：《烟草杂志》。

由此可见，烟草销售量的增长速度在逐渐减缓。在卷入第二次世界大战前夕，法国平均每人每年消耗 96 支成品香烟。实际上，法国并不算是超级“大烟枪”。在 1927 年时，法国平均每人每年的香烟消耗量就为 250 支（包括成品香烟和手卷烟）。而此时邻国比利时或德国的人均香烟年消耗量约为 500 支，在美国这一数字甚至超过了 1000 支。在山姆大叔的国度，香烟的消耗数量从 175 万支（1869）增至2亿 6 千万支（1900），到 1910 年时已达 80 亿支，而到了 1914 年，这个数字暴涨至 165 亿支，随后于 1927 年时突破了 980 亿支。[39]

然而，烟草消耗的平均水平无法反映出地区的差异性。实际上，吸烟者还是以城市居民为主：1930 年，巴黎地区的香烟人均年消耗量为 979 支，位居全国之首；而排在最后一位的是阿尔代什地区，当地每年人均消耗掉的香烟仅为161支。[40]在乡村地区，人们更习惯于每天来几口嚼烟（尤其是布列塔尼地区）。而逢年过节尤其是在举办婚礼时，鼻烟更为常见。正如文学作品中所描述的那样，乡村居民其实更偏爱烟斗。

上述官方数据还没有将烟民们自制的手工烟卷的数量纳入其中。根据对卷烟纸销售量的不完全统计，1927年时手工烟卷的消耗数量大约在220亿支左右。因此，当年人均消耗的香烟数量实际约为800支。1931年，伯塔·西瓦尔（Berthe Sylva）演唱的歌曲《灰烟丝》道出了人们对自制烟卷的喜爱。

**灰烟丝**

作词：E. Dumont

作曲：F. L. Benech

演唱：伯塔·西瓦尔

重复：

灰烟丝在手指间翻动，裹成了烟卷，

它的味道辛辣热烈，却让你心驰神往，

嘴中留下的余味难以捉摸，

有血的味道，爱情的味道，还有一丝反胃。

段落1：

嘿，先生，给支香烟吧，

一支香烟代表不了什么，

如果你喜欢，我们也可以聊聊，

你看起来不错，是个好好先生，

你即使很丑，也没有关系，
我还是会说你很英俊，
不用费心猜测我的用心，
我只是想要吸上一口，
无论烟斗还是香烟头，
但别给我英国的或镶金边的货，
那些都是无趣的嚼烟。

段落2：
你不吸烟吗；看来你运气不错，
你一定过着幸福的生活，
只有痛苦的人儿才需要烟草的慰藉，
吸一口香烟，生活的重压得以减轻，
有同样效果的还有酒精，
别转过脸跟她说话，这红头发的女人很多嘴，
她是个醉鬼，害她的男人成了刽子手下的死鬼
它是我的吗啡，我的毒药，
啊！这让我欲罢不能的烟草。

最后，香烟走私贸易的发展规模也可从另一个侧面反映出香烟在社会上的普及程度及其影响力。在法国，香烟贸易由国家垄断并受到法律的保护。私下生产和买卖香烟都属于非法走私行为，要受到法律追究。我们在前面的章节里曾经提到过，香烟的种植、生产和售卖，每一个环节都在政府的监控之下，然而偷窃和走私的行为依然有机可乘，并且有利可图。由于法国奉行对外开放的政策，口岸通关相对容易。尤其在北部边界，烟草的非法进口十分猖獗。来

自于弗拉芒地区的作家马克桑斯·范德米什（Maxence Van der Meersch）就曾详细描述了比利时与法国边境上烟草走私的情形。[41] “烟草走私的每一个环节都有专人负责，环环相扣，形成了一整条产业链。比利时烟草在当地的价格为每包16比利时法郎，相当于法国的11法郎。走私者以每包6法郎的酬劳雇人把比利时烟草带入法国境内，再以25法郎的价格转手。像希尔凡一样的中间商从走私者手中买来了烟草，通常再以翻倍的价格卖给咖啡馆或酒馆。后者再将货品以更高的价格转卖给顾客，同样从中赚取差价。”这看似平淡无奇的故事却变成了社会学方面的犯罪研究案例。走私者承担了双倍的风险：在比利时“入货”时，以及入境后在法国“卸货”时都不安全。故事主角希尔凡常常挨家挨户地推销来自比利时的走私烟草。每周48小时的“工作”能给他带来150法郎的收入，这比在工厂里干活要划算得多。他还养了一条勇猛灵活的大狗“汤姆”，并让它肩负运货的重任。汤姆的背上经常驮着“两三箱香烟”，或者“18公斤烟草”。范德米什在故事中只是以客观的态度描述烟草走私的详情，并没有进行任何的道德评判。

# 第七章
# “二战”及战后时期的蜕变

按说第二次世界大战本应该彻底断送法国香烟大发展的势头，但在法国节节败退的时期，香烟发展的脚步看起来仅仅是暂停了一下。当时，整个法国强烈的挫败感激起了烟草消费的极大欲望，这是真正的“被动消费”。而与此同时，战争也再度展示了香烟的魅力。

## 法国香烟，战争的受害者

法国在1940年损失惨重：自由、荣誉、威望和地位都一战而亡。而法国的烟草业也承受了同样的挫败。第二次世界大战令香烟走向了国际。法国人先是领教了德国的金黄烟丝香烟，继而又臣服于德国人的征服者美国人从弗吉尼亚带来的香烟。

1939年，22个法国香烟制造厂被迫撤向后方，其中原本位于斯特拉斯堡等几个地方的工厂受损严重。以至于，法国政府不得不为香烟供应受到影响而公开道歉。1940年6月，盟军大溃败，德国人占领了法国并没收政府资产，法国烟草业因而受到了更大的打击。

在绝大多数法国年轻人扎堆的战俘集中营和难民营，烟草的供应只能采取配给制而且并不是常常都有。当时，德军虽然严格遵守红十字会的规定，但是集中营和难民营的看守们受到贪念的驱动，会对寄给战俘和难民的包裹进行开包检查，并拿走其中一半的物品，这就令那些可怜囚徒们的香烟供给更加紧张。结果物以稀为贵，香烟在人们的眼中就更加魅力无法挡了。在那些标着“KG”字样*的战俘营里，高卢烟、波兰烟甚至包括德国烟的行价都是最高的。显然，在集中营里面，追逐香烟的梦想是越来越强烈了。一位原烟草工厂的总工程师后来回忆了“布痕瓦尔德集中营的烟草故事”，见证了香烟在当时的魔力：“这简直让人心醉神迷。因饥渴原本已干涸的血管获得了新生，尽情痛饮着来自地下的清流。”[1]

1940年之后的法国本土被分为三块：被德国兼并地区（阿尔萨斯和洛林）、德国占领区（北部）和所谓“自由区”，当时的香烟在不同地区，在不同时段的发展情况各有不同。

《巴黎晚报》在1941年7月11日刊发了《烟草的定量供应份额》：标准是每五天一包烟丝，或者每七天两包香烟、三根大雪茄或者十根小雪茄；此外，也可以选择每天100克的嚼烟。而从1941年9月1日开始，当时的法国维希政权还推出了烟草的限量供应卡。

于是，一场不惜代价获取稀缺珍贵烟草的秘密战争开始了。那个时候，人们碰面时不再是通常的“借个火”，而是要相互“借”对方的东西来用：在脂肪类食物最短缺的日子里，4包高卢烟能换来1公斤黄油。最终，在当时回归到物物交换原始状态的经济体系里，高卢烟竟然成了通行的“货币单位”。不过，黑市也并不是永远有利可图的。

---

* 德文集中营的缩写。——译者注

## 烟草的流通

好吧，我约的家伙有假伯爵头衔，
在一个假咖啡馆里，我要尽可能卖到价格最高，
卖的是这些干烟丝烟草。我可不会着他的道，
因为有两个假警察，还欠着我的钱，
他们及时出现来干预。预付的钱，
我已经收到，被他们没收的只是现场交易的钞票。
原来也是没有水印的假钞。这一下，我终于知晓，
在“尼古草”的交易里，这个“草”本身嘛才最关键。

伯利斯·维昂（Boris Vian），《十四行诗百首》，
巴黎，口袋图书，1997年，第85页

当时在法国，烟草的定量供应政策并不完备，特别是一点也不公平。而在这种情况下，维希政权还强化了性别方面的歧视：事实上只有男人才有资格获取烟草供应卡，而女性则被排除在外。对此，官方给出的理由是，女性吸烟可能会导致后代人种退化。不过，当时其实有很多领取战争抚恤金的妇女每个月都会跑到相关机构，用香烟供应卡的代用券来换取她们所需要的物品。那么，其他的妇女是否就会因为拿不到香烟供应卡而被迫戒烟，成为非吸烟者呢？“来吧，星期天来我家闻一闻我丈夫吸烟时散发出的烟草香味吧。”[2]看起来，无论如何，这些女士们倒是找到了自给自足的办法：“有的人是贼，去拿你抽剩的烟头，当着你的面或者是偷偷地大快朵颐。还有的够蛮横，直接上来索要你的烟。甚至有一些女人的成功地争取到了支配男人香烟供应卡的权利。另外还有的女人不讲信义，明明知道这卡应该是你的，她还去找个不知道什么来路的

捐赠人，结果把本应给你的卡给弄走了。当然，还有很多其他的女人，我们根本就不知道她们还有什么阴谋诡计。”[3]与其说上述行动是一种对性别歧视的反抗，还不如说这更像是对于“第二性”存在意义的首肯。要知道，西蒙娜·德·波伏娃（Simon de Beauvoir）就曾经自豪地表示，她当年在亚眠居住的时候也吸烟。

在1939年还没有多少妇女吸烟。但随着战争的到来，所有的妇女，不管是抽烟还是不抽烟，都对烟草产生了兴趣。那些太太们觊觎香烟是为了讨好丈夫，保持家庭和睦；而其他的女人，有些是极想送给别人一个称心的礼物，有些是要拿香烟去找商贩交换生活物品，还有的则是打算从中渔利。

战争刚开始的时候，烟草还可以自由买卖，有些妇女就会穿梭于各个零售店，收集囤积香烟。后来，零售商被迫每隔几天，在固定的时段才能进行交易，于是，妇女们又成为了“排队买烟大军”的主力。不过，在1941年实行香烟配给之后，妇女们为烟而“大打出手”的场景就再也看不到了，当然，那些乔装打扮成男人去“抢”烟的情况除外。

## 香　烟

首先要把周围搞得雾腾腾、干巴巴、乱糟糟，那香烟就一直在那里，斜斜的放着，它能让周围的这个状况一直这么持续下去。

接着是香烟自身：一个小小的“火炬”带来了芳香远甚于光明，从那里，一撮又一撮灰烬以一种不确定的频率脱离并下坠。

最后是香烟的激情燃烧：这火红炽热的一小点，银屑飘飘，新近生成的灰还没来得及陨落，就好像一个管子包裹在红点的周围。

弗朗西斯·庞格（Francis Ponge），

《派对上的玩意儿》，巴黎，伽利玛出版社，1942年在法国占领区，一支美国烟、英国烟或者一支来自法国自由区的香烟诚然能给人带来难得的快乐，不过拥有这些香烟就可能引来牢狱之灾，会被当作“抵抗分子”而关入集中营。而在物品短缺实行配给的时期，那些“拖着无精打采的步伐走路，嘴里叼着烟头”的“爵士青年”也就只能这样支撑过去了。

### 爵士青年之梦

酒吧里放着爵士乐令人思绪凌乱，

他昏昏欲睡敲打着烟斗里的烟垢，有点慵懒，

从他的烟斗中滑落白炽状的一团，就好像参加水战的小火船……

时不时，他会装模作样地往上扳一扳，

他那条领带，红黄色条纹一环扣一环，

接下来，他开始做梦，梦里的故事很平淡，

在那里，银幕上的夏洛特*几乎看不穿，

在那里，黑猫烟也几乎找不到，这样的年代真心很不堪。

伯利斯·维昂，《十四行诗百首》，

巴黎，口袋图书，1997 年，第 52 页

而在“战斗法国”** 这一边，烟草从来就不缺。从 1940 年起，大不列颠帝国为了招募法国志愿者入伍，专门生产“指定供给法国陆军、海军和空军”的香烟。这些每包 20 支的香烟只是在不列颠帝国内流通，并没有和武器、发报机等设备一起空投给在法国

* 查理·卓别林喜剧主角。——译者注

** 1942 年 7 月中旬，戴高乐把“自由法国”改为“战斗法国”。——译者注

沦陷区的地下抵抗运动战士。

对于这些“黑暗战士”来说，更值得期盼的是盟军空投的黑猫牌香烟。黑猫烟由加拿大的克拉文工厂生产，很快就席卷了英美国家正在备战的大后方市场。那个时候在法国“各种颜色的降落伞满载着武器和香烟，在照明弹和防空炮火照亮的天空中降落下来；这个时期另外一个常见的场景是在秘密地窖里，受尽折磨的人*发出绝望的呼喊，与此同时传来的还有屋子里孩子的声音……这是在一个黑暗时代里的伟大斗争”[4]。后来，盟军反攻大陆节节胜利，在隶属美军的法国第二装甲师（由勒克莱尔将军指挥）里，演员让·迦本（Jean Gabin）已经开始混着抽“黑猫烟”（Craven）和弥足珍贵的法国茨冈烟了。

不过，那个时候更令人怀念的是坐在战车顶部的美国海军陆战队员们大把大把往下撒烟时带给法国民众的欢快之情。“美国的生活方式”伴随着解放法国的美国军车到来了，令人向往。这些美国大兵们把一些法国人还不知道的香烟牌子带进了法国市场：例如骆驼牌，还有就是“吉普”（Jeep）、“司登枪”（Stengun）、“切斯特菲尔德”、“菲利普·莫里斯”、“好彩烟”等等。1944年简直堪称“烟之年”，一个16岁的年轻人见证道：“美国人来的时候，我尝过了罗利烟、长红烟、骆驼烟和切斯特菲尔德烟。人家还给了我一个包银的烟匣，我把这些烟都放了进去。”[5]

法国解放之后，美国的荣誉达到了巅峰。在巴黎的圣日耳曼德佩区，战时的“爵士青年”少了，穿美式短袜的年轻人取而代之。那些紧追社会潮流的人，原本还习惯于在咖啡馆里发表一些反美言

* 指被拷问的抵抗运动战士。——译者注

论，现在也开始喝威士忌、可口可乐，开始抽“解放烟”(Libération)了。伯利斯·维昂在他的《圣日耳曼德佩手册》里记录了这些变化。当时，不管是存在主义哲学家还是爵士乐演奏者，不管是画画的还是演戏的，不管是双叟咖啡馆、花神咖啡馆，还是利普啤酒馆，常客都抽起了美国烟。“人们想着马克思，但倾听的却是亨弗莱·鲍嘉(Humphreu Bogart)*……有时候，大家更喜欢抽金黄烟丝香烟，特别是好彩烟，而不是无产阶级的高卢烟，这也就更加剧了矛盾。”[6]

> 我的女友，我爱你！你是那么精美，那么纤细，那么干净，那么金黄……你是那么安静而又温顺，只要我想，我就能点燃你的激情！你把芳香带到了我工作的场所，洒满了我走过的路途，你令我有点飘飘然，一直如斯……人家讲，你会让人感到头晕，的确如此，你最终让我失去了记忆！啊，伟大的主啊！如果这是真的！……让我忘记一切吧——我只是永远不会忘记你。
>
> 萨卡·圭特瑞，《精神》

与圣日耳曼德佩区的文人们大不相同，法国刚解放时，普通老百姓在香烟面前只能是吐吐舌头而已。物质持续匮乏，烟草供应卡一直要用到1947年。全法国年龄超过18岁的男性烟民可以在零售点登记，只要向国家救济金缴纳什一税，就能得到一个烟草供应卡，凭卡可以获取40克的烟草，也就是相当于每10天两包香烟的量。

然而，女权运动正在取得进展。法国陆军中的女兵——在巴黎，86000名战士中有400人是女性——从1945年1月开始享有了与男性同

---

* 美国男演员，曾主演《卡萨布兰卡》。——译者注

僚一样的香烟份额。然后是在同一年的12月11日起，年龄大于21岁的妇女终于也获得了烟草供应卡。因此我们可以说，法国女性是在赢得选举权的同时（也是在同样的年龄）赢得了吸烟的权利。*

## 男人更爱“金发美人”

战后，法国人最喜爱的美国产品都有哪些？1953年的一次舆论调查给出了答案：在法国人的心目中，美国香烟的重要性仅次于美国产的家用电器而排名第二位，跟在香烟后面的有爵士乐、电影和可口可乐。

歌星亨利·萨尔瓦多那脾气暴躁的兄长、同样是歌手的安德雷·萨尔瓦多在20世纪50年代以一首《如果我是一支烟》倾倒了音乐厅里的芸芸众生：

如果我是一支烟
你把我揽在手中间
就着一根火柴的光线
你让我为你燃烧激情火焰
在那不眠之夜万籁俱寂的时间点
我织起了我那靛蓝色的线**
在我放出的一个个小烟圈里面
你追随着你那随烟流动的心愿

战争年月，香烟的广告推广和商业运作处于极大的空白状态，

* 法国政府在1945年赋予妇女选举权。——译者注
** 比喻烟草点燃后刚刚升起时还呈一条直线的烟。——译者注

一旦战争结束重建开始，塞塔香烟集团就重新投入生产，并重新开了广告宣传活动。[7]这个法国国营企业一方面推出新的产品，另一方面也致力于维护既有品牌的市场份额。“广告总能有回报……即便产品销售处于垄断地位也必须打广告。”[8]塞塔公司每年都会发起一两次促销活动，并为此运用了全新的广告“武器”：招贴画、展示架、电影院放映的预告片（例如为茨冈烟拍的《远见》、为巴托烟拍的《发现》）。此外，正在全力重建的媒体当然也是烟草商广告投放的重点。尤其值得一提的是，《烟草杂志》会把将要到来的烟草促销活动提前告知其零售商会员，这样商家就可以充实他们的供货单了。“1965 年，顺美外销烟的广告在法国到处可见又可闻，结果当然是法国人也就抽上了这个牌子的香烟。一到春天，大量的香烟广告推广活动如雨后春笋般涌现。顺美烟于是也投拍了一个用于当时电影幕间休息放映的短片。该广告片在巴黎和外省的各大影院都能看得到。与此同时，在整个法国有很大发行量的《快报》周刊刊登了顺美烟的彩色杂志通告，而在法国大报《费加罗报》上也出现了顺美烟的黑白广告。”[9]

“老牌子”茨冈烟则请了雷蒙·萨维尼亚克（Raymond Savigrac）、雷诺·拉沃（René Ravo）、费克斯—马索（Fix-Masseau）、伯纳德·威尔莫（Berhard Villemot）等一大批有才华的艺术家来重新进行产品设计包装。“您的茨冈飘起了烟，汇聚在一起，就好像在空中展开了一幅幅优美的靛蓝色画卷。您的思想随烟而动。”[10]

埃尔维·摩根（Hervé Morvan）在 1961 年获得了马提尼广告奖，他的获奖作品是一张茨冈烟的广告海报，画中人物是一个跳弗拉门戈舞的男子，穿着一件看起来像是香烟的开襟短上衣。而图画设计师马克斯·庞蒂（Max Ponty）则是按照著名弗拉门戈舞女“海勒拉的娜娜”（Nana de Herrera）的样子设计出了沿用至今的茨冈烟广告形象。早在1954年9月1日的《费加罗报》的广告上，这个轻盈而优美的图案就已经出现了，而到了1956年，茨冈烟的烟盒表面也开始采用庞蒂设计的这个吉普赛女郎剪影了。

此外，已经五十岁的高卢烟同样通过新推出过滤嘴和非过滤嘴"蓝盘"（Disquebleu，1954）系列品牌而重新上路。不过，在新的设计图案里，原有的贾科诺版高卢头盔依然保持不变。

这些广告的投入收到了成效：仅在1952年至1957年期间，高卢烟的销量就翻了4倍。到了1977年，高卢烟的销量达到了189亿支，也就是说相当于当时法国香烟消费总量（超过2000亿支）的22%。这些高卢烟有些有过滤嘴有些没有，有些用的材质是白纸，有些用的是玉米纸。当时，高卢烟在法国有5家工厂，另外还在比利时、瑞士、留尼旺岛、南非、马达加斯加、科特迪瓦和加拿大也授权了当地工厂进行生产。到了1985年，高卢烟在法国的销量达到了330亿支，占当时市场份额的38%。

在20世纪50年代，层出不穷的香烟新牌子花样百出，有些品牌是"邀"人去旅行，如"爱琴海"（Égée）、"法航"（Air France）；有些品牌则参与了哈雷等赛车神话故事的构建，也就是在那个时候，罗兰·巴特(Roland Bathes）在他的《神话集》里突出强调了DS车*的魅力。到了1961年，借着烟草引入法国正好四百年之机，香烟的消费量迎来了一个新的飞跃。那一年，一个优质的全新金黄烟丝品牌"百乐门"（Parliament）进入了法国市场。按照《嘉人》杂志1961年11月的说法，"百乐门"综合了两大王牌优势：100%的美国烟，但却是在法国制造。另外一个有关烟草消费

* 雪铁龙的一款车型，引领潮流达二十年。——译者注

的数据也不能完全无视，那就是价格的下降。而这还是在工资水平整体得到提高，甚至有时候大幅攀升的情况下出现的：在1967年12月的《世界报》上，长红烟自夸能一直保有同样的混搭成分、同样的美味、同样的包装盒，同样的质量，但销售价格却降低至1.8法郎（以前是3.5法郎）。

### 焕然一新

我已经不知道究竟是为了什么，在我画画的职业道路之初，我竟然有这个闲心为烟草专卖局设计一些香烟外包装，还把设计图纸上交给他们。有那么几个月，我搞了好多方案，那些创意带给了我不少欢乐。或许，这么做是因为这是我为未来实用而持久的艺术之途添加的一些装饰，而这个过程令我感到很开心。就是这样等待了相当长一段时间，然后我收到了专卖局的第一个“任务”。终于有那么一天，专卖局要求我为一款新推出的小香烟设计广告，它的名字叫做“幕间”。再接下来又过了几个月，我又接到了任务，那就是为那最流行的香烟——高卢烟实现包装风格的年轻化。我的设计得到了认可。就是这样，我的签名被不断复制，数量庞大，数不胜数，皆因这个签名出现在了法国流通量最大的包装盒表面上……没有任何由作者签名的作品的发行量能与之相比拟，即便是列宁那无数的文集也不行，甚至可以说，任何其他作品的发行量都与这个数字相差太远。这个“发行量”的纪录是如此神奇，因为它的作者还只是在几个很小的行业圈子里小有名气而已。

马塞尔·雅科诺（Marcel Jacno），《美好的未来》，巴黎，1981年

当时给人留下最深刻印象的正是金黄烟丝香烟在所有市场，尤其是法国所取得的惊人进展。它改变的不仅仅是一个时代，更是整个文

化："棕色烟丝香烟是与工作紧张、生活艰辛的那个时代相契合的。当时，人们唯有在节假日才会有一些温情和轻松的时刻。棕色烟丝很猛、很劲、很有力，就好像咖啡，令人振作，打醒精神。这种烟很容易让人想到三个关键词：猛烈、硬汉、肌肉。后来，大变动的时代到来了，美国大兵带来了可口可乐、糖，以及偏好金黄烟丝的口味。这其实是一种让平日生活更加快乐的理念。于是，一个刺激、辛辣而艰巨的世界逐渐远去，我们迎来了另一个更无聊但却快乐的世界。出于对异国风味的爱好，大家开始接触到世界其他地方的行为方式、其他的感触范畴，就此结束了自我封闭，而走向一个更开放的世界。"[11]

这种新的文化来自大西洋彼岸。以前曾经出现过的美国香烟如今毫无困难地重新回到了法国报纸杂志的版面上。1957 年，《世界报》把切斯特菲尔德烟评为"世界最佳"香烟，好彩烟则是在 1960 年卷土重来。而与这两个老牌子一起出现的还有一批野心勃勃的新牌子：骑士烟从 1952 年开始在《世界报》打广告；带有"神奇过滤嘴"的 L & M，菲利普 · 莫里斯公司属下的万宝路都出现在了 1951 年 8 月 22 日的《费加罗报》广告栏。在 1959—1961 年期间，总督烟、长红烟、大号兵工厂烟、金边臣香烟纷至沓来，而在 1962 年，法国市场又出现了两个新的牌子：金王爵和顺美。《世界报》的政治立场向来不太倾向于大洋彼岸的盟国，但在香烟消费方面，却俨然是"美国大军"放在法国的特洛伊木马。1962 年 9 月 27 日——难道是因为古巴导弹危机的影响？——《世界报》向读者"推销""100%美国产的"骆驼烟和温斯顿烟，另外还有雷伊诺烟，该报认为这三款烟"不可抗拒，不可质疑，不可争辩"[12]。

由于法国市场在欧洲经济共同体的推动下开放了"边境"[13]，来自外国香烟的进攻就更加猛烈了。随着欧洲共同市场的建立，海关的管控有所放松，这对于海外香烟制造商的楔入是有好处的。旧

“茨冈“牌香烟广告，
雷蒙·萨维尼亚克设计，1953 年

“茨冈”牌香烟广告，
埃尔维·摩根设计，1956 年

“万宝路”牌香烟广告，1964 年

“万宝路”牌香烟广告，1972 年

有的烟草购买特许单专营权在1970年之后不复存在；欧盟地区产品进口和批发专营权在1976年也被取消了。于是，外国香烟牌子的广告就更加铺天盖地了。在所有的这些美国金黄烟丝香烟中，万宝路很快占据了领先的地位。昔日人们口里提到的牛仔女郎最后变成了牛仔郎，这段故事还是蛮值得讲一讲的。1847年，菲利普·莫里斯在伦敦开设了一个烟草零售店。三十年后，他在英格兰推出了万宝路香烟，而到了1924年，他又把这个品牌扩展到了美国。一开始，万宝路主打的是女性市场，但销售成绩很一般。从1950年起，过滤嘴不再是女式香烟的特例，万宝路的一些竞争者开始向男性烟民提供带过滤嘴的香烟。市场转了向，万宝路也跟着调整了自己的策略：香烟的味道变得更强劲了，而外包装也采取了更坚硬的材质，换成了一种被称为“翻盖盒子”的硬纸盒；与此同时，已在1935年于纽约开设广告公司的李奥贝纳（Leo Burneu）则受命为万宝路打造一个更有阳刚气质的新形象。从1954年到1957年，李奥贝纳广告公司为此相继推出了一系列身上带有纹身因而显得男性味十足的广告形象，而“牛仔”当时还只是这些猛男中的普通一员。著名的广告词“万宝路的世界”在1963年首次出现，而到了第二年则演变成为：“欢迎来到万宝路的世界，享受真正的烟草口味”。1965年，万宝路终于找到了它在此后三十年都将保持不变的风格，结果，销售额急剧攀升，而过了十年之后，万宝路已经成为了全世界最好卖的香烟。“上升之势无法抵挡的万宝路”开启了属于它的时代：“人们不禁要问，究竟有什么能挡住这个牛仔香烟。”[14]1978年，万宝路在法国卖出了20亿支，而到了1981年，这个数字飙升到了70亿支。牛仔这个冒险家就此成为了消费品。

法国塞塔烟草集团必须想办法去应对来自外国产品的这样一种强劲挑战。金黄烟丝（美国的）与棕色烟丝（法国的）已经正面交锋。高卢烟和茨冈烟本应重新包装自己的形象，但塞塔集团由于一直以来实行的都是市场最低价政策，因而很难在这方面有所作为。面对来自国外的烟草“超级舰队”，塞塔尝试推出新的产品并更积极地投入广告，予以反击。在1974年的《烟草杂志》里，欧里亚克通过他的漫画预言，以前几乎不怎么做广告的高卢烟现在也要“采取一种全新的广告模式”了。而1977年10月出版的《烟草零售商》杂志上，雅克·布瓦纳尔（Jacques Boisnard）则在他的漫画里将高卢烟描绘成“真正的吸烟者之烟”：“她让明星倾倒”；“她让英雄战栗”；“她让英国人蹙眉”；“她让花花公子晕倒”。

艾迪·米歇尔（Eddy Mitchell）1975年在奥林匹亚翻译了《抽吧，抽这支烟吧》：

抽吧，抽这支烟吧

…………

为了变成大男人

来抽这支烟

…………

而我后来还真的抽了

我看见了汉弗莱·鲍嘉

他的双唇之间衔着一支烟

那是这位男主角的印记

我伛偻着前进

想装出一点黑道老大的气焰

…………

塞尔吉·甘斯布（Pour Serge）在1980年写下了《抽哈瓦那雪茄的

上帝》：

你只是个抽茨冈烟的人

而我想看那最后一支

在我眼眸深处光耀白炽

爱我，以上帝的名义……

西尔维·瓦尔当（Sylvie Vartan）在1981年凭借《爱如香烟》获得了金唱片奖：

当你没有了想法

思绪有点卡

我情愿变成棕色的卷烟

比如说茨冈吧

像烟一样，我要你的手指来夹……

1986年，阿兰·莱普来斯特（Allain Leprest）唱起了《茨冈烟之歌》：

我看着她跳舞，跳舞

这茨冈烟就在烟盒之上

这些老一辈的烟哪。

她的裙子，纸就是布

眼睛蓝蓝好像烟雾

皮肤就是烟草的颜色

啊！西班牙小姐塞塔……

塞塔于是尝试推出金黄叶名贵香烟。1956年，皇家烟（混搭了美国烟草成分）进入市场。该烟重拾20世纪30年代“巴尔托香烟”的市场定位，甚至沿用了巴尔托烟的品牌标志：一艘小吨位的快帆船。这一款香烟一直围绕着“王朝”这个概念来进行广告宣传，其口号是“皇家烟，卓尔不群”*，而广告背景则是一个由卡鲁加绨设计的皇家棋盘。1981年又出现了新的变化，蓝道高卢烟采取了前所未有的广告宣传攻势：“35本杂志、总共220页的广告。在这一年里，85%的潜在用户人均观看该产品广告15次。这是最近十年最大规模的广告投放。”[15]蓝道高卢烟烟盒的设计风格与当年由吉沃设计如今已经有些过时的茨冈烟盒大相径庭。出现在蓝道高卢烟烟盒表面上的是一辆蓝色的汽车、一个美国式大气缸以及一个经典高卢式头盔形状的汽车水缸塞子。这种产品的设计理念反过来又推动了其艺术源泉的观念改变：在1985年12月2日的《费加罗报》上，一位吉他手如是说道：“我嘛，我最喜欢蓝道香烟的就是它那种力量和轻柔的混搭融合。”而这个棕叶香烟里的明珠甚至还要给自己“染色”而变成了金黄叶高卢烟。这一款新式高卢烟在1984年4月8日一经推出，就引发了“近乎癫狂”[16]的媒体论战。然而，由于后来香烟广告逐渐被禁，20世纪的尾声见证了茨冈烟和高卢烟这两个牌子的产品价值以及销售量排名的显著下滑。[17]商品交易的自由化更加便利于金黄叶香烟的流行；而“美式混合烟”则在不断增长，1985年终于第一次超越了棕叶香烟。从此，法国的香烟之歌恐怕就要奏响怀旧的曲调了。

棕叶香烟以及越来越多的金黄叶香烟如洪水一般攻陷了整个社会。就好像列维—斯特劳斯的蓝色画布，又好像蔚蓝海岸上的野营活动，或者马路上横行的汽车，香烟也成为其中一员，象征着集体享乐主义、追求快乐和无拘无束的文化。在这种情况下，香烟经历了最后的疯狂：1953年，法国人平均每人每天抽3支烟，而到了

---

* 在法语里，卓越一词的另外一个意思是对贵族高官的尊称“阁下”。——译者注

1985 年，这个数字跃升到了 6 支，这是从未有过的历史纪录。1975 年，年龄大于 15 岁的法国人每年平均每人要抽 2000 支香烟，他们的父辈，在 1939 年平均每人每年抽 630 支，而他们的祖父辈在 1914 年以前平均每人每年抽烟不超过 400 支。[18]香烟令公司里的气氛更加融洽，堪称是社交的通行证，因为它便于给予，便于交换，还能传达同情、关怀、通融、慷慨之情。可以说，香烟已经成为人们相互馈赠时习惯性选用的物件之一了。它不仅有助于赠与者加强自己在别人心目中的分量，同时也能使受赠者更被重视。而根据抽烟者及其抽烟方式的不同，抽烟这个行为可以表现为坚定或者冷血，优雅或者烦躁。于是，香烟成为了电影和漫画书里面的大众英雄的固定“标签”。而与此同时，它还“变成”了女人。

**表六　法国成年人人均每年消费香烟数量**

| 年份 | 1945—1949 | 1950—1954 | 1955—1959 | 1960—1964 | 1965—1969 | 1970—1974 | 1975—1977 |
|---|---|---|---|---|---|---|---|
| 支 | 770 | 1050 | 1350 | 1470 | 1600 | 1850 | 2040 |

## 女人，香烟，美到让你无法呼吸

在“光辉三十年”[19]的年代里，雅克 · 伊热兰（Jacques Higelin）“和香烟谈起了恋爱，一整天从早到晚，她都黏在他的嘴上”。西尔维 · 瓦当也确认道：“爱如香烟”，而法国歌曲则不断地把女人和香烟的形象放到一起，混为一谈。

这并不是什么首创，只是手法变得更加系统化罢了。“女人就是魔鬼”[20]，梅里美借他在 19 世纪 20 年代创作的小说人物、伪演员克拉拉·加苏尔之口如是说道。而同样是在梅里美笔下出现的卡门就是这种女人形象的典型代表：刚出场的时候，她就是穿着红色衬裙、红色拖鞋，系着如火一般颜色的腰带，会变吉普赛戏法，能从嘴里喷出火来。此后，她就不断地被打上这样的标签："撒旦之女"、"魔鬼之女"、"撒旦真正的女仆"，"这个女人就是一个魔鬼"。[21]

这种把女人、火、魔鬼视为一体的观念其实早在烟草刚刚来到欧洲大陆之初的时候就已经出现了。吸烟的女人或是被当作神婆，或是被当作吉普赛女巫，似乎既能令魔鬼效劳，又会被魔鬼驱动。而这可能就是吸烟的女人长期被认为具有挑衅性的源头所在了。后来，正如我们前面提到的那样，西方社会第一批沉醉于烟草的女性最终确立了这样一种形象：大胆而肆无忌惮的女人，简而言之，也就是"女权分子"。

莫泊桑小说《漂亮朋友》的主人公乔治·杜洛瓦在还是一个普通办公室职员的时候就曾经立志要成为记者，为了写成第一篇文章，他跑去找一个记者的太太帮忙。这位弗雷斯蒂埃夫人非常高兴，从壁炉上取下了一支香烟说道："没有香烟，我可是不能工作。"于是，杜洛瓦的"情爱记者"工作就这样开始了："她站了起来，点燃了又一支香烟，然后开始来回踱着方步，一边抽着烟，一边继续口授。她把嘴努成一个小圆圈，烟从小圆圈中喷出，先是袅袅上升，然后渐渐扩散开来，一条条灰白的线条展现出来．轻飘飘地在空中飘荡，看上去酷似透明的薄雾，又像是蛛网般的水汽。面对这残留不去的轻柔烟霭，她时而张开手掌将其驱散，时而伸出食指，像锋利的刀刃似的，用力往下切去，然后聚精会神地看着那被切成两段、已经模糊难辨的烟缕慢慢地消失，直到无影无踪。"[22]

由于20世纪的广告魔力，香烟成功地把女性容纳其中。在男烟民被“攻陷”之后，如今轮到女人们“应邀”进入烟圈的世界了。在法国，女性形象第一次出现在香烟广告里是在什么时候呢？没错，就是在……法国历史上第一个烟草广告之中，亦即1910年。[23]那是塔纳格拉香烟和香缇雅烟的广告。不过，这两个牌子都没敢让香烟出现在广告中女人的手上或者嘴上，毕竟这在当时还是禁忌的事情。于是，广告上只是出现了一个赏心悦目的女子面容，就好像是画面中的战士（看起来是希腊人？）休憩的港湾。至于那些明确以女性为公关对象的香烟广告则要追溯到20世纪20年代的美国。广告人阿尔伯特·拉斯科 Albert Lasker 设计了一系列的广告，出资聘请了许多著名的女演员和歌剧明星为其广告代言：“好彩烟让我们的喉咙感到舒适。”十年之后，好彩烟又用同样的招数聘请了法国女演员用同样的论调来打广告，即所谓“这是烤过的烟”系列。此外，拉斯科还成功地让当时的妇女们相信，吸烟有助于减肥：“来一支好彩，而不要糖仔”；又或者直接是劝人吸烟，“避免那种阴暗的未来”[*]。至于那些淡口味的香烟则是向消费者展示了……它们的“过滤嘴”。比如说在1936年的一个广告中，一位身穿网球裙的年轻女子，一手拿着化妆盒，一手拿着香烟，膝盖上放着一个巨大的包裹，上面写着这样的广告词：“好彩，一种淡口味的香烟”。

从20世纪50年代开始，女人一方面依然扮演着推动男人抽烟的角色，另一方面她们自己也变成了吸烟者。当电影《上帝创造女人》（1956）上映的时候，也就是说当女性的社会地位开始得到确认的时候，她们就渐渐跟香烟搞到一块儿去了。“第二性”的观念开启

---

* 指拥有肥胖的身材。——译者注

了20世纪后半叶，而香烟在这方面则是不折不扣的先行者。这小小的烟草制品俨然成为了女性争取社会身份地位的标志和工具。“她是金黄色的，她有味道有自己的特点。年轻而优雅，她知道什么时候要世故，什么时候要阳光。”[24]

就拿“皇家烟”来说吧。这款烟本来是为了应对美国烟的攻势而生的，而到了1967年由于“皇家薄荷烟”的出现就完全往女性化方向发展了。结果，该产品形成了对市场的二次冲击波。在当年的广告中，一对女性双胞胎，一个身穿红色的套头毛线衣，另一个则是绿色，两人各从一侧背靠着一棵树。然后是这样的一个问题：“你们谁更喜欢红色？谁更喜欢绿色？皇家，还是皇家薄荷？温柔是陷阱，我们知道如何招呼男人。”这样的广告表面上看起来是为了捕捉男性顾客，但其中蕴含的温柔和优雅之情也虏获了妇女之心。

女性香烟最著名的当然是茨冈烟，因为它是最被称颂而且也是最多女明星享用的烟。吉沃在1925年的时候还只是在茨冈烟外包装上添加了一些西班牙风味的装饰物（橘子、长鼓和响板），后来，安西卡在20世纪30年代的“酋长”系列茨冈烟包装设计中加入了女性包头布的元素，不过，其头部部分被另一个同样是包裹着头巾的男子挡住了。而保罗·科林（Paul Colin）在第二次世界大战之后则赋予了茨冈烟烟盒四种不同的面部形象，这是因为当时市面上存在着四种茨冈烟的产品。接着到了第四共和国时期，雷诺·拉沃的版本是女舞者的一对鞋子映入了一个抽烟男人的眼帘，而雷蒙·萨维尼亚克则是在茨冈烟烟盒上加了一件袍子，透过这个袍子可以隐约瞥见一个裸露的肩胛骨。接下来是菲克斯—马索的版本，茨冈烟玩起了吉他，一支支香烟蜂拥而来，就好像奏响的一阵音波。最后，埃尔维·莫万终于赋予了茨冈烟包装设计延续至今的轻盈之风。一步一步，女性香烟就是这样逐渐成型，开始发展。这种香烟的品牌名称大部分都很女性化，正如1973年的这个广告词："爱娃，美女都有品。"可以说，香烟借用了女人的吸引力，但有时候也会适得其反："她与他热烈地交头接耳，暗自里默契融洽。他，是现代男子。她，是法国女人，最长的棕叶香烟。*"[25]

有一些香烟甚至直接对男人说"不"，正如"特长、特精美、特纯，而且有点贵"的金姆烟（Kim），按照女性杂志《嘉人》在1973年3月的说法，这一款香烟"对于一个男人的手来说，有点太精致了"。1954年，塞塔搞了一次直接的市场营销活动，向顾客免费赠送了19万份试用品，目的就是要推广新品牌莱利，这一款香烟有明确的目标人群，那就是女性消费者。

就是这样，随着自身的社会地位逐渐得到认可，女人们就开始投入到吸烟的浪潮之中。1983年，在100位吸烟者中已经有43人是女性。

在路易·布鲁埃尔（Luis Buñuel）的电影《白日美人》（1967年威尼斯电影节金狮奖）中，卡特琳娜·德纳芙（Catherine Deneuve）饰演的女主角生活舒适，但她白天化身为阿娜伊斯夫人，竟然要当应召女郎以满足自己的性幻想。这位女演员在平时生活中就喜欢抽烟，而如今在屏幕上，她扮演的角色抽得一样那么凶，不管是在自己的别墅中，还是在妓院的小房间里都是如此。香烟就好像打在德纳芙身上的一个烙印，同时也伴随着她饰演的角色，依附在了电影之上。

---

* 这里是一语双关。"法国女人"是当时的一个香烟牌子；而在法语里，棕叶烟和棕色皮肤的女人可以用同一个词来表示。——译者注

## 电影香烟*

香烟在电影里几乎无处不在，以至于我们情不自禁地为此新创造了一个法语词。当时，有的电影甚至直接以某些香烟牌子来命名，例如米歇尔·古尔诺（Michel Cournot）执导的唯一一部，但却拍得很棒的电影——1968年的《蓝色高卢》。此外，还有为数不少的导演干脆直接拍起了香烟广告片：例如克劳德·夏布洛尔（Claude Chabrol）就曾为温斯顿香烟“打临工”。必须指出的是，香烟广告是电影工业的一大财政来源。在1982年，香烟品牌在电影业的投入相当于67部长胶电影的投资额，也就是当年法国电影出品总额的三分之一。[26]

在这个领域，各个香烟厂家的主要任务是在市场上加强自身品牌的影响，而不再以具体某个产品的销售为导向，也就是说，香烟广告原本只是为了满足消费的需求，而如今却是要在市场上进行品牌竞争。“你很容易就会发现：广告的大部分信息内容其实并非涉及新推出的产品，反倒更多地是强调当前正在市场流行的东西，而这些已有的产品早就为大众所熟悉，其实已经没有什么新鲜的东西可以说的了。”[27]在20世纪50年代，法国塞塔的广告大量投放于电影：从1949年到1961年，为“凯尔特人”、“巴尔托”、“茨冈”、“周末”和“蓝盘高卢”等香烟品牌而生的电影一共有19部。[28]

当时，在一些故事片中时常能不经意地发现香烟的影子。大导演让·勒努瓦在1936年的《兰基先生的罪行》中就插入了这样一个镜头，“交代”了一个美国的香烟牌子：“骆驼烟，来一支？”朱

* ciguerama，这是作者自创的一个法语词。——译者注

尔·巴里（Jules Berry）在片中饰演的曾犯罪潜逃的邪恶印刷厂老板，一边向兰基先生递上一包半开的香烟盒子，一边说道，看起来就好像他想在一片烟雾缭绕中扼杀兰基先生对于工厂主权的任何诉求。[*]此外，在长达三十年的时间里，"007"系列电影中的植入性香烟广告甚至已经形成了一种固定的模式。在每一集故事中反复出现的除了某个牌子的汽车、香槟和手表之外还有香烟。这位英国特工詹姆斯·邦德（James Bond）有着令人痴迷的人格魅力，对于银幕前的观众来说，他的一举一动简直就是生活潮流的风向标——自我介绍时的方式，加冰的饮料，还有就是一些执著的偏好，例如喜欢喝唐培里侬香槟王，总是抽"特制莫兰"（Morland Specal）牌子的香烟，总是要用登喜路牌打火机来点烟等等。而按照伊恩·弗莱明（Ian Fleming，英国小说家，共出版了14部007系列小说）的说法，"007"每天都要抽60支香烟！ 可是在法国电影之中，香烟的地位并不像在"007"系列中那么重要，更多的时候只是被用做片中人物的附属品，看起来就好像仅仅是很随意的用一用而已。[29]

尽管如此，香烟进入电影圈似乎还是改变了这个行业的生存现状。不只一次，香烟打造出了人物的个性。

在第二次世界大战刚结束的那个时期，世界上最受崇拜的演员无疑是亨弗莱·鲍嘉，他的影响力甚至一直持续至今。当年，好莱坞所有的电影工作室展现的鲍嘉形象，手里都有一支香烟。实际上，鲍嘉工作的时候只抽一种烟，那就是短装的切斯特菲尔德牌香烟。在1945年的《江湖侠侣》中有这样一幕：一对男女由于香烟

---

* 在电影中，兰基先生本是一家印刷厂的小职员，老板畏罪潜逃，兰基联合工友组成工作组，令工厂起死回生，但不久老板回来要求收回一切权利，忍无可忍的兰基开枪打死了老板。——译者注

作“媒”而得到了永恒的爱情。[30]这部霍华德·霍克斯（Howard Hawks）的电影编得其实不是特别好，情节有点拖沓，不过，男女主人公相遇的一刻却成为了经典：劳伦·白考尔（Lauren Bacall，在片中扮演女主角）倾斜着上半身，香烟举到唇边问道：“谁有火？”亨弗莱·鲍嘉（在片中扮演男主角）伸出了他的打火机，劳伦·白卡尔低下头，就着打火机点着了香烟，深吸了一口。火苗熄灭，但见她优雅地从口中吐出了烟圈。从此，他就对她另眼相看，因为他知道自己已经进入了对方最私密的个人空间。看到这样一幕，观众们也都跟着陶醉了。

而对于奥黛丽·赫本（Audrey Hepburn）来说，最关键的是抽烟时的姿态问题。这位超级女星酷爱香烟。香烟就好像她身体的延长部分，令她的形象更加完整。在布拉克·爱德华（Blake Edward）1962年拍摄的电影《蒂凡尼早餐》中，奥黛丽的那根“魔力棒”足足超过20厘米长，这支长长的香烟真正成为了她身体剪影的一部分。海报上的赫本身材纤秀，手指修长似有魔术师的魔力，迈着阿拉贝斯克芭蕾舞步，姿态优美，她身穿纪梵希套裙，戴着长长的黑手套，整个一个充满致命诱惑的女性形象。其实，早在1951年上画的电影《天堂里的笑声》中，赫本就已经展示了她与香烟的缘分——在这部影片里，她诠释了香烟售卖员的角色。这位巨星与盒装香烟一样都是“诞生”于20世纪10年代，也同样都在世界风行。“赫本就好像香口胶、电冰箱、洗衣粉、剃须刀等这些产品一样，具有适应世界化市场需求所应有的一切条件。”[31]

香烟与明星，相辅相成。“这可不是没话找话，每天的第一支烟，那真是一级棒。啊哈，它能让你精神抖擞，胃口大开。”皮埃洛特在《圆舞曲女郎》（1974）里如是说。香烟有助于确定银幕人物是归属于哪个阶层的。具有贵族气质的巴黎无产者让·迦本在职

《蒂凡尼早餐》电影海报，
布拉克·爱德华导演，1961 年

电影《江湖侠侣》中的劳伦·白考尔和亨弗莱·鲍嘉，
霍华德·霍克斯导演，1945 年

业生涯里一共参演了 90 部电影，他简直可以说扮演过了法国社会所有一切阶层的人物：士兵、工人、警察、权贵、退休者、流浪汉……通过尼古丁以及香烟的帮助，他成功地塑造了各种人物形象，同时令他的声线更加粗犷，而他的身形也在横向发展。这样，迦本也就能不断地在电影里实现由老板到工人，也就是从雪茄（《帕夏》，1968）到香烟（《人面兽心》，1938）的转换了。

香烟在银幕上就好像演员一样，有时候能令剧情减慢，有时候能令剧情加速。

在《马耳他之鹰》（1941）里，亨弗莱 · 鲍嘉和他的香烟令电影本身黯然失色。而在《夜长梦多》（1947）里，香烟却令故事情节更加动人。当男主角（鲍嘉）被绑住，而劳伦 · 白考尔扮演的女主角靠近来准备割断绳子的时候，他提出来想抽一支烟。那一幕场景堪称经典：女主角自己口含香烟点着，接着把烟插入男主角的双唇之中，镜头随之定焦于他那被打得浮肿而血淋淋的脸上。于是，鲍嘉的个人魅力开始起作用了。画面上展现的是他的头部特写镜头，甚至看不见香烟，唯有在他讲话时，从他嘴里不断喷出的烟圈。他讲什么其实已经不重要了，从他嘴里说出来的一切话语都随烟而逝，此时此景，白考尔越来越为之着迷了。这样的男人近在眼前，魅力如排山倒海，再加上那么一点烟云，如梦似幻直入心扉，令她神魂颠倒，心怀渴望几近窒息；突然间，男主角发话了：“把这从我嘴里拿开！”她于是抽出了香烟，亲吻了他，然后给他松了绑。

至于坏蛋抽香烟形象的原型则首推《魔鬼 M》（1931）。片中主角是一个心理变态的少女连环杀手 M，由当时好莱坞著名的问题演员、烟不离手的德国人彼得 · 洛出演。邪恶的 M 最终还是被他的香烟给“出卖”了。片中另外一位主角、大侦探罗曼抽的是精心安在烟嘴上的小雪茄。他在受害少女尸体周围发现的烟头上找到了蛛丝马迹，这些罪案现场的烟头与“M”扔在自家垃圾桶里的烟头同属于一个牌子：阿里斯顿。

香烟令人堕落，低音酷男的烟雾令人着迷，而西部牛仔的烟尘却能直接杀人。在1966年由塞尔吉奥·莱奥内（Sergio Leone）执导的《荒野大镖客》中，德国演员克劳·金斯基（Klaus Kinski）说道：“十分钟之后，你就要到地狱里去抽烟了。”而在让—吕克·戈达尔（Jean-Luc Godard）导演的大作《筋疲力尽》（1960）里面，正是香烟导致主演让—保罗·贝尔蒙多（Jeau-Paul Belmondo）和珍·茜宝（Jean Seberg）扮演的角色露了馅，从而揭穿了两人分别是假记者和小混混的真实身份。

在电影《天色破晓》（1939）中，弗朗索瓦（让·迦本饰演）原本是一个普通车间的工人，勇敢而清白，却因机缘巧合犯下了谋杀罪行。影片最后，弗朗索瓦被困在巴黎一座民宅顶层的房间里，但拒绝向警方投降。枪声响起，子弹击穿了房间的窗户，弗朗索瓦点着了一支香烟，陷入了回忆之中……镜头频频闪回，在男主角过往生活点滴以及当下被围困的房子之间切换。这是一个孤独无助的吸烟者，唯有地板上烟灰中越来越多的烟头以及凌晨破晓前灯光变幻的夜空在记录着时间的流逝。终于，这个人再也没有火柴了，于是他只能就着吸剩的烟头点燃下一支香烟，记忆中的一幕一幕继续通过香烟的燃点和渐灭而化入、化出，弗朗索瓦的电影人生很快就到了尽头。

还有就是阿伦·雷乃（Alain Resnais）1993年推出的两部连襟影片《吸烟》、《不吸烟》。影片讲述的是有烟以及无烟的人生故事。萨宾娜·阿泽玛（Sabine Azéma）在片中扮演了五个不同的女性角色，皮埃尔·阿迪提（Pierre Arditi）扮演了四个男性角色。整部电影一共包括了六个故事，每一个故事的开场都是某学校女职员西莉亚走到阳台上，发现一包烟，决定要不要抽，她每一次不同的决定就导致了一个不同的故事结局。在这里，对生活意义的探索，电影艺术风格的转换，都异化成为了一支香烟的燃烧过程。

## 年轻人：新的目标受众

到了20世纪60年代，年轻人作为一个整体成为了整个社会的一个基本范畴。不仅如此，这些年轻人追求的潮流和价值取向甚至成为了社会的风向标。而香烟很快就与这个消费的主力军如影随形。“我们男孩子，我们女孩子，我们都喜欢电子吉他、奎宁汽水和西部电影，还有就是……令人放松的香烟。”[32]

《同学你好》以及其他一些20世纪60年代流行的杂志多了很多烟草广告。在“年轻人”这个社会阶层构建的过程之中，他们自然而然地成为了香烟广告青睐的“目标人群”。这也印证了美国烟草商对于市场发展战略方向的论断：“在妇女以及年轻的成年人中存在着一个巨大的潜力市场……吸纳成百上千万年轻烟民，这不仅是当下，也是我们长期的主要任务。”(《美国烟草报》，1950)

香烟与青少年之间的“联系”或许并非像我们所想象的那样只是最近的事情。正如一位法国外省的医生在18世纪末所见所闻：“年轻人总是喜欢追求极致，往往还没到12至15岁，就开始抽烟了。按照他们的观点，这种‘娱乐’似乎能带给他们一种自信的气质，并使他们更容易加入理性人群的行列。”[33]香烟并不贵，很容易就能收藏在口袋里，还能很快地偷偷享用，这种东西在年轻人中的流行往往还伴随着未成年人的美好想象。[34]“14岁那一年，我抽烟了……一个狂好抽烟的人值得拥有更高的尊敬。”查尔斯·杜波依斯（Charles Dubois，比利时博物学家、作家）曾经在 1857 年这样写道。不过，他后来完全转变了思想，坚决地反对烟草，由于看到抽烟的现象在社会上越来越普及，于是生气地写下了这样一段文字："有那么一段时间了，许多抽烟的高雅人士喜欢让别人给自己画像。就在最近，我在一个橱窗里看到了这样一幅摆出英雄姿态的画像：主人公竟然是一个只有十一二岁的小男孩！他……故作深沉地装出庄严的样子，想令自己看起来更有激情，而这种标榜光明、男子气概的激情无可名状，在当今社会无疑是占统治地位的风尚。画像中的主角头上歪歪戴着某中学的帽子，帽舌伸向左边，显示出这孩子非同凡人，有极强的个性和很高的智商。他身材肥胖，看起来很虚弱；面容阳刚，脸有点干瘪、苍白而显得严肃，整体给人的感觉就是，他能自娱自乐，对自己的一切都很满意，而完全不在乎其他人是怎么想的。画这幅画的人技艺高超，完美地把握住了一切要点！……雪茄、烟雾、放在桌子上的大啤酒杯，一个'伟大公民'的形象呼之欲出。"[35]脾气火暴的杜波依斯甚至预见到了一个灰色的未来："我在这看到这些 12 到 14 岁孩子抽烟的时候，不禁会想：你不可能有其他反应，只能把他们当作是成年人。眼看着他们整天与烟斗和雪茄这样的下流物件为伍，大家怎么就没想一想，烟草正在掏空他们的身体，这样下去，他们永远都只会是人类物种中的小矮人。当我看到这些随波逐流的'小木偶'们疯狂地吞云吐雾时，我甚至敢大胆地预言，他们的下一代刚生出来就会吮吸雪茄，在摇篮里就会抽烟。"[36]

一个世纪之后，另外一位在 16 岁就开始吸烟，但后来也反对烟草的名人对杜波依斯进行了回应："随着我的烟瘾慢慢形成，我在尝遍了巴尔托烟、忍者烟、高尚生活烟和周末烟之后，在经济压力之下，我最后就只抽高卢烟了。就这样到了 20 岁的时候，我每天要抽一包多一点的烟了。”[37]年轻人抽烟已经成为了当时社会的标志性事件。在一个为烟而狂的社会里，年轻人为了长大就不得不抽烟：“在学院里，没有一个人跟我讨论烟草的问题，就算是上课的时候，大家也都在抽烟。‘老板’们和见习医生来巡视的时候也要抽烟。我们为了准备医学过级考试，要组成学习研讨工作组，一般都是在一个持牌的见习医生指导下进行，这样的小组往往从上到下全都是烟民。抽烟实在是再‘正常’不过的事情。”处于法国历史生育高峰期的那几代人都是在厚厚的烟云笼罩下成长起来的。

所有的“洛丽塔”通过烟草就能相互认同：“你只要快速地用食指指尖在她的香烟上敲几下，她就会把烟指向壁炉的方向。”[38]吸烟的年轻人曾经长期被视为缺乏教养而粗鲁无礼的龌龊小孩。当时的道德教化书为了警示这些小屁孩，往往会描述一些青春期滥用烟草的悲惨景象。“小酒馆同时也是烟馆。有些小家伙，刚刚在其他地方赚了30苏，就跑来买一包烟。当他们走出小酒馆的时候，一个个都精神萎靡，脚步虚浮地各自回村去了。”[39]

在两次世界大战之间，孩子们开始扮演为父母提供烟草作为节日礼物的角色。那段时期，《烟草杂志》有好几年都是在12月那一期刊登广告，提醒大家可以考虑用香烟来作为新年礼物，而在这些广告的内容往往都是一些身穿睡衣的孩子拿着礼品篮或者是装满香烟的篮子。

到了20世纪50年代，“年轻人”这个概念逐渐形成。一开始，近现代法国人使用的还是“年轻男子”、“年轻女孩”，或者是“青春期”少男少女这样的称谓。而过了十年之后，一个没有性别差异的中性词“年轻人”取代了上述的种种叫法，迅速得到了普及。这个词很容易让人想到时代的变迁，而同时又保留了阶级划分的色彩。就好像“工人阶级”一样，“年轻人”也开始被当作一个整体的社会角色。这种语义方面的转换可能是因为在20世纪50年代的下半叶出现了所谓“青春期的烦恼”，而媒体则对此渲染放大。那个时候的人们开始讲述自己的第一次吸烟经历，就好像第一次打猎和第一次恋爱一样，充满了欢乐和亢奋。“我们三个男孩决定迈出人生一大步。我们跳下了自行车，然后坐在一排篱笆底下。那支从某人父亲那里偷来的香烟好难点着，因为我们不知道要在火苗接触香烟的同时用嘴吸气。最后，我们几个都呛了好几口烟，虽然很难顶，但却意味着我们从此也变成大人了。”[40]

当时，在持续的人口增长大背景下，年轻人已经成为了广告利益的关键所在。烟草工业很快就意识到了这一点：“为了确保骆驼过滤嘴烟的长期发展，公司应该着手加强我们在14—24岁消费者群体中的市场份额。这一层次的消费者有更开放的精神，可以说代表着烟草生意的未来。”[41]1984年，一个为某烟草企业工作的美国商业客源调研者，在一份当时还是秘密文件的内部报告中写道：

> 在最近的五十年里，年轻烟民乃是导致所有各大烟草公司和烟草品牌增长或衰退的关键性因素。而对于烟草公司/品牌的未来而言，年轻消费者同样重要，原因有二：在18岁就开始抽烟的烟民影响下，烟草市场经历了翻天覆地的变化。如今，等到24岁以后才开始抽烟的人还不到烟民总数的5%。[此外，]18岁开始抽烟的烟民往往对某个品牌有很高的忠诚度，而很少会像其他人那样随着年龄的增长更换抽烟的牌子……烟草公司/品牌如果不能吸引年轻消费者，未来的发展就会很麻烦。它们将每年都要设法劝诱吸烟者放弃原来的牌子，转投自己门下……年轻吸烟者是“新鲜血液”唯一的来源……假设年轻人开始远离烟草，那么这个行业也就要濒于破

产了，这就好像是，一个社会的人口如果不再自我繁殖，那最终就会出现人口衰退了。[42]

以年轻人为目标的烟草广告早早就定下了几个标准：

> 吸烟的人往往会被他人认为是荒谬、不理性而愚蠢的……必须考虑到，世人皆认为抽烟有害健康，我们应该尝试以一种优雅的姿态绕过这个问题，而不要去想正面挑战它，那只会是白费力气……我们可以促使（年轻人）把香烟当作是加入成人世界的工具之一，还可以让他们以为抽烟属于那种虽然是不正当但却很搞笑有趣的行为……如果能够用合法的方式把香烟与红酒、啤酒和性等东西联系起来，那就更好了。[43]

20 世纪 60 年代简直是年轻人的狂欢。“闪光”牌香烟即自称是“为那些‘紧追潮流’的年轻人而生的”。在刚推出的那一整年，该品牌一直在强调：“闪光万岁，它属于我们同龄人”；“闪光，为的是那些‘时尚’而‘热情’的人”[44]。至于长红烟，则是展示了一些年轻人的照片以及这样一句话：“他们喜欢可口可乐，他们喜欢摇滚，他们喜欢长红过滤嘴。”[45]

《你好，同学》杂志见证了烟草广告对年轻人赤裸裸的“迷恋”及其宣传手法。一开始，该杂志的广告只是限于音乐光碟、果汁或是可口可乐。而第一个烟草广告出现在第 14 期杂志上；此后，烟草广告就再也没有停过，经常是占据一整版或者是半个版的篇幅，形式也很新颖独特。“亨特烟”（1963 年 9 月）的广告口号是“年轻的烟”：其广告精心设计的场景主题是“讨好女生的艺术”，在这种氛围烘托下，一个小男生把一支香烟献给了一位年轻的小姑娘。第二年2月，“蓝带烟”推出了由当时的年轻偶像克劳迪娜·考班（Claudine Coppin）演绎的广告“年轻人在美国”。至于菲利普·莫里斯的子品牌“多重过滤型莫拉蒂烟”则是提供了一种“风中的香烟”，在广告里，一个看起来很机灵调皮的小女孩倒着骑在她的摩托车上（1967年7月）。正如前文提及的那份秘密报告所预言的一样，香烟广告果然是与啤酒（香啤尼尔、凯旋），或者是打火机（特别是朗森牌）的广告如影随形。

然而没过多久，烟草广告就被禁止出现在年轻人的杂志上了：首先是美国从1970年开始下禁令，接着法国也从1976年实施同样的政策。从此，年轻人成为了间接的广告目标人群。烟草商们有些犹豫，谁也不敢在这个方面去出风头。而温斯顿香烟干脆明确地放弃了年轻的吸烟人群：“温斯顿不能成为我的第一支香烟。”[46]

不过，当时理论上以成人为目标客户的杂志并不受到禁烟政策的约束，其中有一些香烟广告就与为年轻人设计的广告混搭在了一起。关键还是在于要“创造出”烟草的潜在消费人群，这是一个香烟品牌赢得光明未来的保障。1988年在美国的香烟广告中出现了“骆驼老乔”这个拟人化而年轻时尚的卡通人物，它对未成年人的影响力远远超过了对于成年人的影响力，6岁左右的儿童对于“骆驼老乔”的熟悉程度丝毫不亚于米老鼠。[47]

作为年轻人就要抽烟，因为抽烟能让你长大。“人一旦成熟，快乐的感觉也就随之而来了”，而如果“你能在20岁时找到自我，那你就会像30岁的大人那么成熟了”。以上这些都是法国第一家报业集团普鲁夫斯特旗下最重要的杂志《嘉人》在1976年9月刊和12月刊的香烟广告中兜售的观点。另外，作为年轻人就要反抗，抽烟能令你更加自信。这是切·格瓦拉T恤上显示的信息。这个产品的推出恰逢大麻烟卷刚刚开始在欧洲大行其道："啊……！你也是（抽这个）啊！"[48]

1981 年，香烟广告中甚至还出现了非政治的"权力交替"。长红烟在原有软壳烟的基础上推出了新的硬壳烟，并在《烟草杂志》上以连环漫画的形式广而告之。漫画一开始就是一个拳击擂台，长红的两款拟人化香烟盒子面对面站在一起大喊："硬汉！"*；接下来，这一对香烟盒拟人化为一对男女，她（软壳）："这个夏天，你干什么？"——他（硬壳）："我跳舞！"画面随之炫动起来。**

## 烟草与漫画

漫画产生于对社会现实观察的基础之上，也就是说，它把平时生活中发生的场景以一种戏剧化的形式放入漫画格子之中。因此，漫画也就自然而然地一直关注着烟草，就好像它也长期大量地反映与毒品有关的话题一样。[49]总之，漫画纸上一直笼罩着烟草散发的烟云。1943 年，漫画家约瑟夫 · 吉兰（Joseph Gillain）在他的《斯皮鲁历险记》中为主人公添加了一个令人难忘的伙伴——即便在上帝面前也要抽烟斗的记者范德西。

烟草首先刻画的是漫画人物的性格特点和精神状态。任何一点情绪和感受的变化都可以通过烟草来体现。比如说怒火：在一个带有强烈男性色彩的漫画《斯蒂夫 · 坎永大冒险》（1949）中，主人公用牙齿紧紧咬住烟斗，再加上从口鼻喷涌而出的烟雾都令他看起

---

* 在法语里，rigide 一词同时具有"硬"、"刚"、"猛"的意思。——译者注

** 该广告暗喻了 1981 年法国总统选举，当时社会党人密特朗击败了追求连任的德斯坦，当选法国总统。——译者注

来就好像是一个在压力作用之下的蒸汽机。而紧锁的眉毛和严峻的眼神则更加剧了主人公盛怒的效果。此外，烟草还能展现放荡的世界。在色情漫画《O的故事》（1975）里，一群赤裸的少女被链子锁在一起，旁边一个老鸨高高站着，身上长袍的袖子低垂，特别是嘴上叼着的香烟，无不强化着这个抽烟的女人相对那些少女而言高高在上的社会地位。

由于不同烟草产品各自代表的社会身份已经相对模式化，那些吸烟的漫画人物所扮演的社会角色也就很好辨认了，比如说卡门贝尔（军人）*、阿道克船长（水手）**、X－9（秘密警察）***和奈斯托尔·波尔玛（侦探）****。上述漫画人物构成了一个“吸烟者大家庭”，他们抽烟时各自特点极其鲜明，呈现出一种布尔代尔式艺术风格的画面。要知道，吸烟的方式能体现出一种真正意义上的社会差异化。例如，漫画中的歹徒和警员、间谍与反间谍人员，就属于不同的抽烟“阶层”。在《李普·科尔比》（1946）里，那三个流浪汉的身份呼之欲出：老板和他的两个保镖。他们每个人不仅各有一副“嘴脸”，更有能显示其各自“职业”的不同的短管烟斗。在《莫黛丝蒂·布莱斯》（1963）中，这位英国女主角简直就是女人之中的詹姆斯·邦德，一直在与主要是来自东欧地区的各种敌人进行缠斗。这部漫画后来多次被改编成图书，或者被拍成电影。在这些故事中，女主人公有一个很显眼的习惯，那就是要借助于香烟来思考。在当时的漫画和电影里面，私家侦探抽烟简直堪称经典。编

---

* 出自法国漫画《小丑卡门》。——译者注

** 出自漫画《丁丁历险记》。——译者注

*** 出自漫画《秘密警察X－9》。——译者注

**** 出自漫画《奈斯托尔·波尔玛》。——译者注

剧菲利普·帕宁格和图画家鲁斯塔尔的雅克这对黄金组合从20世纪80年代初开始进行合作，他们完美地刻画了一系列抽烟的警察形象，而所有这些人物竟然都纯属巧合地与美国影星亨弗莱·鲍嘉有那么几分相似。在法国漫画中也有一些“私人侦探”的代表形象，但他们往往会显得有点神经质，例如雅克·塔尔迪（Jacques Tardi）笔下的“律师、追债人”杰拉尔·格里夫，还有就是利奥·马雷（Léo Malet）创作的人物内斯托尔·布尔马。另外，政府官员同样也常常被描绘成正在抽烟的样子，例如英国漫画《四天拯救地球》（1950）里的“大胆阿丹”，还有就是法国漫画《捍卫天骑》（1969）和美国漫画《蓝莓》（1969）中的人物。

以前在帆船时代，船上是严禁吸烟的，而或许是由于一种反作用力，漫画中的蒸汽航海时代往往是吸烟的人挤满了一船。在最著名的“吸烟水手”中，除了阿道克船长还有来自美国的“大力水手”。连环漫画家西格（Elzie Crisler Segar）在1929年创作了这个人物。有一次，西格从一个真正的水手身上找到了灵感，于是就在当地的一份晚报，即《纽约标准晚报》（1927年1月17日）上第一次勾勒出了“大力水手”的形象。当时，西格天天都会在这份报纸上画一些奇闻趣事。那一天，他交出了这样的作品：奥利芙·奥耶（即后来大力水手的情侣）的兄弟加斯多尔买了一条船，打算远航去非洲。当他到处寻找船长的时候，在码头上遇到了一个独眼水手，他的嘴巴上紧紧叼着一个短玉米烟斗，这就是大力水手。——“哎你，你是水手吗？”——“我难道长了一个牛仔的脑袋？”——“好吧，我雇你了。”另外还有一个吸烟的卡通水手是柯尔多·马尔特斯，这位诞生于1967年的马耳他水手是一个讨人喜欢的冒险家，他总是抽一种瘦长的小雪茄，这种烟“只有在巴西或者是新奥尔良地区才能看得见”（《特里斯蒂安·班唐的秘密》，1970）。

当然，与在现实生活中一样，漫画中的社会也自然而然地区分成了两个部分，一个是“美好的世界”，另一个是小众世界：而造成这种阶级差异的正是烟草。只要看到漫画人物安迪·凯普的帽子和烟头，你就会明白他是来自工人阶级的。安迪·凯普不是一个流浪汉，他的职业也不是工人（《安迪·凯普》，1957）。他其实是一个“职业自由失业者”，长期以来都在逃避工作，只是靠着他的老婆、他的女友和他的朋友们接济过活，平时没有什么事就会跑到街角的小酒馆里浑浑噩噩地度日，这就是他最大的乐事。除了这个当时备受欢迎的人物，漫画世界里还有一个叫做约索特的，他来自20世纪初的《黄油碟》杂志，是一个充满了讽刺诙谐味道的角色。“集体主义？……呃，那就是所有的集体主义者以集体的方式进行集体收集工作的行为。”在1906年第296期里如是说道。此外，《伊力科家族》（1913）则提供了另外一个完全不同的版本。在这个故事里，一家之长吉格斯·伊力科是爱尔兰人，曾经干过泥瓦匠，后来玩彩票中了大奖，成了百万富翁。这是一个暴发户的典型形象：雪茄以及体面的着装和鞋子，再加上偶尔出现的大礼帽和手杖，都显示出了他的社会地位的快速提升。相反，他的行为举止：手叉腰的动作，衣襟凌乱甚至完全敞开，这些都暴露了伊力科先生的草根出身。

就是这样，烟草强化了漫画人物的特点，而取笑、嘲讽和奚落则是其中不少角色的共同风格。在这方面比较突出的例子都是来自一些关于捣蛋鬼的漫画书，比如说：美国漫画《顽童班》里的汉斯和弗里茨，法国漫画《懒鬼》中的里布尔定丁格、克罗吉诺尔和菲洛夏尔，还有法国漫画《齐格和普斯》以及比利时漫画《淘气包快闪》里的奎克和弗吕克。

至于充满致命诱惑的吸烟美女在漫画书中出现，则是20世纪

30 年代以后的事情了。不管是美国还是欧洲的漫画家都不吝笔墨地描绘那些吞云吐雾的女主角，她们要么是清新而性格冲动的女伴，要么是往往会带来不祥的美女。这些女主角总是在嘴里叼着、手里拿着香烟，这既是她们所属社会阶层的标志，又是她们惹火身材的延长部分，更是她们展示无限魅力的工具。在这方面的例子包括了帕冈·李（《李普·科尔比》，1946），还有那个“红色公爵夫人”（《科尔托·马尔代斯在西伯利亚》，1979）。金发，毋宁说是棕发女人的美貌真是能要人命：黑色花边的裙子、袒露的胸肩、长长垂落的头发、令人眼花缭乱的首饰、长长的指甲、精致的面部妆容，再加上一支香烟，这就是吸人魂魄的美女应有的一切素质。在这个方面，漫画中的美女形象与近现代好莱坞电影里的美女形象——玛琳·黛德丽（Marlène Dietrich）或珍·哈露（Jean Harlow）——高度重合。而这同时也是 1915 年问世的可口可乐饮料瓶子形状的灵感源泉。

这种具有致命诱惑的美女“样板”有时候也会显得极度夸张。帕格莱特·杜蓬（《格里夫》，1978）即是如此。当她叼着一支烟出现在在格里夫面前时，格里夫情不自禁地想到：“哎呀，天哪，神啊，妈呀，怎么会有这样的女人！一看见她，我就想到了度假，想到了香槟，想到了多维尔*，想到了布加迪威龙跑车，还想到了绸缎。我是多么希望她能用磁性的嗓音对我哼唱《温情谷》**啊！”

有时候，对于这种“致命美人”的艺术夸张甚至会“移植”到动物的身上，就连牲畜也开始抽烟和“模仿”人类了。于是，在漫画的世界里，动物化身接近了人的模样（《乐天无忧像牲口一样泡

---

* 法国北部海滨城市，著名的度假胜地。——译者注

** 20 世纪 70 年代著名的爵士乐。——译者注

妞》，1980）。

对于漫画故事来说，烟草还有助于推进剧情的演绎。由于漫画需要在极小的篇幅里进行高度概括，其语言和画面精练而浓缩，因此也就会比文学作品和电影更直白而简明扼要。作为简约艺术的典范，漫画在讲述一个故事时，节奏总是越来越快。而长期以来，烟草时常扮演了加速器的角色。例如漫画中的顽童汉斯和弗里茨（法文版本译作帕姆和普姆）就在烟草里加入了胡椒粉，来捉弄别人（《顽童班，第四次冒险》，1897）。此外，在《第一个烟斗》（1907）中，漫画家韦鲁克用了八帧图画来表现一个小孩抽烟之后发生的各种状况。而继韦鲁克之后，克莱尔·布雷特切（Claire Brechtécher）也在他创作的《受挫者》第三系列故事中展示了当一个妇女在使用打字机时，点燃香烟的动作引发了一连串的变故，结果竟然意外地在白纸上打出了一些语句。

漫画人物通常抽的是热烟，不过，其他的烟草使用方式（例如嚼烟和鼻烟）也并非完全被忽视。举例来说，比利时漫画家埃尔热在“二战”期间创作的《红色拉克姆的宝藏》（1943）里就描绘了几个水手为了顺利登船而学习嚼烟的过程。而出自《丁丁历险记》的另一位更出名的角色阿道克船长则是烟斗的爱好者，他在1940年的《金钳螃蟹贩毒集团》中首次登场，当时的形象就是头上戴着船长帽，嘴上叼着烟斗。

漫画是随着信息交流手段的日新月异而发展的。没错，我们此前已经看到了报纸杂志和青少年文学作品对于漫画的连续推动作用，而从20世纪20年代（《米老鼠》，1927）开始，这个接力棒交到了电影的手上。不久之后，也就是说在第二次世界大战之后，电视也对动漫发展作出了贡献。图画、连环漫画、玻璃上的连帧画、动画片历经将近一百五十年，构建了成像显示模式的发展之路。而在美国，漫画对于巩固好莱坞电影工业的优势大有裨益。1931 年，马克斯·弗莱彻（Max Fleischer）为一部动画片创作了贝蒂娃娃（Betty Boop）这样一个美眉形象，这个角色在 1934 年被“移植”到了漫画书里。与此同时，像《迪克·特雷西》（1931）、《飞侠歌顿》（1934），甚或《超人》（1938）这些动画里的主人公也交替出现在电影银幕和报纸之上。

当时新兴的媒体甚至连自身也被画进了漫画的世界。而烟草也参与了这个过程。曼德利卡（Mandryka）画笔下的人物鲍勃大叔（《鲁里的怪人》，1976）和他那永不离身的“保罗大叔烟斗”从 1959 年就不断地在青少年杂志《斯皮鲁》上重复出现。* 在 20 世纪 60 年代初，源自美国、主张摒弃主流文化的“地下潮流”席卷法国：诞生于 1960 年的讽刺报纸《哈拉—奇利》被认为是“愚蠢而恶毒的”，同样风格的还有 1972 年首发的《热带回声》。这种新的文化潮流推动着一部分法国成年人走向漫画世界，从而也就毫不费劲地加强了他们抽烟的倾向性。

漫画就此离开了限制变得严苛起来的少儿世界，进而越来越转向更开放的成人世界。而烟草也抓住了这个受众群体的转化良机，加强了自己在漫画中的地位。这就好像当时在香烟广告上发生的变化一样，只不过，在漫画世界里，烟草的处境要好得多。比利时漫画家弗朗坎（Franquin）创作的《捣蛋鬼加斯东》（1963）就是在一个所有人都大口大口吸烟的编辑室里塑造成型的，而这个活力四射，“知道怎么捣蛋的捣蛋鬼”在漫画里也是一个老烟枪。

另外一个深谙吸烟之道的是幸运卢克。这个漫画人物是由莫里

---

* 《鲁里的怪人》讲的是在一个叫做鲁里的地方生活的外星世界的科幻故事，里面提到了许多当时看来很新奇的信息传播方式。——译者注

斯（Morris）在1946年首创的。而从20世纪60年代起，“这个孤独的牛仔”就总是会在卷好他的烟卷之后好好享受一番吞云吐雾。几乎每一次的现身，他都在灵巧地卷着烟和点烟，一直到1983年出版的《手指》故事都是如此。这种对于烟的痴迷是否源自当时社会抽烟成风的大环境呢？抽烟变成一门艺术确实也是由于当时社会上有很多人抽烟，而且出于炫耀手艺的心理以及经济方面的考虑，自己动手卷烟的风气很盛。其实，幸运卢克当时本来是可以在嘴上叼着好彩烟的，因为那时候这个牌子风头正劲；然而，故事最终并没有这样演绎。更何况，从20世纪60年代起，万宝路也推出了它自己的牛仔。

最初的漫画小主人公大多是一些淘气鬼，但后来的那些主角们就变得更规矩更聪明了。聪明的孩子总是朴实而有分寸的。从20世纪初开始，漫画世界就陆续出现了一些聪明的少男少女：贝卡西尼、丁丁……又或者是一些“萝莉”，如贝蒂娃娃和奥利弗·奥莉。这些人物都是循规蹈矩的道德标兵，在漫画故事中很快就成为了各路英雄。而丁丁无疑是其中最典型的一个。这位漫画世界中最有名的角色之一是在1929年1月的《20世纪小伙伴》中诞生的。《20世纪小伙伴》每周四出版，是布鲁塞尔日报《20世纪》的附刊，主要的服务对象就是该日报的年轻读者。从1929年第一集《丁丁在苏联》开始，丁丁就是一个完美纯净的人物，无论是在政治上还是在精神上都毫无瑕疵。而他的敌人往往都会抽烟。例如，在故事中的那个野蛮的前苏联官员，一支左轮手枪摆在台面，一支香烟叼在嘴里，无情地拷问着不幸的丁丁，后者在经受了一番折磨之后已经是衣衫褴褛了。而在《奥托卡王的权杖》（1939）里，丁丁则对阿朗比克教授说：“不，谢谢！我不抽烟。”实际上，所有在《丁丁历险记》里出现的人物都有那么一丝可疑。至少直到阿道克船长出现之前都是如此。在《丁丁历险记》第二集《丁丁在刚果》

(1930）中，《纽约晚报》的记者一边抽着烟，一边试图收买丁丁。而当地黑人的国王、强大的巴宝罗姆之王坐在他的王座上像白人一样抽烟。而故事中的大反派巫师则是一直在口里衔着一个烟斗。此外，在烟草国度（《丁丁在美洲》，1933）发生的一切更加清楚明白地显示出当时的情况：抽烟的现象很普遍，而坏人往往都是烟鬼，例如芝加哥黑帮的头头、侦探迈克·马克—阿当姆，还有就是那个试图买下丁丁所发现的油井的生意人。在故事中，年轻的记者丁丁拒绝了“黑社会”头子递给他的雪茄……

《丁丁历险记》作者埃尔热的漫画主角们都具备了如此的“道德”品质，这一点早在埃尔热当年创作“奎克”这个角色的时候就已经是这样了。在20世纪20年代，经过了第一次世界大战的浩劫，欧洲大陆人口剧减，必须想办法让法国（和比利时）重新人丁兴旺起来，令社会焕发新的生机。当时，青少年文学也加入到这个全社会身体和精神“重生”的过程之中。比如说，皮埃罗杂志属下的《男童日报》就会定期刊登一些具有教化功能的漫画插图，这些都是一些“大师”的作品。而加入这个“精神健康十字军”运动的包括有莫里斯·拉迪盖特（Maurice Radiguet）或者是费伦(H. Ferran)。埃尔热是在服完兵役之后进入“天主教的全国性”日报《20世纪》的，在那里，报社领导让他负责少年儿童版面。于是，埃尔热就开始自己创作漫画，而他在推出《丁丁历险记》之前，已经刊发了《淘气包快闪》。

埃尔热，皮埃罗杂志

《淘气包快闪》，1925

通过两页（每页12格）漫画，埃尔热揭示了“抽烟的危害”。在漫画里，一个大约15岁的年轻人，外形看起来就有点像是巴黎街头机灵调皮的游浪儿童，他捡到了一个烟头，并请求一个正在抽雪茄的高雅人士帮忙点火。随后便出现了以下关于烟草危害的一段对话：

——对不起，先生，能借个火吗？

——可怜的孩子！……借火？……你就不感到可耻吗？……

这么小小年纪就抽烟！……

那你是不知道吧，年轻人要是抽烟就会长不高！……

你就会一直像现在这么矮小！……

接着你就会因为抽烟而感到胃部剧痛！……

这是因为烟会在肚子里堆积，然后形成一个巨大的尼古丁球！

这还没完：你的喉咙会发干，肺部会堵塞，最后啊你就会死！

还有，这么说吧，就算你不死，如果抽烟抽太多你也会变疯的……疯！听到了吗？况且，想一想吧，如果戒了烟，那你能省下多少钱啊！

好吧！你现在怎么想？

——我在想，您可能忘记了一点，那就是，抽烟会让人像您这样成为一个话痨！

与烟草有关的漫画还是走向了烟草的对立面，不管是自己抽烟，还是迫使他人被动吸烟的行为最终都受到了“惩罚”。一直改不了抽烟恶习的拉贾夫“活该挨一顿揍”，而斯皮鲁的雇员则由于抽烟而失去了信誉。(《斯普鲁》，1963)：“一支烟接着一支烟，嗯？……很糟糕啊，这个……快呼吸不了了都！”另外，在卑鄙下流的拉斯泰波波罗斯的身上汇集了一个无耻商人的一切外貌和特征，而当他对着可怜的卡雷达斯先生的面庞喷出那臭烘烘的烟气时，这个家伙的粗野也就一览无遗了（《丁丁历险记》之《714航班》，1967）。不过，结果还是丁丁，也就是说正义的一方获胜。朴实的人最终得到了补偿。

烟草有损智力，有损人道。特别是每天的第一支烟更是如此。“早上抽烟，令人忧伤抑郁”，漫画家佛罗伦斯·塞斯塔克（Florence Cestac）如是说（参见《待续》杂志，1980 年夏天，第 31/32 期）。而在帕特·苏里万（Pat Sullivan）笔下的“一个生动有趣的故事”中，菲利克斯猫被托付给一个抽烟斗的人，但这个家伙马虎了事，没给菲利克斯猫喂食，于是菲利克斯猫假报火警召来了消防员，狠狠地耍了这个抽烟的人一把。这个故事的主题通过菲利克斯猫之口表达如下：“这又是一个应该受到惩罚的混蛋！”尽管这句话针对的对象首先还是吝啬的人，但我们依然可以从中感受到对于不合时宜的抽烟行为的摒弃。类似的一幕也发生在了皮姆、帕姆和布姆*的身上。这几个淘气鬼的敌人——“上尉”——长期抽烟，而且行为粗鲁态度恶劣，并一直认为他抽烟不会影响到其他任何人。于是，三个淘气鬼假借净化室内空气的名义，利用一个风箱把烟全部吹到了“上尉”的脸上。

没过多久，漫画就被用来进行教化了，而由于操作便利并且比较直观，漫画最开始时在教育方面的主要“任务”就是普及书中所涉及的主题。结果，当电影还是吸烟者天堂的时候，在漫画世界里，烟草却已大败而归。

幸运卢克是不是也治好了自己嗜烟如命的毛病呢？这个漫画人物的最后一支烟恰恰是出现在《达尔顿的康复》（1983）这个故事之中。索梅尔塞特·艾普瓦特会不会是漫画世界里面第一个主导戒烟疗程的医生呢？在 1983 年，自己长期抽烟斗的莫里斯用一杆稻草替换了他幸运卢克嘴上一直叼着的烟头。他这么做主要是因为那

---

* 出自 19 世纪末 20 世纪初《纽约日报》刊登的漫画《骚动小屁孩》。——译者注

个时候美国汉娜—巴尔贝拉工作室正准备把幸运卢克的故事翻拍成动画片，而当时在美国，一个抽烟的漫画人物是绝不可能被允许出现在荧屏上供孩子们崇拜景仰的。后来，莫里斯由于在推动漫画界禁烟方面所起的作用，于 1988 年受到了世界卫生组织的嘉奖。

莫里斯的这个改动最初其实纯粹是出于商业目的，是为了符合美国当时的卫生条例，不过同时也是相关人士所谓自我意识觉醒的结果。对于幸运卢克来说，放弃香烟可真是一件痛苦万分的事情。"香烟已经成为了他身体的一部分。"幸运卢克的创造者莫里斯讲述道[50]，"就好像大力水手或者是麦格雷*的烟斗一样"。禁烟运动那个时候正在效仿禁酒运动早期的做法，试图令禁烟成为大家心中根深蒂固的概念。结果，幸运卢克也就变成了"不再抽烟的牛仔"。

那是一个人人自危的年代，就连笑声有时候都会显得很刺耳。整个社会开始担心那有毒的烟气，而漫画也加入了禁烟的行列。

也就是在 1983 年，在世界卫生组织的推动下，曾"孕育"出加斯东 · 拉贾夫和幸运卢克这些著名漫画人物的《斯皮鲁》杂志甚至在世界无烟日这一天推出了一个禁烟特刊："烟草杀人。别再上当受骗了。烟草不应该再有任何广告，不应该再有任何津贴，不应该再有任何增值行动。"从此，个人意识和"公民"意识也融入了社会共识的洪流。抽烟之危害不仅诉诸文字，还反映于图画之中。再也不能再吸烟了，就算是在屏幕上和在漫画里也都不能了。漫画反映的是社会总的氛围。而如今，在经过二十多年的积极努力之后，漫画已然变成了禁烟的媒介——甚至有人根据其道德导向作用把它称为禁烟的"灯塔"。时代的风向由此转变了。

---

* 出自比利时作家乔治 · 西姆农撰写的侦探故事集。——译者注

第八章

# 反烟潮的崛起

在“光辉三十年”期间，香烟确立了自己的地位。全世界似乎都在吞云吐雾。在法国，烟草产品的年消费额从 1960 年的 36.6 亿法郎飙升到了 1980 年的 260 亿法郎。尽管烟草对国家财政做出了巨大的贡献[1]，但法国的公共卫生健康管理者还是笑到了最后，因为他们终于可以拿出一些更有力、更可靠的科学数据，来向世人发出关于香烟的预警。

## “吸烟者之癌”激发“反烟草思潮”

在癌症病理学中，关于烟草导致病变的疑虑由来已久。巴黎医学院外科教授皮埃尔—弗朗索瓦·佩尔西（Pierre-François Percy）早在 19 世纪初就已经注意到：“法国东部和北部一些小酒馆的老顾客都是‘老烟枪’，他们长期游走于两种生活状态之间：要么就是把烟斗抽到发烫，神情恍惚；要么就是用调味啤酒、果酒或者烧酒来提神‘解渴’。”这种生活状态特别容易导致病变，佩尔西称之为“吸烟者之癌”。根据佩尔西的描述，此病患者的突出症状之一是

“下嘴唇皮肤癌变”[2]。导致这种状况的主要原因有两个：一是长期使用短管烟斗（即著名的“烧嘴烟斗”）；二是长期咀嚼熄灭的雪茄头。

香烟的普及引起了人们的不安，进而促发了相关的实验科学研究。在使用过程中，香烟在燃烧的烟管里能达到800℃—880℃的高温，这远远高于一个烟斗或者一根雪茄所能产生的温度。于是，佩尔西医生在1924年发出了第一个警告的信息：“世间所有称职的医生都会达成共识：烟草对于儿童和年轻人有危害。这是因为年轻人的器官还处于生长发育的阶段，对于尼古丁及其燃烧后衍生的碳氧化物、氮苯等有毒物质极其敏感。”[3]

从20世纪30年代以来，特别是在20世纪50年代，阿根廷生物学家安吉尔·罗孚（Ángel Roffo）以及美国的恩斯特·维恩德（Ernst Wynder）、埃瓦斯·格拉汉姆（Evart Graham）等一批学者认识到：在高温下，烟草热解后产生聚合作用，最终形成了烟焦油，例如高度致癌的3，4苯并芘，一旦吸入后果十分严重。英国医学数据专家理查德·多尔（Richard Doll）是第一个把吸烟和肺支气管癌症高危性联系起来的人。由此，他极大地推动了流行病学以及预防疾病学的发展。第二次世界大战结束之后，多尔重新回到了英学研究委员会，并在长达二十一年的时间里主导了相关的医学统计研究。与奥斯汀·布拉德福德（Austin Bradford）合作，多尔很快明确了研究方向，开始探寻导致英国肺支气管癌症高发的原因。最初的蛛丝马迹出现于1947年医学研究委员会召开的一次学术讨论会上。这次学术讨论会的主题之一是验证英国肺癌致死案例是否真的在增长；二是找到肺癌病例增多的原因。为此，当时的学者提出了种种假设。一开始，关于英国民众尤其是城镇居民烧炭导致环境污染的问题成为了焦点，而吸烟的危害却没有引起太大的关注。事实上，在那个时候，医学界注意到的与吸烟有关的疾病还仅仅表现为患者视力的减弱以及咽喉炎。例如，当时人们已经发觉吸烟斗的人容易出现嘴唇和舌头部位的癌变，不过，这更多地被归咎于烟管太烫，而不是烟草本身的燃烧分解。唯有多尔教授直接把矛头指向了烟草。数年之后，他的假设得到了验证：初步调查显示，在每五个肺癌病例当中，有四例都是由于长期吸烟导致。[4]而到了1954年，40000名医生开始相继参与一项大型前沿医学调研。用了足足二十年时间，这项调研得出以下结论：尼古丁中毒的后果严重，远远超出呼吸系统所能承受的程度。因此，长期吸烟极有可能导致平均寿命的降低。于是，随着理查德·多尔的名声越来越大，他在1969年重新回到了牛津大学。

“医疗数据、实验室数据以及各种组织的数据将那些原本看起来似乎毫无关联的病源串联了起来。”阿道夫·乐庞（Adolphe Lepemp）于1951年在法国第一个“拷问”吸烟者癌症的医学论文中写道。他很明显对盎格鲁—撒克逊文学颇有涉猎，所以在他的论文中指出：“在一百位吸烟的美国名人中，只有46人活到了60岁。”[5]此外，乐庞似乎还受到了勒梅尔教授的一些早期论著的影响。安德烈·勒梅尔（Audré Lemaire）是巴黎医学院教授，他因为个人研究成果的开创性而在1961年被选入法兰西医学院。从1950年开始，勒梅尔通过研究发现了烟草燃烧释放出的两个“真正有毒性的”成分：碳氧化物和尼古丁。他指出了吸烟的一些负面后果：消化系统障碍、呼吸系统炎症以及神经系统障碍，但同时又强调了烟草的一些“好处”（通便、利尿和杀菌），甚至于建议“应适度吸烟而绝不必完全戒烟”。那个时候，乐庞还在犹豫要不要公布吸烟可能引起的心血管病患，但他已经开始谈及吸烟者的肺黏膜分泌功能退化，进而导致肺癌的问题了。[6]又过了几年，华盛顿的公共卫生健康负责人、总医师路德·特里（Luther Terry）于1964年公布的一个医学报告，在法国引起了巨大的反响：他以科学论证表明，在长期吸烟的行为以及肺癌和冠心病之间有牢固的因果关系。《烟草杂志》随后指出："这响亮的一击"给反烟运动送来了科学的论据。

就是这样，大家终于知道了，香烟烟雾对于呼吸道黏膜有刺激性甚至毒性，有可能导致呼吸系统癌症，又被称作"吸烟者之癌"。于是，除了从19世纪起就大白于天下的尼古丁之毒，香烟的危害性又多了一条，那就是吸入烟雾中的焦油有可能致癌。而随着相关的医学研究越来越多，一个新的学科——吸烟病理学出现了。学者们开始研究香烟及其烟雾的各种成分。实际上，烟草燃烧所产生的烟就好像一个气雾剂，是一种气体和各种微粒的混合体。这些微粒包含有4000种分子，其中超过40种可能致癌。一旦点燃，香烟就仿佛变成了一个真正的化学工厂，其烟草的热解过程会释放并聚合出大量有毒物质，例如焦油、各种毒气（一氧化碳[7]、氮氧化合物、氢氰酸、氨），还有重金属（镉、汞、铅、铬）。

与此同时，流行病学研究也取得了进展。丹尼尔·舒瓦茨（Daniel Schwartz）是法国流行病学界最杰出的人物。[8]相关研究主要是要了解谁在吸烟？人们从几岁开始吸烟？有多少吸烟者上瘾而不能自拔？每年有多少吸烟者戒烟？法国的吸烟现象如何发展？诸如此类的问题在20世纪60年代还只处于萌芽阶段，而到了20世纪70年代，相关研究已经非常广泛了。[9]

科学界给当时的反吸烟运动提供了大量的论据。[10]生态学家和流行病学家，充分利用其新的社会身份，穷尽一切试图向公众表明，吸烟这种"个人的冒险行为"似乎已发展成了真正的社会灾害。

香烟，曾经是社会财富和中心地位的象征，而如今在国家"大舞台"上，是不是只能偏安一隅，甚至完全没有了容身之所呢？

## 随着科学研究的进展，公共健康信息相应演变

20 世纪 50 年代

（烟草的）毒性是确定无疑的了，而且越是长期接触，其后果就越是可怕。这种毒性有什么样的表现呢？

在呼吸道，可能出现舌头、气管和支气管的局部发炎，导致吸烟者患上轻度黏膜炎，而一旦停止吸烟，相关症状即会消失。

吸烟较多的人会出现消化系统障碍，感到肠胃胀气，有时候还会有挫伤以及肝部血肿……大家都知道，烟草会导致视力下降，甚至造成视觉神经伤害。不过，出现这种状况也可能要考虑患者是否同时有某种程度的酗酒问题。

由于烟草而产生的神经性障碍问题可能有很多，但香烟烟雾肯定不会直接引起偏瘫、脊髓炎、癫痫和神经错乱等病症。对于吸烟较多的人来说，值得注意的普遍性影响包括手指痉挛以及一些精神性障碍，尤其是注意力下降，名称使用和追忆紊乱，乃至心智问题等等……

至于心血管系统，受到烟草影响的方式与众不同。抽一支雪茄足以引起动脉血压升高，并增加血糖……长期以及频繁抽烟可能会滋生永久性病变，也可能引起心绞痛。比奈教授所提及的吸烟致死，指的就是心绞痛问题……

安德烈·勒梅尔教授，《无火不成烟》，
《世界报》，1950 年 5 月 18 日

20 世纪 80 年代

……根据卫生部最新公布的一份重要的报告（《伊尔什报告》），1985 年，烟草在整个法国导致 53000 人死亡，也就是说，死亡率大约为1/10。而这个数字还仅仅是最保守的估计。实际上，烟草被认为是至少 32000 个

癌症致死案例的源头（在这些案例中有90%是肺癌，以及相当比例的食道癌、口腔癌、咽癌、喉癌、胃癌、膀胱癌、肾癌和胰腺癌），也就是说，在全国因癌症致死的案例中，超过1/4都与烟草有关……

其他由烟草引起的致死疾病主要是慢性支气管炎、心肌梗塞和动脉炎。在法国两大死亡主因（即癌症和心血管疾病）当中，烟草扮演了十分重要的角色。

面对卫生部报告中提及的这样一场“公共卫生灾难”，我们能怎么办呢？……首要行动是将所面临的风险的相关信息公之于众。人们常常谈及普通病人的知情权，但其实在重大疾病面前，整个公众的知情权更加重要。为了起到更好的效果，对于吸烟危害性知识的普及应该从学校开始，相关教育要在小朋友10岁之前就进行，因为一旦孩子们已经看到同伴中有人吸烟，如果从那个时候才开始强调吸烟危害性的话，那就为时已晚了。对于未成年人来说，他们总是更倾向于模仿别人，而不是理性分析。此外，为了起到更好的效果，关于吸烟危害性的教育应当持续进行，不断重复。而在香烟广告方面，制定一套真正有效的规章制度势在必行。再也不能容忍香烟制造商藐视法律的行为，例如在火柴盒和打火机上贴香烟广告，或者在参加比赛的赛车上投放广告等等。

此外，我们还应该采取措施，致力于提高香烟税。当今世界，法国是除了希腊之外，欧盟里面征收香烟税最低的国家之一。欧洲的专家已经提议在1992年之前实现欧盟内部的统一香烟税。他们还提出使用一种不涵盖香烟价格在内的全新物价指数体系……

让·贝尔纳（Jean Bernard）教授和莫里斯·图比亚纳（Maurice Tubiana）教授

《吸烟每年导致至少50000人死亡》，

《世界报》，1987年9月3日

21 世纪头十年

烟草被认为具有刺激性及镇静安神的双重特质。吸烟既能使人处于生理醒觉状态，保持精力旺盛，同时也可以令人心平气和。此外，还有人寻求烟草在缓解饥饿，甚至抗抑郁方面的功效。

短期而言，烟草能引致咳嗽、恶心、头疼。吸烟会影响味觉和嗅觉，令人脸部失去光泽，气喘吁吁。大部分的吸烟者都会上瘾，而这往往会导致慢性支气管炎以及呼吸不畅。此外，烟草还对心血管系统和呼吸道系统有不良影响，会最大程度地增加相关疾病的风险：在法国，吸烟每年导致 60000 人死亡，而每两个吸烟者中就会有一个死于烟草带来的不良后果。如今，法国禁止向低于 16 岁的未成年人售卖烟草。

戒烟行动有可能独立完成，也有可能在亲人的帮助下实现，而由相关医疗机构提供的尼古丁替代品则有助于缓解断烟期内可能出现的烦躁情绪和疲惫感。

"烟草信息服务"，www. drogues. gouv. fr

## 过滤香烟和"圣人"吸烟法

为了避免关于香烟有害公众健康的指控，香烟制造商很早就开始着手生产一些所谓"无害香烟"。从 1880 年开始，对于香烟过滤的研究就已经展开，相关的技术专利纷纷面世。大约在 1926 年，一个匈牙利学者鲍里斯 · 艾瓦斯（Boris Aivas）开始尝试用卷起来的纸片代替药棉，以达到为香烟过滤的效果。之后，在法国市场异常活跃的日内瓦烟草公司劳伦斯采用了艾瓦斯的技术，并且应用于自己的产品中。到了 1937 年，塞塔公司也推出了它的

“过滤香烟”阿尼克，这个品牌名称的意思是：去除尼古丁。然而，这个进程因为第二次世界大战的爆发而在1941年中断。此后，直到1954年才在法国出现了一种配备专门且有效“过滤嘴”的香烟——“法兰西空气”。当时的吸烟者都在取笑这个牌子，还给它取了一个绰号“汤派克斯”（Tampax），此名出自一款避孕套品牌。

当时，美国人掌控了过滤香烟的开发。罗瑞拉德公司出品的健牌（Kent）香烟在1952年推出之后，很快就占领了相当一部分市场份额。随后在1953年问世的温斯顿（Winston）香烟成为了行业标杆。那个时候的香烟过滤嘴是由纸片层或者醋酸纤维条组成，有些附带活性炭，有些没有。这种过滤嘴能吸收一部分可能刺激支气管的微粒，以及烟草燃烧生成的一氧化碳。香烟的烟管和过滤嘴由一个接触面上有很多小洞的小纸筒相连。[11]有意思的是，当时有关烟草是否危害健康的争论竟然也被引入香烟广告之中。在20世纪50年代，罗德曼公司的研发部门承认，“统计数据”表明，肺癌与无节制地吸烟有很大的关系，而与此同时，该公司表示他们的“王牌产品”过滤嘴香烟“黑猫”可以有效地避免吸烟的致命后果。而菲利普·莫里斯则干脆宣称它生产的“香烟可以让人无所畏惧地吸烟”。从1973年开始，在美国出售的香烟中有85%都是过滤的，而在法国，这个数字是50%。

受到关于吸烟有害的种种不利传闻的影响，塞塔公司的声望急剧下降，于是，该公司成立了一个专门研究烟草燃烧所产生气体的科研小组。这个小组在1954年到1966年期间得到了法国卫生健康研究院的支持。1955年9月，塞塔公司在巴黎组织了第一届关于烟草的国际科学研讨会。本次会议的目的是实现“各种思想、理论和方法的交流与碰撞”。遗传学、生物化学、寄生虫病理学和生理学这四个学科的专家都参与了会议。然而，这次会议的相关文件最终竟然只字未提烟草的风险性。香烟制造商就此错过了与科学界学者携手解决问题的机会。

不管怎样，法国政府，至少是当时还很强势的财政部仍然在保护着烟草制造业。因此，当某位议员对烟草广告在法国太过泛滥表示担忧时，当时的法国总统瓦勒里·吉斯卡尔·德斯坦（Valéry Giscard d'Estaing）有点没好气地回应道："根据我们现在所了解的情况，医疗系统对此显然已经有所了解，应当由他们来提出他们认为合适的建议。"（1962 年 3 月 16 日）那个时候，法国卫生部部长不仅缺乏财力，更关键的是没有政治方面的动力，因此在烟草的问题上一度保持缄默："到现在为止，卫生部部长从来没有致力于让公众了解情况；对于香烟的各种危害性，他总是避免表态。他在这方面的举措仅限于与经济和财政部部长的沟通，而这种努力毫无效果。"[12]

至于法国国家医疗保障基金（CNAM）的所作所为也不具有说服力。直至 1969 年，由法国国家医疗保障基金赞助的 170 部影片中没有一部提及烟草。此外，建立于 1966 年的法国社会卫生教育委员会，即法国预防和健康教育局（INPES）的前身，仅从法国国家医疗保障基金中取得了微不足道的一点点拨款。

事实上，直到 1970 年，吸烟问题才在当时著名的电视节目"我想知道"（有 200 万至 250 万观众收看）中被触及。然而，该节目所指责的只是烟草污染环境的问题，而不是吸烟行为本身的灾害性后果。

由于本应对国民健康负责的官方机构闭口不谈烟草问题，在这个方面，不得不又一次靠个人行动来向社会公众发出警报。1953 年，《巴黎竞赛》杂志发表了雷蒙·卡地亚（Raymond Cartier）的一篇文章《来自美洲的炸弹》，在坊间引起了轰动。作者以美国媒体材料为鉴指出，“香烟令人患上肺癌的几率增加了 20 倍”[13]。这篇文章的副标题同样令人印象深刻：《每吸一支香烟，寿命减少半小时》；《20 万名吸烟受害者用他们的生命向烟草发起控诉》。而到了 1957 年，另一家素来文风温和的杂志《铁路互助》也“毫无保留地谴责香烟”，因为“在法国的相关数据看起来真是太悲惨了”。

试图拉响警报的还有原“反对滥用烟草联盟”——后来在 1939 年改称“反对烟草协会”，又在 1950 年改名为“反烟草中毒国家委员会”（CNCT）。为了找到禁烟依据而进行的统计调查，最终亮出了令世人震惊的一系列数字：法国每年有 50000 人因吸烟而死亡；此外，肺病医生阿尔弗莱德·伊尔什（Alfred Hirsch）认为这个数字应该是 53000，即在法国每 10 个死亡案例中就有一个与烟草有关；而 CNCT 主席杜布瓦教授则更习惯于引用这样的数据：每天有 165 个法国人因吸烟而死，相当于一架波音 737 客机的乘客总量。[14]

为了达到更好的宣传教育效果，当时的禁烟运动还引入了新的信息交流手段——科教幻灯片。[15]不过，在 1925 年至 1975 年期间[16]，共有十几部反酗酒的幻灯片出炉，而在同一个时期，只有一部反吸烟的影片问世[17]。这部幻灯片是在 1966 年由法国国家医疗保障基金和法国反烟草全国委员会共同投资的，并由法国影片档案署出品。这个作品回顾了烟草发展的历史，使用的是经济或医疗领域的叙述风格，而打出的字幕则显得严厉甚至粗暴。很明显，影片的主要目的就是要数落吸烟者的种种不是：从“乱花钱”（第 18 帧）到“大毒源”（第 16 帧），甚至是“危害健康，妨碍整个民族的发展”（第 13、14、17、20 帧）。其他的且不说，香烟被当作了道路公共安全的隐患：“吸烟对于驾驶员来说很危险。这个行为会导致注意力和反应能力的下降。”不过，在种种非议之中，烟草工业以及相关的国家机构并没有被列入“被告席”。相反，1966年的某个作品还指出：“在烟草商的实验室里，研究人员一直在探索化解香烟毒性的办法。”于是，个体消费者顺理成章地成为了吸烟危害的唯一责任人，并被要求采取行动停止对自己的“大屠杀”。可以想见，以这样一种方式传递出来的信息是多么的不清晰并且极度缺乏说服力。

从20世纪70年代初起，一个大规模的反吸烟社会总动员运动拉开了序幕。根据法兰西医学院的标准，一天吸烟只要超过十支就属于“吸烟过度”。当时，法国已经通过了禁止服用大麻的第一条法律，而吸烟则被描述为一种“隐蔽的吸毒行为”。与此同时，妇女也被要求远离烟草：“对于一位孕妇来说，香烟就好像是扎向她肚里孩子的一把利器。”[18]为此，法国卫生健康教育委员会（CFES）开始在相关医疗机构派发给孕妇的宣传手册中放入了关于禁烟宣传的插页。“值得注意的是，当孕妇抽上一支香烟的时候，其肚中胎儿的心跳节律就会加快。因此，吸烟的孕妇会面临早产或者生下死胎的风险。”面对吸烟问题，法国政府开始为大众提供免费的医疗咨询，让烟民得以排查恶性肿瘤，甚至协助其进行“戒毒”。由法国反吸烟全国委员会秘书长莫德·库山（Maud Cousin）医生创议的此类医疗服务，最早设立于科辛医院。

这种突如其来的对反吸烟活动的支持应该与当时法国社会医疗团体的地位上升有关，而其中尤其活跃的是一个世人称为“贤人委员会”的小群体，其成员全都学识渊博、言行慎重，人人皆是声名显赫、身居高位：让·贝尔纳是巴黎医学院的终身教授、血液病学家、科学研究院主席、法国医学院和法兰西研究院成员、法国生命与健康科学伦理委员会第一任主席；莫里斯·图比亚纳是医疗物理

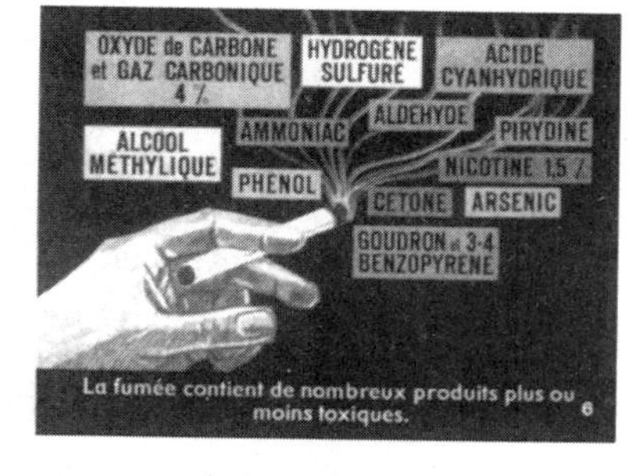


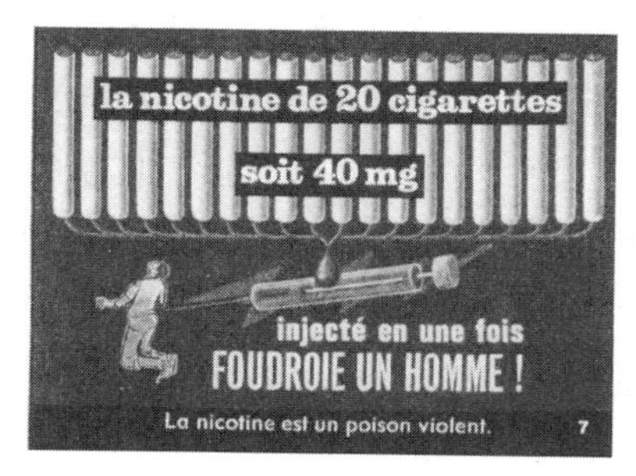

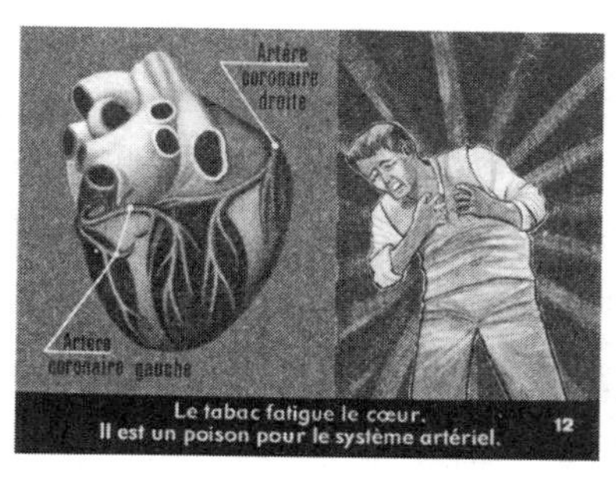


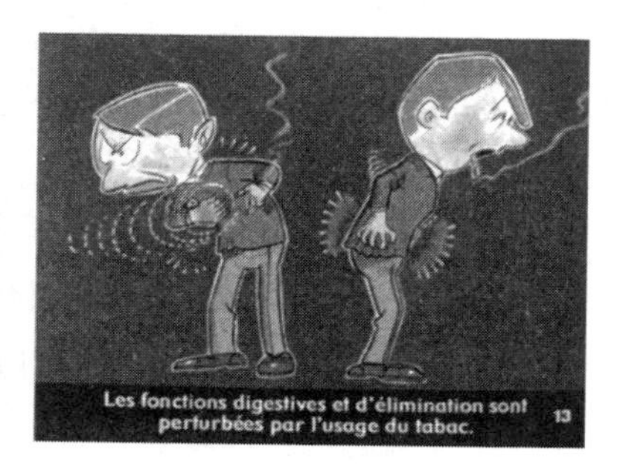

关于烟草的科教幻灯片，1966 年

学博士，自从1963年起在巴黎医学院任教授，1988年成为科学研究院成员，长期在巴黎的圣路易医院负责肺病医疗；阿尔贝特·赫希（Albert Hirsch），于1985年撰写了有关烟草中毒的研究报告，巴黎圣路易医院肺病科主任；杰拉德·杜布瓦（Gérard Dubois）是医学教授、法国反吸烟全国委员会主席。这些专家的论断集中了当时对于吸烟问题的种种疑虑、担忧以及焦虑。因此，平面媒体、广播和电视台经常不间断地请他们出面，对吸烟问题发表科学性意见。在这方面，专家代替了咨询师的角色。1975年12月，法国舆情调查公司SOFRES的数据显示：82%的法国人自称了解了吸烟的危害！至此，有了普遍的社会基础，采取相关有效措施的时机已成熟。

## 国家最终干预

著名医学数据专家理查德·多尔（Richard Doll）的祖国英国在1952年率先采取了禁烟的措施，两年之后，美国也开始行动，而加拿大则是在1964年加入了禁烟行列。这三个国家通过法律强制要求在烟盒上打印警示标语，并注明香烟中所含有毒物质的剂量，从而提醒烟草消费者注意吸烟带来的危害。与此同时，有关方面还限制，甚至禁止烟草商在某些载体，特别是相当一部分媒介（电台、电视、空中宣传、体育展示）上投放广告，以此削弱香烟广告的影响力。某些相关法律甚至还会规定在电影院、公共交通工具以及行政管理机构等公共场所禁止吸烟。

至于法国，则在二十五年之后才开始参与到禁烟事业中。当然，我们必须公平地指出：法国人抽烟没有那么厉害，平均而言，英国人和美国人的烟草消耗量分别是法国人的三倍和两倍。

当时的法国政府对于香烟买卖兴趣十足[19]，根本不愿意理会香烟消费可能引起的健康问题。因此，在1931年，当勒格兰（Legrain）医生公开在杂志上呼吁反烟草全国行动日时，该行动引起了政府的持续非议。[20]事实上，法国的公民健康问题很晚才被纳入政府的公权管辖范围。试举一例足以证明：直到1930年，法国政府才开始设立卫生健康部部长一职。也正因如此，仅仅是在1945年以后，法国国家管理机构才开始关心国民的健康问题。而一开始，反酗酒运动吸纳了政府用于社会卫生保障的大部分资金，随后才慢慢轮到禁烟运动前来分一杯羹。

这种变化的出现其实有一定的时代背景：当时法国政府正在通过人人缴费分摊的方式，将社会保障体系逐渐推及至全体国民。而对于公共卫生健康的担忧（同时也是考虑到要控制政府健康保障开支）则要求禁止个人无节制地对吸烟快感的追求。再加上禁烟运动当时正成为国际潮流，法国自然也不能长期地置身事外。

1967年9月，第一届世界烟草使用与健康问题大会在纽约举行。

到了20世纪70年代，法国的大环境尤其有利于政府开展禁烟运动。当时，法国人均"消费"的香烟数量已经从原来的每年1900支上升到了每年2300支。而社会保险基金也出现了巨大赤字。新上任的法国总统德斯坦大量借鉴了反对派的意见，领导政府进行了一系列大胆的社会改革，例如规定18岁成年法、提高妇女权利地位等等。当时，新任法国卫生部部长就是一位女性——西蒙妮·威尔（Simone Veil），她的晋升正是新政改革精神的体现。西蒙妮部长在政治上属于中间派，更容易受到欧洲大陆主流观点的影响。正好在这个时候，欧洲议会发表了第716号公告，建议各国政府"强制规定在香烟盒上张贴警示标语并注明香烟之中的焦油含量"。

于是，法国在1976年7月9日通过了首个禁烟法令，主要包括以下三项内容[21]：限制烟草广告，增加烟草税收，限定在公共场所吸烟的范围。历史上第一次，法国政府坚定而有序地投入到了禁烟的斗争之中。于是，继维希政权时期之后，法国的剧场再一次成为"非吸烟区"。从此，在邮局、大学和中学、产房等相当一大部分公共区域，吸烟也成为了非法的行为。

不过，禁烟在法国国家管理层面还远未形成共识：威尔法案在政府内部引起了明显的分歧。当时的法国经济部部长助理的国务秘书克里斯蒂安娜·斯科利维内（Christiane Scrivener）在参观位于贝尔格拉克的烟草研究所时竟然公开训斥她的同僚西蒙妮·威尔："强迫大家一下子舍弃淡而苦涩的小小香烟，如此罔顾别人意愿而专横地将所谓'幸福'强加于所有公民，很不幸，我不认为这是一种理智的行为。"[22]此外，法国的这个威尔法案不仅姗姗来迟，而且与其他许多国家的类似法案相比，显得更加温和无力。比如说，法国还没有在机械类比赛活动中禁止香烟广告，而在同一个时期，意大利和挪威早就已经在所有领域禁止投放香烟广告。尽管如此，关于吸烟有害健康的信息最终在法国得到了推广普及：从此，所有的香烟盒都必须标明相关警示内容以及香烟中所含有的尼古丁和焦油量。

尤为重要的是，法律限定了香烟广告传播的规范。威尔法案第一次对香烟广告予以明令限制：电台和电视节目、电影片头都不再允许为烟草做宣传；除了专门的零售店之外，其他公共区域都不准张贴烟草广告；而面向年轻读者的报纸杂志在这方面更是受到了严格的监管。不仅如此，禁烟法案还推动了所谓"国家广告"的发展，因为当时的禁烟运动通过"道德宣传"这样一种新的广告形态来推广禁烟知识和进行卫生健康教育。对于某些人来说，"道德宣传"这个词恐怕不是那么动听，于是从1983年起，政府赋予了这种宣传形式一个新的名称——“总体利益公关”。此后，这种由国家发起的“公益广告”很快地如雨后春笋般涌现，而其中比较典型的例子就是关于道路安全的宣传。以这种“由社会来说服大众”的宣传形式，法国政府旨在调整和规范社会及国民的行为方式。[23]

埃米尔·加尔蒂埃—博希耶（Émile Craltier-Boissière）医生于20世纪头十年在墙板上留下的卫生与健康箴言“有水、有气、有光”如今似乎又开始流行了起来。而在现实生活中，真正被付诸实践的是源自《动机研究》的美式传播方式，其目的主要是鼓励社会公民自动调整和规范自己的行为。在法国，由米尔顿·格拉塞尔（Milton Glaser）设计的海报及其口号掀起了第一场全国禁烟运动：“拥有一个完整的肺，享受一个完整的人生”；海报的内容是“一个鸟头人身的形象：上半部分是一个鸽子头，象征着充实、平静、从容，向往健康而幸福的人生；下半部分则突出了两个强有力的臂膀，寓意一种坚定、强有力而持之以恒的信念，那就是要最终实现像鸟儿一样自由自在的幸福生活。”[24]除此之外，其他的一些由政府发起的禁烟宣传也在人们脑海中留下了深刻印象，例如1981年的一次广告宣传以命令式的口吻打出了这样的主题：《别用烟来熏我们，谢谢！》与之相匹配的是这样的一个画面：一个天真无邪的婴儿过着无拘无束的生活，并配以法国卫生健康教育委员会（CFES）给出的警示：“每毁掉一支烟，就等于重新赢回了一点点自由。”该广告的诉求在于提醒吸烟者抛开自私自利，争当良好公民：“不要吸烟，不要再用烟来熏别人。”

1972年，法国卫生健康教育委员会[25]接过了关于公民卫生教育运动的领导权，并主要致力于扩大教育方式的多样化，尤其是将各级学校作为开展工作的重点。为此，该机构推出了一个主要面向8至10岁儿童的电视连续剧《魔术师阿尔奇巴德》；并在各个学校里组织“全国无烟草日”；还向全法国的小学五年级和初中一年级学生派发有关禁烟的宣传小册子。此外，法国卫生健康教育委员会还在全国各个城市组织关于卫生健康教育的巡游；而医疗机构也设立基金，推行名为“我见证”的活动，监督吸烟的各种情况；最终，一系列面向年轻吸烟男女的教育性电影被广泛地播出。通过这些措施，“公众舆论”一直站在反吸烟的立场去引导大众。

威尔法案实施仅仅十年，胜利的号角已经吹响：从1976年到1986年，法国吸烟人群在全国人口中的比例已经由44%下降到了38%，期间有300万法国人停止了吸烟。[26]

然而，反烟运动也并非畅通无阻：当时仅有63%的普通医生认为烟草会给人的健康带来负面影响；在每两个吸烟者之中，仅有一人会在点燃香烟之前，先考虑一下自己是否会妨碍他人；至于烟草的消费，虽然一度下降，但紧接着却又呈现出令商家可喜的势头。

当时，国际大环境有利于禁烟运动进一步走向深入。1986年在渥太华向世人宣布的世界卫生组织（OMS）宪章，为旨在提高全球卫生素质而将展开的行动指明了一个清晰的策略性和概念性框架。[27]简而言之，即将采取的全球卫生健康保障预防性措施有以下三个基石。首先是法律，其主要内容是限定允许吸烟的场所，限制甚至禁止烟草广告，以及对烟草业征税。其次，在法律基础上加以大众化的禁烟知识普及运动，并加强对吸烟行为的现场教育。最后，上述举措及其行为理据将得到司法领域的支持并深受其影响。正如盎格鲁—撒克逊人所说的，可利用司法判决结果对社会大众进行倡导和游说。就此，国际社会在禁烟问题上已经痛下决心。从1988年起，世界卫生组织每年都举行“世界无烟日”。 欧洲大陆在这个方面更是奉行着特别积极的政策[28]。 1987年的“欧洲对抗癌症”活动引起了很大反响，对整个社会触动很大。尤其值得一提的是，1988 年的马德里大会非常清楚而坚定地规定了减少烟草消费应该达到的目标值。而在 1989 年，欧盟部长会议表决通过协议，禁止在封闭的公共场所（如公共交通工具、医院、学校、电影院、剧场等）吸烟。在同一年，欧盟部长会议还通过了一个指导性文件，禁止在电视上播出烟草广告。[29]接下来，就要看各个国家如何把欧盟的这些法律建议付诸实践了。

在法国，从 20 世纪 80 年代末开始，一场关于调整公众行为模式（而不是公众行为终极目标）的讨论大规模地展开了。[30]此外，伊尔什报告于 1985 年正式提交给了法国分管公众健康和家庭事务的助理部长，从此，导致禁烟政策裹步不前的几个障碍性问题浮出水面：在法国青年当中，吸烟者的比例超过了 50%；大部分受过较高等教育的法国女性有抽烟的习惯，这无疑加强了公众妇女阶层对于禁烟政策的抵触情绪；此外，还有不少医生本身就是多年的老烟民。于是，1989 年公布的《五大智者报告》针对当时社会在公众健康方面的主要问题，提出了十分具体的解决办法。[31]以此为契机，当时的法国社会党政府开始高调介入禁烟运动。

1991 年 1 月 10 日通过的第 91—32 号法案，又称为埃文法案，它“开启了政府直面吸烟问题并由此开始贬抑烟草的首个行动”[32]。这也是对酗酒和吸烟两大危害同时进行打击的第一个法案。[33]该法案禁止在平面或者视听等一切媒体渠道上发布烟草广告；强制要求在公共场所明确划定吸烟区和非吸烟区；对香烟产业课以重税；鼓励公众卫生健康教育机构将违反禁烟法案者诉诸法庭。就此，一场关于香烟的“战争”爆发了。

当时在销售额上遥遥领先的万宝路牌香烟及其广告形象代表万宝路牛仔成为这场战争中的首个“目标”，付出了相应的代价。针对万宝路牛仔三十年来所塑造的神秘形象及其代表的雄性魅力、崇

法国教育委员会发起的反烟广告，1978 年

法国国家抗癌联盟发起的反烟广告，1979 年

世界卫生组织发起的反烟广告，1999 年

尚自然和广阔空间的价值理念，法国卫生健康教育委员会展开了全方位的进攻。于是，法国观众们就在电视上看到了一个“真正的”牛仔形象，这个家伙绕着美国著名的纪念碑山谷，追逐着野马群，大声叫喊：“吸烟？这可不是我的本性！”

一时间，各种经济、政治甚至道德的利益关系都卷了进来，也导致支持和反对禁烟的两个阵营之间的斗争更加复杂化。当埃文法案在1992年11月即将进入实施阶段时，反对禁烟的声音开始响了起来。研究表明，从1992年10月21日到11月10日，在发表于各种日报和期刊上的150篇相关文章中，大部分对于埃文法案都持有负面态度。这些文章的论调有很多都非常严峻：“担忧”、“威胁”、“武断”、“有碍自由”等用语比比皆是，甚至有的还动用了战争时期的话语方式：“一触即发”、“分界线”、“吸烟者坚持抵抗”、“地铁站对吸烟者关闭”等等。

尽管如此，法国国家机器还是转向了反对吸烟阵营。于是，对香烟业的征税大幅上升，一盒高卢牌香烟的价格从1993年的9.7法郎飚升到了1998年的13.9法郎，而其中税金占零售价格的比重达到了75%。这也就意味着，在马斯特里赫特条约签订后的欧盟十五国中，就烟草征税的强度而言，法国排到了第五位。从那个时候开始，在法国公共卫生部的支持下，“公众健康晴雨表”定时发布，其主要内容是评估吸烟行为的社会承受度，描绘吸烟人群的行为特征及其在社会人口学方面的轮廓，纠正医生对于吸烟病患的态度等等。在这种情况下，一些新出现的数据令人感到鼓舞：从1980年到1996年，法国烟民初次吸烟时的平均年龄由12.5岁上升到了14.3岁，而且，吸烟的年轻人越来越少了。于是，政府进一步加强和推广公共卫生健康运动，不过，有时候传递出来的信息却不是那么的清晰：“停止吸烟就能极大地避免癌症”。[34]当时，法国反对吸烟全国委员会充当了捍卫欧文法案急先锋的角色，执著地追究违反禁烟法案的种种行为：例如，法国国家电视一台（TF1）直播一级方程式赛车（F1）大奖赛，电视镜头中出现了赛车车身上的烟草赞助商商标；法国国家铁路局（SNCF）在车站月台上划出了允许吸烟的“特定区域”；甚至连塞塔公司在巴黎蓬皮杜艺术中心搞的一次烟草广告海报展览等全都受到了追究。[35]不久之后，在美国相关案例的影响之下[36]，香烟制造商还被人控告“投毒”并被诉诸法庭。

当初，在威尔法案推出的时候，法国禁烟的步伐落后于欧洲其他国家，但到了埃文法案出炉之后，法国可以说是已经处于领先地位了。这个法案“同时发起针对酗酒和吸烟的斗争”，在致力于减少烟酒消费的五类措施当中，尤其值得一提的是，该法案规定了限制烟酒广告以及烟酒业资金来源，这正是一大创新之举：根据埃文法案，法国从 1993 年 1 月 1 日开始果断干脆地禁止了一切直接或者间接的烟酒广告投放形式。[37]

紧跟着法国的步伐，欧洲其他国家也相继投入了禁烟斗争之中。从 1991 年起，5 月 31 日被定为世界无烟日，而每年还会设定一个欧盟范围内的共同主题。此外，欧盟还通过了有关开展电视禁烟斗争的指令：从 1989 年 10 月 3 日开始，禁止成员国的电视台播放香烟以及其他一切烟草制品广告。随后，欧洲议会在 1996 年 11 月 26 日通过决议，致力于在欧盟范围内限制吸烟行为，同时要求其成员国采取积极切实的行动。不过，欧盟各国法律有很大差异，而在禁烟方面又没有一个统一的法规指导，这就极大地影响了整体的禁烟进程。就当时的禁烟力度而言，法国制定并采取了相关措施限制香烟广告及资金投入，因而成为欧洲反烟行动最积极的国家之一。[38]

## 隔火墙

在禁烟方面，国家对于私人领域的干预有时候也会令一些人感到不快。1968 年法国“五月风暴”期间曾有一句名言：“不可以说不可以”，而仅仅过了八年，威尔法案就想要支配在烟草消费领域的一切行为。要知道，在此之前，吸烟早已成为法国人日常生活中的一个普遍现象，甚至还被视作一种有利于加强人与人之间沟通交流的社交行为，而就是在这个时候，政府却以一种近乎偷偷摸摸的方式通过立法将吸烟者及其行为陷于不义之地。于是，一场非吸烟运动将矛头对准了香烟消费者。1973 年，受到美国人的启发[39]，“反对公共场合吸烟联盟”在法国建立起来。该联盟期望在十年之内吸纳 5000 名会员，并致力于还给非吸烟者一个纯净的天空。到了 1986 年，欧洲非吸烟者联合会已经在 12 个国家里发展了 12 个会员协会。

面对非议，吸烟者大都明哲保身，只能期待这场“风暴”快一点过去。然而，烟草制造商却很快做出了回应，首先，当然要在媒体上发表有利于己方的观点，以便争取“捍卫烟草的名誉”[40]。通过对历史提出新的解读，烟草商们甚至亮出了人权这把“尚方宝剑”：“烟草能够经得住不断涌来的各方攻击，不仅是因为对于那些知道懂得节制不滥用它的人来说，烟草能带来一种令人赏心悦目的乐趣；还因为烟草见证着某种自由的精神。如果没有了这种自由精神，生活就会退变成为冷冰冰的方程公式。”话虽如此，烟草商们还是很快地华丽转身，努力去适应新法律法规的要求。

当时的烟草市场竞争越来越激烈，于是各个商家都想试着利用威尔法案的规定，引导消费者购买自己的产品。20 世纪 70 年代初期，在法国有70个外国香烟品牌，而与之竞争的本土香烟牌子则有29个。十年之后，随着欧洲共同市场逐渐成型，法国海关的税收管理相应放宽，结果在法国的烟草市场竟然出现了260个外国品牌，而来自法国本土塞塔的香烟牌子则只有51个。[41]与此同时，各个香烟制造商投入的广告费用却与日俱增。

**表七　塞塔在法国的广告投入[42]**

| 年份 | 1977 | 1980 | 1986 | 1991 |
| --- | --- | --- | --- | --- |
| 单位：百万欧元 | 15 | 32 | 47 | 80 |

政府禁止在少儿杂志上投放香烟广告？那好吧，烟草商干脆把广告全部投放到成年杂志上去。政府禁止烟草商赞助大型体育活动？那又有什么关系，反正机械类（汽车和摩托等）运动项目不在受禁之列。于是，我们就能看到，在当时的F1法国大奖赛上，茨冈牌香烟的形象赫然出现在了车手雅克·拉斐特（Jacques Laffitte）的利基尔赛车的座舱里面。此外，茨冈香烟还赞助了1977年的勒芒24小时汽车耐力赛。至于万宝路，在当时的情况下，也暂时把它的广告主角“牛仔”放到了一边，转而将重点放到了红色的F1法拉利赛车以及雅马哈赛车上面。

政府还要求在香烟盒上标明焦油和尼古丁的含量，以起到警示作用。好吧，对于烟草商们来说，这正好是他们加强自身竞争力的好机会。有的甚至还拿法律开起了玩笑：“根据1976年7月9日法案”，需要标明的东西有可能是绝对的*，但也有可能是其对立面**。于是，为了降低香烟盒上显示的焦油量和尼古丁含量数值，众多烟草

* 这里是利用法语中的双关意义玩了一个文字游戏，“绝对”一词也指上帝。——译者注

** 即绝对的对立面是相对的；而上帝的对立面是魔鬼。——译者注

商展开了一场激烈的竞争：塞塔把它的品牌“高卢”烟中的焦油含量从20世纪30年代的22.8毫克降到了1993年的15毫克[43]，并为此大肆宣传，备感自豪。至于那些金黄烟丝的香烟因焦油和尼古丁含量较少自然更占优势，从而在媒体方面也赢得了一些印象分。

**表八　按照1976年法案公示的金黄烟丝**

**香烟焦油和尼古丁含量**（单位：毫克）

| | 本松 | 温斯顿 | 菲利普·莫里斯 | 登喜路 | 皇家 |
|---|---|---|---|---|---|
| 尼古丁 | 0.86 | 0.4 | 0.46 | 0.09 | 0.3 |
| 焦油 | 9.7 | 3.9 | 3.8 | 0.9 | 3.9 |

事实上，香烟的形象在媒体广告中还从未试过如此的俏丽：通过彩色成像技术，香烟在光滑的纸面上粉墨登场，一个个美好而健康的形象跃然纸上。当时的一些杂志对于香烟质量和“诱惑力”的渲染尤其突出，典型代表是《他》，此外还有《新观察家》和《玛莉法兰西》[44]。正如时人对“金黄烟丝高卢烟”的评价：一盒香烟“俨然已化身成为一个有特点、有个性的人了”[45]。当时，过滤嘴令烟身变得更长，同时也延长了吸烟者享受的时间，但它的主要功用还是一种对于所谓吸烟健康的心理安慰。继茨冈牌过滤嘴香烟和高卢牌蓝盘过滤嘴香烟之后，骆驼牌也推出了自己的过滤嘴香烟，其广告形象是一头欢快的骆驼，置身于一个带有法国现代剧作家乔治·古特琳娜（Georges Courteline）风格的警察和索莱克斯自行车的故事之中[46]——那是一个法国电影《圣托贝的警察》风行的时代。而另外一个牌子“长红”在香烟过滤问题上走得更远，几乎都变成“纯净的香烟”了。[47]至于塞塔则是在威尔法案通过两年之后的1978年，推出了它的金黄烟丝牌子“富光”（Rich and Light），这个牌子的香烟号称几乎不带有毒性，因此特别受到了高度关注。

与此同时，老牌子“皇家”香烟走上了另外一条道路，推出了“超淡”(Extra Mild）口味的系列，从而开启了低浓度香烟的时代。随后在1983年，“皇家”又生产出了“极淡”(Ultra légère）口味系列，这种香烟与薄荷烟一起，构成了皇家烟的两大支柱产品。在这个回归天然的世界里，小清新的口感及其代表的健康理念取代重口味，逐渐成为了烟草制造商追求的不二法则。这就好像是超级重舰让位于轻型小船，因为后者代表着飘逸、自由，换句话说……也就是轻盈。在这个领域，老字号“茨冈烟”也一直在展示其“追求清淡口味”的风格，正所谓“选择了茨冈，也就是选择了清淡，甚至极度清淡”。为了使旗下所有产品的品牌增值，茨冈这个法国传统烟草商甚至在1979年推出了一个相当大众化的牌子，所谓最神圣健康的“赛塔娜”(Seitane)*：“用了赛塔娜，您的手指不再发黄”；“用了赛塔娜，我们减少了您吸烟的风险，保留了您吸烟的乐趣”。[48]

这同样是“手卷烟”回归的时代。根据当时的法律，手卷烟承担的税额不像成品香烟那么重，因此，相关制造商在1984年到1985年间加大了手卷烟的广告投放力度，有时候还会运用一些当时最时髦的传播方式。于是，英国公司加拉赫在宣传其烟草产品时就借用了法国人热衷的连环画形式：该公司在以政治漫画闻名的《解放报》上推出了一系列侦探故事连环画，每天都由三格漫画组成，而在其中，加拉赫公司出品的“老霍尔本”(Old Holborn）烟草在推动故事情节方面扮演了重要的角色。同样是在《解放报》上，瑞兹拉（Rizla+）烟草也通过一个名为《用一千零一种方式卷烟》的系列幽默漫画进行了宣传。至于鼓牌（Drum）烟草，他们则是在广

* 该名称出自《圣经》，指一种低脂不含胆固醇的小麦面筋。——译者注

告漫画中设计了一些“极轻超细无动力运动”（ULM）实践者在地面上滚动烟草卷的画面，由此传达了该烟草产品“卷起来很轻柔”的特点。另外还有一种比较古怪的产品，其宣传画面是一个小烟袋摆在嘴里面：这是斯科拉·邦迪斯（Skoal Bandits）在1985年推出的新款无烟烟草，相应的广告由四组令人震撼的图片构成，主题分别是：“无须放开方向盘”，“无须松开缰绳”，“无须半途放弃”，因为你“无须点燃烟草”。

当然，烟草商们巴不得埃文法案最终被废弃。“万宝路牛仔要堕马了？大吃一惊的骆驼要被关在围栏里了？皮特·斯蒂文森、卡梅尔和高卢人的冒险之路要被一刀斩断了？登喜路绒线上衣的扣子全部要掉光了*？不，吸烟的人一起准备战斗吧。”[49]由于在广告投放方面受到限制，烟草商们遇到了困难，只能打起了“情理牌”和“民主牌”。

早在埃文法案最终付诸表决之前，老百姓的民意已经成为双方争取的对象。1990年，所有与烟草有关的行业人士共同参与，匆匆忙忙地组建了“烟草资料情报中心”（CDIT）。这个机构渐渐成为烟草商们派出的“巡逻队”，旨在对当时占尽上风的禁烟运动进行反击。[50]“烟草资料情报中心”号召法国民众调整自身的……行为方式。在题为《吸烟或不吸烟，都不要讨嫌》的广告宣传中：一头热情可爱的大象居中调停，吸烟者和不吸烟者实现了真诚的和解。而到了2000年，法国烟草资料情报中心强调的依然是：“吸烟或不吸烟，只要达成一致，大家就能更好地一起工作。”

任何一个公民有义务尊重他人的公民权，然而，个人追求幸福

---

* 意指登喜路的绒线上衣再也穿不了了。——译者注

的权利有时候又会有碍于尊重他人。“我吸烟，你不吸烟。自由是相互的……而生活应该是快乐的。”法国烟草资料情报中心紧抓着“快乐”这个字眼儿，并借用独特的语法时态（命令式第一人称复数）来强调“一起生活”的概念：“每个人都应享有快乐，而我们的快乐就是吸烟。您或许不一定赞同我们的这种快乐，但我们最好聊一聊，达成共识，以便我们的快乐不会妨碍您的快乐。让我们一起行动，不要让我们之间的任何一方滥用权力。这样，我们共同的生活就会成为一种快乐。”[51]

自由被供上了神台。于是，当时在法国，不管是左派媒体还是右派媒体都刊登了雅克·菲赞特（Jacques Faizant）的系列漫画作品，其主题是揭露“禁烟人士越来越过分的偏执”：“总有一天，吸烟者上街时会被要求表明自己的身份……就好像中世纪时的麻风病人，走到哪里都要摇动铃铛；又或者，他们将不得不在自己的衣服上张贴与他们‘卑微’身份相符的标志……如此等等。”不仅如此，“就因为我们是烟草工业，哪怕仅仅是开口发言竟然也会被看作是挑衅的行为”[52]。时隔不久，菲利普·莫里斯烟草公司在媒体上刊文点评禁烟运动，题为《这到底是事实正确还是政治正确?》，文中写道：“对于周边空气环境中的烟草烟尘，我们可以一起来测量监控。”由此可见，烟草商们的主要理据就是强调这样一种概念：吸烟者和非吸烟者可以和平相处，当然前提是莫要将分歧诉诸埃文法案，因为这样的法案只会令两个阵营进一步分化。

香烟的支持者提出并强调着民主的价值，而国家也被烟草工业拖入其中，对吸烟者面临的困境表示了关注。甚至连法国共产党的报纸也跨越了政治鸿沟，与烟草商们“站”到了一起，该报文章的标题是《这个把人们赶出大门之外的政策究竟是什么玩意儿?》编辑还配上一张图片，但见一些吸烟者聚集在街头一个巨大的门洞里，手里各自拿着一根点燃的小小香烟。“有些人特别喜欢规范别人的生活，有时候甚至连最小的生活细节也不放过，这有可能最终导致对个人自由的损害。多一点礼貌和尊重，吸烟的人和不吸烟的人就可以自己找到相互谅解之道。”[53]

更有甚者还对法国禁烟委员会主导的一些司法举措进行了批评。在塞塔公司的一次应诉失败之后，以保守倾向著称的《费加罗报》竟然刊载了偶像级漫画家雅克·菲赞特的一系列激进而有煽动性的作品：“这个判罚可真是够公平的！想象一下吧，难不成塞塔还会派一队队‘大块头’到街上去强迫那些‘无辜的人’购买香烟，用布蒙上他们的眼睛不让他们看到香烟盒上的警告标语，然后还要逼着他们每天都抽好几包烟？”[54]

此外，经济方面的数据也常常被提及。对于反对禁烟的人来说，埃文法案有可能威胁到好几个产业。首先是烟草工业：“假设烟草经营之路不再畅通，一旦烟草生产停工，众多烟草种植者就要放弃农业了。这样一来，可能有 28000 人将直接受到影响。相应地，在农垦开发集中地，原有的成片农业社区将面临着消失的危险，随之而来的是失业人口的增加，以及农村荒芜程度的进一步加剧。”[55]要知道，根据《人道报》的说法，菲利普·莫里斯公司可是承担着“旗下 17000 名工人的生计，并为欧洲 9700 万烟民提供服务的”[56]。除了烟草商，公关广告公司同样被认为将受到埃文法案的影响。“烟草业在法国各媒介投放的广告总额在 1989 年已经达到了 32.16 亿法郎，其中有 2.5 亿法郎是交给了平面媒体。”不管怎样，“我们都知道，广告并不能直接导致消费。”与克劳德·埃文同属社会党的国会议员于连·德雷（Julien Dray）在 1990 年 6 月 26 日众议院会议上喊道，“［讨论禁烟问题，］我们还是不要去找这些站不住脚的借口吧。”在这里，德雷议员无疑是忠实地引用了雅

克 · 塞格拉*的论据。[57]

除此之外，反对禁烟者还提出了一些跨经济和文化的理由。例如，埃文法案导致烟草业不再可能对文艺、科学和体育等事业提供资助。“如果烟草对体育的赞助由于埃文法案而不复存在，那我们会变成什么样子？赛事组织者、各个车队的大老板以及国家级赛车手们已经明白无误地喊了出来：SOS！”“一旦烟草商们完蛋了，接下来要担心的就是各种音乐节、年轻艺人和年轻电影工作者的命运了。”[58]有心人甚至还列出了一个受到埃文法案威胁的文化活动清单：普罗旺斯艾克斯音乐节、黎奥姆爵士节、菲利普 · 莫里斯狂欢节、年轻音乐家国际交响乐活动等等。

最后，特别值得一提的是淡口味香烟。当时还是法国国企的塞塔投入巨资进行了一项调查，意图证明这种香烟的毒害性要比普通香烟小得多。有鉴于此，反对禁烟者提出，应该允许此类型的烟草产品继续打广告：“要是有人去布鲁塞尔**捍卫这样一条禁止淡口味香烟在法国打开知名度的法案，这将是有多么荒诞的一件事啊。”[59]

或许是受到即将进行的私有化进程的刺激，塞塔在反对禁烟方面尤其使尽了浑身解数。1991 年 6 月 27 日，该公司在《人道报》上刊登了一整页的形象广告，强调自己的经济和社会影响力，广告的大字标题是《就因为我们是烟草工业，哪怕仅仅是开口发言竟然也会被看作是挑衅的行为。可是，我们如果就只是想跟大家说几句话呢？》。6 个月之后，在埃文法案付诸表决（1991 年 12 月 12 日）之

---

* Jacques Séguéla，塞格拉是欧洲广告界的风云人物，曾经为多位法国总统策划竞选广告活动，他的大名在法国家喻户晓。——译者注

** 欧盟总部所在地。——译者注

际，同样是在《人道报》上，塞塔公司又用了一整页的篇幅写下了这样的话："塞塔是法国淡口味香烟、棕色烟丝卷烟和金黄烟丝香烟的 No. 1。"并附上了挑衅式的话语："那些想要阻止我们的人最终将推动我们前行。"

就是这样，烟草商们最终成功地限制了禁烟法案通行的范围。在本应全面禁止烟草广告的埃文法案进入实施阶段的时候，向来重视经济而贬抑公共健康事业的预算部部长米歇尔·沙拉斯（Michel Charasse）提交的两个修正案获得法国国会通过。[60]

第一个修正案主要涉及体育领域：对于那些在还没有禁止烟草广告的国家和地区进行的体育比赛，法国电视台可以进行转播。这样一来，F1 的烟草赞助得以保全，而高卢烟也就可以继续资助巴黎—达喀尔拉力赛以及 F1 的车队了。另外，根据 1993 年 3 月 22 日的政府法令，由烟草产业制造商、生产商和发行商组织支持发行的 12 家烟草专业出版物获得了刊登烟草广告的特许权。

那个时候，烟草商们知道没有办法根本性地修改埃文法案的内容，所以只能采取各种方式去偷偷地钻法律的空子。他们在市场上投放了一批烟草衍生类产品，并且大胆地推出了一些间接性广告。

火柴、打火机以及其他与火有关的种种物件共同构成了一个庞大的"家庭"。于是，美国芝宝（Zippo）公司生产了一款可充气的防风暴打火机，名字就叫做"骆驼打火机"；此外，酷牌打火机在广告里总是与烟盒同时出现，他们生产的香烟同样也是叫"酷牌"；而温斯顿香烟干脆把自己的烟盒"打扮"成了可充气打火机的形状。至于菲利普·莫里斯公司则"在烟草商店里出售"克里克打火机，相应的广告画面是：一双双手点燃了手中的小火苗，就好像夜空之中成千上万的星星。而福多尔打火机也推出了他们的"万宝路"牌子，其广告主角是一个身处西部背景之中的牛仔，如此做法无疑是要强调同名打火机与香烟之间的“亲密关系”。[61]另外，当“皇家”烟草公司只是向消费者提供一种“非常简单的”火柴时，彼德·史蒂文森香烟竟然以烟盒为模板做了一款火柴盒，拿到市场售卖。[62]

更让人拍案称奇的是，部分烟草品牌还推出了各种……穿衣搭配路线。万宝路为男性消费者设计了“万宝路经典”：牛仔裤配搭牛仔衬衣。而塞塔甚至努力尝试与著名的时装品牌“雪威龙”达成合作意向。双方签署于1989年7月20日的合同规定：塞塔享有“在全世界独家生产和销售雪威龙牌香烟的特权”。而雪威龙特有的标志，包括字体、颜色和飞机图案全部出现在了塞塔的香烟盒子表面上。这一款香烟在法国推出市场的时候恰逢埃文法案正式颁布，结果塞塔与雪威龙的合同很快就作废了，而雪威龙这个年轻人心目中的时尚品牌最终退出了香烟界。

还有其他的一些烟草品牌则投资于旅行社，号称要给消费者带来梦想。这被当作是通往香烟的（皇家）大道。例如，英国的奢侈卷烟品牌金边臣就向上流社会人士提供了所谓的“金护照”：去一些如天堂一般的地方度假，住在五星级酒店里面，到旁边的球场打一打高尔夫。而骆驼烟草公司则推出一种“赛车服务”，并大胆地强调“骆驼”与赛车运动的关系：“我们这是在达喀尔，是沙子总要归于沙漠。”对于美国竞争对手骆驼香烟“染指”法国人钟爱的巴黎—达喀尔拉力赛，法国的金黄烟丝高卢烟不能袖手旁观，他们也向消费者提供了类似的服务，其广告内容如下：一个蝾螈用爪子印下了高卢烟的标志——于是在沙漠中出现了一个高卢头盔；又或者是一群身着贝德旺（Bedoin，位于现法国普罗旺斯地区）服饰的西方人跋涉在沙漠之中。另外，“骆驼探险俱乐部”承诺让每个人都有机会“去尼泊尔登山，在塞文山脉放牧，或是到赞比亚狩猎”。乐福门（Rothmans）香烟则投身于海上环球帆船赛，它赞助的惠布瑞特号（Whitebread）堪称神话：在9个月的时间里仅仅6次经停港口，穿越了三个大洋，走过32000里海路。而高卢烟还创立了一种新型的拉力赛：比赛在新西兰进行，参赛的每个队伍由5人组成，其中至少一人必须是女性。[63]

除此之外，部分烟草品牌还搞了一些很有意思的文艺娱乐活动。例如，茨冈烟出资支持30本关于爵士乐的书和CD的收藏活动，该活动命名为“午夜周遭”，其宣传口号是：“一本书让人翩翩起舞欲罢不能”。至于菲利普·莫里斯烟草则投身于电影业，从1977年起设立了一个专项基金“鼓励对于电影艺术的认知、研究和实践”[64]。雷诺·费雷（René Féret）的《初领圣体》、雅克·杜瓦雍（Jacques Doillon）的《女孩》是菲利普·莫里斯基金资助的首批作品中的代表作。其电影“俱乐部”从1989年起传递出一些推动电影发展的积极信息，因而备受关注：“帮助电影，电影帮你”，或者是“一卡在手，谁都会在电影院流连忘返”，还有就是“总有一种确实可靠的途径帮您找到离家最近的电影院”，又或者“还是有必要在好莱坞星光大道上获得一席之地”。后来，当埃文法案明令取消烟草对文化、娱乐和体育事业的赞助之后，菲利普·莫里斯烟草依然在1992年5月以“第45届戛纳国际电影节合作伙伴”的身份公开出现，那一届电影节的经典画面是，在一片十字龙胆花的天空下，棕榈树迎风飘展，两个大旗竖了起来，一个上面写着菲利普·莫里斯；另一个上面写着数字“45”。

另外，还有一些行动虽然在事发数年后受到了司法追诉，但却也显示出了烟草商们企图规避法律的奇思妙想：温斯顿香烟组织了一次有奖竞赛，获胜者赢得美国游大奖；彼德·斯蒂文森旗下旅行社提供旅游服务，在该旅行社为顾客提供的画册中附有广告插页，通过与彼德·斯蒂文森烟草品牌一致的特殊字体、相关陈列、专用颜色以及商标来进行隐性宣传；还有一家旅行社在媒体上刊登了这样的广告：一个牛仔骑马徜徉在荒芜旷野之中，配以宣传标语“万宝路的世界祝您圣诞快乐”；另外，在1993年到1994年间，“骆驼战利品”香烟发售了同名手表，“骆驼长靴”推出市场的时候，发售了同名鞋子，而“温斯顿精神”香烟也同步售卖同名T恤；至于塞塔则在1990年到巴黎夏绿蒂宫举办了一次关于塞塔博物馆内茨冈烟插画收藏品的展览，展览定名为“50个摄影师向您展示”，开篇之作的主角是一个以中国水墨画画风烘托的茨冈人（即吉普赛人）。借此机会，塞塔还公开销售相关主题的明信片。结果，在7年之后，法国司法部门对塞塔进行了处罚。[65]

这不再是一场不作抵抗的战争，事实上，烟草商们越来越倾向于采取一些带有挑衅性的行动。在一期《电影手册》（1991年，总第446期）里出现了这样的宣传画面：塞塔公司的一支硫化硬胶烟嘴茨冈烟没有了色彩，只剩下黑白两色，正在从一个方框格子中被剥离，而格子里面没有任何评论，也没有通栏标题，只有一个词“启迪者”*。同样地，斯卡烟（Silk Cut）出现在《新观察家》（1990年，总第1356期）杂志上时也没有自报家门，甚至连一个字也没有，只有图画，画面上的烟盒由拉开的篷布遮盖，看起来就好像车库里被搁置的一辆汽车。

## 20世纪末的香烟

万宝路香烟广告中的牛仔扮演者维纳·麦克拉伦（Wayhe McLaren）在1992年7月22日辞世，死因是……肺癌。这一真实展现

---

* 这里的意思是，香烟乃电影艺术的灵感源泉，禁烟导致灵感枯竭。——译者注

在世人眼前的死亡案例标志着一个狂欢时代的结束。香烟的无辜形象及其社会化的努力就此作古。接下来，香烟的处境就好像过街老鼠……由于烟草的税收以及价格迅速攀升，由于公众卫生健康的教育渐入人心，由于过早死亡的恐惧压力山大，香烟行业再也不像以前那样滋润了。按规定每年都必须由政府记录在案并公开发布的相关数据显示，在20世纪90年代，烟草消费一开始是逐年下降，最终却变成了暴跌：从1975—1990年的上升17%到1990—1999年的下降12.5%。

在此期间，法国的烟草工业也变得面目全非。曾经法国第一的塞塔公司不得不接受了私有化。[66]为了便于拓展海外市场，塞塔在1998年2月与西班牙公司塔巴卡莱拉（Tabacalera）“联姻”，后来双方干脆彻底合并，组成了阿尔塔迪斯（Altadis）烟草集团，延续至今。在烟草领域，其他的一些公司合并也几乎在同时发生：英美烟草吞并了乐福门；日本国际烟草公司在收购雷诺兹国际烟草之后，推出了全新的日本国际烟草集团（JTI）。事实上，当时的烟草业正在加速国际化，而法国的烟草市场则见证了原本国有的塞塔公司销售额的急剧下降。

**表九　法国香烟销售情况**[67]（单位：10亿法郎）

| | 1970 | 1975 | 1980 | 1985 | 1990 | 1995 | 1999 |
|---|---|---|---|---|---|---|---|
| 塞塔 | 63 | 75 | 63 | 57 | 48 | 38 | 28 |
| 其他竞争者 | 4 | 7 | 23 | 39 | 48 | 50 | 56 |
| 总额 | 67 | 82 | 86 | 96 | 96 | 88 | 84 |

具体到各个香烟品牌的排名，在这段时期也有了很大的变化。堪称“现象级”的万宝路影响力大增，而在它之下，其他的一些品牌也为扩大市场份额展开了争夺。值得一提的是，在这里同样看到了法国本土品牌日渐式微的趋势。由塞塔变身而来的阿尔塔迪斯虽然依旧是法国烟草市场中的重要一员，但其影响力已经变得跟其他普通的烟草

厂商差不多了。2000年，烟草行业喉舌《烟草杂志》在其七十五周年之际公布的香烟广告投放额排行榜足以说明了市场的变化：金黄烟丝高卢烟、纽斯烟、温斯顿、杜卡尔、JPS（John Player Special）、骆驼牌、巴斯托斯、L&M。另外，香烟品牌销售额排行榜也颇具说服力。在这个榜上，美国的金黄烟丝过滤嘴香烟排到了第一位。

**表十　十大香烟品牌市场份额**[68]

| | 1993年 | 2003年 |
|---|---|---|
| 1 | 棕色烟丝高卢烟（21.6%） | 万宝路（29.8%） |
| 2 | 万宝路（20.4%） | 棕色烟丝高卢烟（8.6%） |
| 3 | 棕色烟丝茨冈烟（9.3%） | 金黄烟丝高卢烟（7.1%） |
| 4 | 彼德·斯蒂文森（8.1%） | 骆驼烟（5.6%） |
| 5 | 金黄烟丝高卢烟（8.0%） | 温菲尔德（4.9%） |
| 6 | 骆驼烟（7.1%） | 菲利普·莫里斯（4.4%） |
| 7 | 菲利普·莫里斯（5.1%） | 纽斯烟（4.3%） |
| 8 | 皇家烟（4.6%） | 温斯顿（4%） |
| 9 | 乐福门（2.3%） | 金黄烟丝茨冈烟（3.9%） |
| 10 | 登喜路（1.6%） | 切斯特菲尔德（3.4%） |

## 欧洲禁烟

欧盟投身于禁烟斗争之中，是因为“烟草每年在全世界导致500万人死亡，其中包括65万欧洲人。此外，在欧盟成员国内因吸烟导致的疾病和死亡每年要耗费1000亿欧元”（《回声报》，2005年3月2日）。然而，欧盟各国之间的司法差异极大地阻碍了集体禁烟的行动。

尽管如此，欧洲委员会依然发起了一个大规模的禁烟运动，该运动一直持续到2008年为止。2004年10月，一项强制要求在香烟盒上张贴禁烟图案的提案获得审议通过。而在官方网站上，欧洲委员会对他们在禁烟方面的工作做出了如下介绍：

## 在烟草产品上明示相关健康提醒

欧盟加强了反对吸烟的斗争。今年10月22日在布鲁塞尔召开的一次新闻发布会上，欧盟公众健康与消费者权益保障专员大卫·比尔尼(David Byrnee)展示了最新的、即将要求粘贴于香烟盒之上的警示图案。这些图案总共有42种，将与2003年就已引入欧盟社会的有关香烟有害健康的警示文字配合使用。对此感兴趣的欧盟成员国可以利用这些图案加强在健康警示方面的效果和冲击力。

按照如今在英美社会风行的公共交流原则，上述措施的威慑目标看来是很明显的了。

警示标语以及触目惊心的图片递进式地揭示了吸烟的悲剧性后果："吸烟会导致皮肤老化"；"吸烟会减缓血液流通从而令人虚弱无力"；"吸烟有损于精子的质量会导致不孕"；"吸烟会令人经历一个漫长而痛苦的死亡过程"；"吸烟会引发致命的肺癌"；"吸烟令动脉堵塞并导致心脏病和脑溢血"；与禁烟相关的指令很有特色而且容易让人产生负疚感："吸烟很容易上瘾，还是不要开始吧"；"保护孩子：不要让他们呼吸到你排出的烟"；"怀孕的时候吸烟有害于您孩子的健康"。

# 第九章
# 充满疑问的未来

按照罗伯特·莫里马尔（Robert Molimard）的说法：在吸烟风潮过后就是“非吸烟”时代。社会生活总是随着消费的周期变化而律动，从烟草到酒甚至……巧克力无不如此：有一段时间美味得不得了，就会有一段时间令人反胃恶心。吸烟，怎么了？难道这是什么大罪，是什么非法行为？对，还真说对了：烟熏到别人就触犯了法律，即便不算是预谋杀人，至少也是过失致人早丧。吸烟者有的奋起反击，但也有很多做出了让步，其中不少人就此戒了烟，甚至摇身一变成为了戒烟斗士。社会对于吸烟问题已经忍无可忍。以个人自由的权利对抗整个社会保障的权利，香烟的故事还远没有结束。

## 争先恐后的竞赛

政府在埃文法案推行十年之后进行了一次调查评估。对于支持禁烟的人来说，结果并不那么令人满意。反对禁烟的阵营依然在坚守阵地，不仅如此，面对关于“正确卫生理念”的媒体战役，他们甚至还偷偷地发起了秘密反击。

因此，禁烟运动的步子必须迈得更大一点，否则，若在原地踏步，那也就跟倒退没有什么区别了。2001 年，欧盟下达了新的指令，严格规定了香烟中的尼古丁、一氧化碳和焦油的含量，并且强制要求在香烟盒表面张贴一个卫生健康警示标识。[1]从 2003 年开始，欧洲议会建议在香烟盒上添加警示图片，以便更直观地展示吸烟的危害性。与此同时，欧洲议会还下达了一个新指令，该指令在 2005 年正式生效，要求禁止香烟制造商赞助包括体育竞技在内的各种大型活动。

在法国，刚刚连任的总统雅克 · 希拉克（Jacques Chirac）发起了一场“反对吸烟的战争”，这是在一个与癌症对抗的大方案框架之下进行的。为此，希拉克批准并下令发布了由法国国家社会事务监察总局拟定的条令。“禁烟战争”首项行动是命令禁止向未成年人出售香烟，以及戏剧性地大幅提高香烟零售价格，结果在一年之内，香烟就已经提价了 42%。于是，法国政府进而要求其他欧盟成员国采取协调行动共同提高烟草价格，以便斩断香烟跨境贸易的盈利之途[2]。“2003 年是法国禁烟运动发展的转捩点。这项运动取得了极大的进展，这是因为政府最高层在此问题上展示了清晰的政治意向，而与此同时，（法国）国家卫生部相关办公室以及国家公众健康总体指挥协调机构在准备禁烟相关法案条文时表现出的灵敏快捷也给人留下了深刻的印象。”[3]

2006 年 11 月 15 日，法国维拉潘政府通过其卫生部长萨维 · 贝尔特朗（Xavier Bertrand）发布了一项政令，这被视为埃文法案的延伸。按照该政令的要求，禁烟的范围包括：所有对公众开放的封闭或是有瓦遮头的场所，所有用于办公的场所，所有公共健康卫生设施（医院、诊所、养老院），所有公共交通工具，所有小学、中

烟草店主发起了反对“餐厅和咖啡厅禁止吸烟”的游行，巴黎，2007 年 11 月 21 日

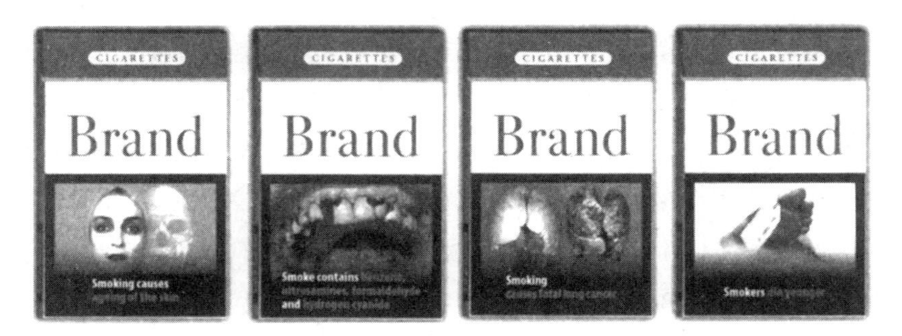


烟盒上替代了反烟信息的示意图片范本。
(2004 年 11 月，欧盟提出了在香烟盒上添加警示图片的方案。)

学、私立和公立高中所属的一切空间（甚至包括开放式场所，例如操场），以及所有用于接待、培训或者留宿未成年人的场所。这个法令的公布实际上等于给“在公共场所抽烟的行为”判了死刑。正如《费加罗报》2006年8月23日打出的标题《公共空间已将烟草驱逐出境》。从2007年1月1日开始，贝尔特朗法令在工作场所和学校范畴正式生效。至于咖啡馆、娱乐场所、夜总会、餐厅等场所则受益于一项缓行条例，直至2008年1月1日才实施禁烟令。至此，法国就进入了“无烟时代”[4]。

贝尔特朗法令引发了各种激烈的讨论，令人不禁想起了埃文法案当初付诸实践时的情形。这算是为了荣誉而战吗？《世界报》在2007年2月1日发表了菲利普·德勒姆（Philippe Delerm）撰写的社论《抽烟上火》，文中提道：“抽烟已经成为了社会禁忌”。《世界报》的专栏作家劳伦·格雷萨摩（Laurent Greisalmer）在2008年1月1日这一天写下了一个不可逆转的标题：《一个时代的终结》。他由衷地感叹道：“如果没有那几乎永恒不灭的雪茄，丘吉尔还会那么坚持己见吗？在曾经彷徨疑虑的时候，难道他不正是从哈瓦那雪茄寻求鼓励和支持吗？”而在当年1月2日的《世界报》上，米其林纳·贝纳塔尔（Micheline Benatar）医生更是极力抗争：“一个社会如果不能容纳异己分子——例如自己感到幸福的吸烟者、为了放松或品尝美食而喝酒的人——那么这样的社会简直就是一个极权社会。”这样一番言论激怒了政治学教授戈里察·萨法里安(Gricha Safarian)，他在2008年1月11日的《世界报》上予以回击：“企图把肺癌转变成为一种自由的象征，这才是真正的极权。”然而，还是在《世界报》(2008年1月15日）上，安娜·巴朗吉(Anne Parlange）继续深究“扼杀自由”的“恶行”：“一股令人厌恶的社会暴行就此施加到了吸烟者的身上，他们就好像身处极度严寒，却还被迫将自己早已被剥得精光的个人隐私展示于众。”针锋相对地，烟草学家安娜·博尔尼（Anne Borgne）却在《新观察家》（2008 年 1 月 3 日至 10 日期）杂志中庆贺禁烟运动取得了“了不起的进展”，而“过去那些在禁烟问题上似是而非、半途而废的年月就此一去不复返”。此外，《观点》杂志（2008 年 1 月 10 日至 27 日期）主编克劳德·安贝尔（Claude Imbert）抱有一种既赞同禁烟而又怀念香烟的一种复杂情感，他“最后一次向消逝远去的吸烟乐趣”致敬：“带着特有的若干芬芳，一个时代离开了我们。它同时带走了那混杂英国—荷兰风味金黄色烟丝的甘美，还带走了普通烟丝、茨冈、波雅尔以及其他重口味法国棕色烟丝的味道。而且，大家以后只能在自己家里享受哈瓦那雪茄带来的快感了。”至于《里昂进步报》则是早在 2007 年 1 月 28 日就用一句话填满了它的封面：“吸烟的人，滚出去！”

## 成为非吸烟者

禁烟运动风起云涌，目标是要打造一个“非吸烟”社会。每逢 5 月 31 日世界禁烟日，针对健康问题的媒体宣传攻势就会加强。学校、医院、企业等诸多场所中的“非吸烟区”在相关雇员或者领导层的倡议下纷纷设立。而有些餐馆和酒吧甚至自发禁烟，以便顾客能够“一边呼吸着生活的气息，一边就餐或者饮酒”[5]。

在 21 世纪初出现了各种帮人戒烟的方法。但事实上，关于戒烟的专题作品，作为一种真正独特的表现形式可以上溯至 19 世纪。早在 1881 年，蒙特马约的著作就已经为“防止儿童吸烟”而提出了一些建议。不过，在引导人们停用烟草方面赢得“头奖”的还是反对滥用烟草协会的杰出会员里昂医生，他倡议用土豆叶替代尼古丁叶，因为土豆叶“并不含尼古丁，但在经过一系列与现今烟草制造过程相类似的工序之后，土豆叶在口感和香味方面就与尼古丁叶十分接近了，有些柔和，而没有那么呛，大多数吸鼻烟和吸普通烟的人都会对此感到满意的。”为了使自己的“设想更加现实”，西昂医生还建议“用洗过烟草的水来浇灌这些无害的叶子”[6]。又经过了一段时间的沉淀，关于禁烟的作品才再度出现：1936 年，某个叫做乔治·卢克斯（Georges Roux）的人以一种威胁性的口吻写道：“别再吸烟了！”而到了 1954 年，贝尔纳尔·图尔维勒（Bernard Tourville）医生再度发问：“我们是不是应该戒烟了？”[7]

从 20 世纪起，禁烟运动的对象不再是吸烟者整体，而是直接将矛头指向了吸烟的每个个体。长期以来，都是医生给病患开出药方，而如今，相关作品却直接向吸烟的人发出了指令。一般来说并不建议吸烟者立即完全停止抽烟，因为以这种方式戒烟的成功率不足 3%。相对而言更受鼓励的是在医学监控下系统用药的戒烟方式（药贴、戒烟香口胶、药物、戒烟呼吸器等），许多医学实验室应运而生。鉴于社会对强力抗抑郁药（如 Zipan）以及尼古丁替代品（如 Nicorette、Nicopatch 等）的需求，一个真正的禁烟相关产品市场就此建立起来。而吸烟者无论是在医院的候诊室，还是在药店的小药房里，到处都会感受到禁烟药品所带来的无形压力。与此同时，那些所谓“温和”治疗方式，如针灸（耳针疗法）、催眠、行为治疗法等等也企图在禁烟产品的市场中分得一杯羹。而有的人甚至还用一些虚无缥缈的东西来帮助戒烟：起源于英伦，后来也在法国出现的阿兰·卡尔中心提倡一种所谓自我说服的方式，也就是说要想戒烟成功，只需要说服自己吸烟没有任何好处即可。[8]最终，各种戒烟诊室和戒烟中心将整个法国裹在了一个越来越紧密的戒烟网里。[9]而有关戒烟的种种论著也如雨后春笋一般出现。[10]

是时候摁熄烟头了。“非吸烟者”这个词已经进入了人们日常习用的词汇表。要知道，在1973年的《小罗伯特法语词典》里还找不到“非吸烟者”这个词汇，相反，“非使用”倒是榜上有名，特指“不曾或者不再使用某种东西”。到了2002年，《罗伯特实用法语词典》收录了阳性和阴性词语“非吸烟者”，限定其意思为“不吸烟的人”。实际上，因统计方面的差别，这个词最开始进入社会时存在不同的用法：《1992年公众健康晴雨表》根据实际调查的情况对医生进行了甄别，“非吸烟者”被分成了两大类，一类是“从不吸烟的人”（即以前曾吸烟但持续不超过6个月的人）；另一类是“以前吸烟的人”（即实施调查时不再吸烟但此前曾吸烟6个月以上的人）。可见，纯粹意义的“非吸烟者”概念在那时还没有出现。事实上，直到《2005年公众健康晴雨表》才第一次谈到了“介于吸烟者和非吸烟者之间的鸿沟”：在这里，“非吸烟者”变成了那些“因他人吸烟而感到不舒服的人”。这个用法在现实生活中很快地普及开来。

“非吸烟者”的政治影响力日渐上升。“反对烟草烟尘联盟”从1997年起就以非吸烟人士权益保障者自居。一些曾经抽烟的名人，从西蒙妮·威尔到雅克·希拉克全都一个个化身为禁烟斗士。而在国会里面，各种势力风起云涌，政治万花筒正在重新组装拼合：雅克·桑蒂尼（Jacques Santini，属于中左集团）在1991年组建了国会议员哈瓦那雪茄俱乐部；而另一边厢，下莱茵区议员伊福·布尔（Yves Bur）则激进地要求完全禁烟。当时的卫生部长罗塞林娜·巴切罗特（Reselyne Bachelot）以一种无可申辩的口吻阐明了新的禁烟条令：“如果你吃完了复活节大餐，回到家门口还想到楼下的酒吧喝上一小杯黑啤的话，你可没有权利在那里抽烟啊。”[11]而根据司法机构建议出版的一本书[12]则发出这样的邀请："非吸烟者，行动起来吧！"于是在这里，"非吸烟者"这个词指的既不是那些从不抽烟的人，也不仅仅是那些曾经抽烟后来戒了的人，而是指代那些反对吸烟的斗士。不过，禁烟的洪流也会出现一些偏差。当时竟然有一些企业老板要求把一些岗位固定给……不吸烟的人！"令人担心的是，吸烟者在'公共舞台'上的新形象越来越像是一个不正常的人，甚至被认为是罪犯，他们令社会付出了很大代价并且不顾身旁亲友的意愿而妨碍其生活。"最近一期《法国公众健康晴雨表》如是总结道。[13]

有意思的是，当时的社会并没有向烟草企业发泄不满，却将矛头指向了吸烟者。而由于那还是一个讲究"性别"的年代，女性吸烟者尤其受到了冲击。2005 年，在法国卫生健康预防与教育协会的帮助下，一些女性杂志组成联盟，毅然决然地联手起来反对吸烟，这个联盟被称作"无烟妇女"。这样的转变可谓充满了戏剧性，因为就在二十年之前，同样是这一批女性杂志还在刊登有关烟草的广告呢。其中，像《世界时装之苑》或者《嘉人》(*Marie Claire*) 这些时尚期刊还一度褒奖"美丽的女烟民"认为她们代表了真正的女性解放和自由[14]。然而，时过境迁，如今女性杂志再也不为女烟民唱赞歌了："她们越抽越厉害，同时也就令别人身边越来越烟雾缭绕。"相关文章的标题更是毫不含糊：《肺癌：大屠杀即将到来》(《嘉人》)、《戒烟的同时不增肥？有可能！》(《优势》)、《二手烟，女性首当其冲》(《世界时装之苑》)、《女人和烟草：一对致命组合》(《现代妇女》)、《诱惑还是抽烟，你只能二选一》(《伊萨》)、《女人和烟草：鸡尾酒炸弹》(《普里玛》)、《戒烟，又能怎样？》(《法国女性》)、《肺癌，女性杀手》(《女性视点》)、《莫让她们的生命随烟而逝》(《妇女万岁》)、《香烟？她再也不碰烟草了》(*Maxi*)、《戒烟的 100 个理由》(《时尚工程》)。

妇女吸烟被视为一种新的风险。“灾难”、“集体殉难”这类字眼频频出现，有时候甚至给人一种大难临头的感觉，因为女性抽烟影响的不仅仅是她们自身的健康，更被认为将对她们孕育的下一代新生命造成伤害。[15]

然而，此时被加诸“反人类罪”的妇女，如果按照以前的说法，本来应该赢得男性同胞的致敬才对啊。事实上，在21世纪初兴起的这股反对妇女抽烟的浪潮令人难免要想起一个半世纪之前那场完全不以女性为斗争对象的禁烟运动：“要想令顽固的吸烟陋习消失，还是要靠妇女。她们对于男人和孩子有一股天然的控制力，她们富于理性还有善于嘲笑挖苦的本事，而所有这些就是帮助男人戒烟的最好武器。”[16]

人类科学试图以客观而不带感情的分析来推动关于女性吸烟问题的社会讨论。2006年，罗纳—阿尔卑斯地区烟草学研究院召开了一次研讨会，会议主题巧妙地定为“我抽烟，我不再抽烟”*。在研讨会上，人们探讨了那些“不是女性的女性”**在禁烟运动中的奇特处境。不抽烟的妇女一度被认为缺乏自我，是女性不工作，不怀孕、不苗条、不性福等消极面的另一种体现。相关讨论甚至上升到了宗教的层面。对于现代肺病学的奠基者之一皮埃尔·德罗马斯（Pierre Delormas）来说，非吸烟者简直就是“因呼吸而生的一种人类”。法语里“肺病学”一词“Pneumologie”的词根是希腊语“Pneuma”***，而

---

* 此名源自塞尔吉·甘斯布（Serge Gainbourg）1968年创作的名曲《我爱你，我不再爱你》。——译者注

** 这是哲学家伊丽莎白·斯莱齐耶夫斯基特指吸烟女性的说法。——译者注

*** 本义为嘘气，后来斯多葛派哲学用以指作为万物本原的、火焰一般的气。——译者注

普纽玛既可以指人的身体也可以指人的灵魂。因此，当一位妇女要想采取一种新的行为方式来远离长期吸烟者及其造就的烟尘环境时，她就会被视作等同于传统宗教里用于涤罪的净化典范。以往，这种角色大都是出自西方的各大教派以及远东的一些门派，而如今有卫生洁癖的人也广泛地借用了这种宗教式的做法。呼吸吧！为了生存！

怎样才能不成为吸烟者？怎样才能免除吸烟困扰？怎样吸烟就会无我？不吸烟的人可能存在吗？今天的吸烟者明天会不会就“不存在”了？就是这样，一个幽灵出现了：吸烟者之魂逡巡在一片已没有烟草立足之地的土地上，令人想起了当年那个人人都抽烟的年代。总而言之，如果说抽烟者因为手里的一杆小烟枪而身份自明的话，那么非吸烟者的标志往往就是面对疑似烟尘时神经质一般的轻咳，以及如同幽灵一样出现的干锣音了。

## 非吸烟者画像

就好像癌症起于细微，这里的一切也是开始于一次矫揉造作而又谨慎小心的轻咳以及持续的喉部蠕动。这种虚无缥缈的小噪声并不是想要表达烦恼、疼痛或者苦难，而是想要提醒我们什么东西。要知道，我们明明是坐在完全露天的咖啡吧里，而且我们的香烟发出的烟尘也只是平静祥和地飘上天空；然而，轻轻的咳嗽又开始了，锲而不舍地暗示着某种不快；接下来，脖子就会挺得笔直，眼神到处乱转，开始搜寻犯下“罪行”的目标人物。如警犬一般的嗅觉也开始行动了，鼻子终于在空中定位到了气味的来源，于是突然间，两道目光锁定了我们，或者更准确地说，锁定了我们的手指，锁定了我们手中燃烧的香烟。那个人看起来很生气，但其实受到的精神刺激远甚于身体不适。即使烟雾几乎微不足道，气味也足以促其“发病”。这种人对于香烟总是习惯性地感到厌恶，因为他有一种“否定一切的癖好”，其严重程度堪比尼古丁上瘾。多年来关于卫生健康的知识以及越来越严厉苛刻的规章条例都教会了人们应该如何去追踪和“围捕”香烟，这倒不是因为我们发散到空中的这轻微的香尘有多么扰人，而纯粹是因为这个行动本身触及了禁忌。升腾的烟雾被认为玷污了世界卫生事业，有碍于身体健康，令衣服染上了异味，还影响到了大家建设更美好未来的努力。其实并不仅仅是这支隔得老远的香烟，更关键的是“竟然有人还可以抽烟”这个想法本身令眼前的这个人感到不舒服，此时此刻，每一下轻轻的咳嗽都是在吹响警示的号角。

伯努瓦·杜特尔特（Benoît Duteurtre），
《呐喊与轻咳》，选自《我的美好时代：编年史》，
巴黎，2007年，第91，92页

没有香烟的人是不是就会成为“没有生活质量的人”？幸运卢克口里咀嚼的不再是烟草而是细草根，索然寡味；邮票上的马尔罗（Malraux，作家、出版商，曾出任法国政府部长）原有的烟头不见了；而挂在法国国家图书馆里的萨特画像上也没有了他的香烟，看起来只剩下了虚无。事实上，拒绝抽香烟与香烟潮回流之间的关系反映出了一种全新的社会契约的构建。“相互之间保持距离的礼仪重新流行。就好像香水一样，香烟烟雾——与香水不同，它是可以看得见的——也是由某人散发出的味道。尽管并不存在一个签订的‘契约’，但现代社交礼仪仍在穷尽一切寻求每一个个体相对于他人的中立性。然而，抽烟者却是将烟草的气味及其引发的令人不适的环境，以一种不可抗拒的粗鲁方式强加于他人。”[17]

## 最后的香烟

伊塔诺·斯维沃（Italo Svevo，意大利作家，心理学家）用“最后的香烟”这不断被重复的誓言开启了新千年。十年以来，以《最后的香烟》命名的作品可谓层出不穷（参看本书结尾列出的资料库）。而就在结束最后一支香烟的号角吹响之际，旨在避免抽第一支烟的教育也在不断加强。教育工作者、教育学家和儿科医生一致认为，抽第一支烟的时间越滞后，对烟的依赖就越没有那么强烈。这个信条成为了当时社会公共健康机构实施相关教育的基础策略之一。

各种禁烟宣传教育风起云涌，新的策略不断被引入，新的角色不断登场，新的领域不断被占领。其中包括以下三种类型：

——恐怖型教育。“你看看自己的肺都成什么样子了？”在普朗图（Plantu，法国《世界报》专栏漫画家）为某次世界禁烟日创作的漫画中，一个医生一边展示着一幅情况特别糟糕的X光片，一边对一个少年说道。[18]而这个年轻人则以一种天生桀骜不驯的口吻回应：“酷！好像是蝙蝠侠啊！”这种教育方法其实是源自20世纪初反酗酒运动的初期形式，而这种方式当时就已经被证明是效果有限的。不过，也有人认为，“恐怖是说服别人的一个好办法”[19]。

——绑架型教育。“别害我吸二手烟，谢谢！”这是在法国禁烟委员会发起的第一次全法禁烟运动期间，相关海报上那个肥嘟嘟、粉嫩嫩的漂亮宝宝给大家留下的印象。在这里，被动吸烟成为了斗争的目标。“儿童吸入二手烟会导致呼吸系统疾病（如果是母亲吸烟的话风险将增加72%）、中耳炎、哮喘等风险剧增，甚至导致婴儿在哺乳期突然死亡。”[20]

——自我说服型。在这个方面，连孩子们也被召唤加入了禁烟战斗。从1979年起，法国公共健康教育委员会邀请年轻人以自己的方式来为香烟定罪。“孩子们已经创作出了这些海报。你也来设计属于你自己的烟草和健康海报吧。”2004年6月1日，法国禁烟委员会在《世界报》上刊登了一整页的广告：“你是香烟的囚徒？来帮助我们将你自己从烟草禁锢中解脱出来吧。”这样的动员令一直持续到了今天。

就好像社会在面对奴隶制和种族主义等其他社会问题时的态度一样，被谴责对象——抽烟者这个集体也开始忏悔了。当初“二战”刚刚结束的时候，人们在谈及第一次抽烟的快感时或多或少还有些客气和纵容，而如今这种态度早已让位于抽烟就是“世界末日”的论调。一时间，停止抽烟的要求看起来似乎必须立即得以严格地执行。而在相关的社会约束最终形成之前，大众首先经历了一个大家主动自愿停止抽烟的过程。一些有烟瘾的文化界名流首当其冲。英国浪漫派诗人查尔斯·兰布（Charles Lamb）写道：“一支，还行；两支，更好；三支，郁闷；四支，讨厌；五支，要赖。”[21]。让—保罗·萨特则回忆：“多年以前，我决定不再抽烟了。当时争论得很激烈，其实，我眷念的并不是烟草的味道，而是担心我即将且只会失去的吸烟这个行动本身的含义。”[22]此外，也有的人甚至自己也没搞清楚戒烟的原因：“这个事情是怎么发生的，我完全讲不出来。但这肯定是早有预谋的，因为事情就发生在我的生日前夜。要知道，这可根本不是戒烟的好时候。当时是在比塞特尔医院的门卫室里庆祝生日，大家唱着欢快的歌曲，爬到台子上跳舞，打翻了瓶瓶罐罐，砸碎了各种碟子。而正好就是在午夜零时那一刻，我摁熄了我的最后一支香烟。”[23]

吸烟者被要求反省，而他们这样做的时候往往充满了幽默：“我有一种比熄灭香烟更强烈的欲望，想要碾碎我的圆珠笔，把它像烟一样弄灭……在这个晚上所做噩梦的末尾，我看见一头吸烟的大象，它的长鼻子就是烟管。烟丝在这个‘烟管’里面燃烧发出的劈劈啪啪的声音最终把我给吵醒了。”[24]

对于法国烟草学协会创始人罗伯特·莫里马尔教授来说，曾经吸烟的人永远不可能成为“非吸烟者”，而只能是“前吸烟者”。“要想抹去抽烟的经历，这就好像是要摧毁历史档案一样！因此，为了戒烟就必然要经历一个解构—重建的漫长过程，而在重建的时候必须利用好此前解构时拆卸下来的一切工具。”[25]

也有的吸烟者不是在反省而是在缅怀。这其实也是给“昔日恶魔”送葬的一种方式。作家贝讷瓦·杜特尔特就自诩是个中高手，最善于“勾起人们对烟草一度成为生活点缀的那个充满危险、不讲礼貌而已成历史的世界的最后一次回忆”[26]。

## 其他地方的抽烟情况

十年以来，世界卫生组织的报告得出一致结论[27]：尽管全世界都在开展禁烟斗争[28]，尽管发展中国家呈现出控制烟草消费的趋势，香烟却仍在极大扩展之中。

那些大型跨国烟草集团考虑到西方市场已经趋于饱和而且日渐受到保护，在这里的发展越来越困难，于是开始采取新的策略，试图征服新兴发展中国家，其理由有以下三点：

——在部分发展中国家，吸烟的人还不是很多。然而，这些国家拥有大量年轻人口，有利于培养对香烟的“忠诚度”。非洲大陆既有全世界香烟消费比例最高的国家（肯尼亚、突尼斯、纳米比亚），但同时该地区绝大部分国家的烟民比例却很低。

——在其他一些已经形成了香烟消费习惯的国家，金黄烟丝香烟还未被当地了解和接受（例如：有些地方更喜欢口嚼烟草……），也有的地方，女性市场还有待“开拓”。在非洲大约有十几个国家（马里、塞内加尔、尼日尔……），女性抽烟的比例不超过10%。

——还有一些国家的烟草市场是由当地企业或者曾经的国家垄断企业所控制。例如在中国，中国烟草公司拥有全球人数最多的消费群体。

基本上，除了日本，大型的跨国烟草公司主要来自英美两国。这些公司通常在烟草产出地区（例如美国弗吉尼亚州）占有牢固的地位，但在西方市场往往会受到质疑，更何况现在烟草已经不能在西方国家打广告了。而在发展中国家，大型跨国烟草公司实施推行了一种特别行之有效的市场营销策略。不管是在拉丁美洲还是在非洲，英美烟草—乐福门公司、帝国烟草公司和菲利普·莫里斯国际公司瓜分了大部分市场份额。这些公司收购了一批当地的商业竞争者：例如，帝国烟草就在撒哈拉沙漠南部地区吞并了托巴科尔公司。而为了迎合当地的民族主义诉求，跨国烟草公司会致力于推动“地区性”品牌的发展。在乌克兰，菲利普·莫里斯公司在21世纪初推出的“普里斯基·奥索布里尼”已经成为了该国最好卖的香烟牌子。在俄罗斯，帝国烟草公司通过2002年收购德国利姆斯特马公司的行动，控有了俄罗斯香烟市场头号品牌普里马；而帝国烟草的竞争对手英美烟草在俄罗斯市场除了自身传统的“美国好彩”和“长红”之外，还主打地区品牌“雅瓦”和“金牌雅瓦”。此外，在埃及，大型跨国烟草公司控制的本土品牌是“埃及艳后”；而在斯堪的纳维亚地区，这方面的代表是“北国”。与上述情况相反但同

金沙萨地区的香烟小贩，刚果，2006 年

北京的烟草零售店，中国，2004 年

样有效的措施是，根据英国和美国的著名地点来为新兴市场的烟草品牌命名：在孟加拉，有“布里斯托尔”；在印尼，有“堪萨斯”；在以色列，有“百老汇”；在巴西，有“好莱坞”。另外，有了“大使”烟，“整个世界都在你的手中”；至于“乐福门”，这就是“寻找吸烟乐趣的国际通用护照”。至于在第三世界的香烟广告，倒是用不着太担心地区差异的问题，例如在非洲的广告就与其他地区没有太大区别：“所有的美女都喜欢找有香烟的男人”；“香烟令我们的身体充满动力”；“坚守香烟带来快乐”；“香烟重新赋予工作于勇气”；“香烟让伴侣之间的关系牢不可破”。

另一方面，烟草与政治世界的联系呈现出不断加强之趋势。据世界卫生组织估计，自从1995年以来，美国的烟草集团给予各州或者联邦公共职位候选人的政治捐献金总额超过了3200万美元。由此我们可以想象，当面对如此富有而又强势的烟草跨国集团时，那些贫穷国家的力量是有多么微不足道啊！而同样是根据世界卫生组织的说法，中美洲和南美洲各地政府承受着来自烟草商的巨大压力，这是相关国家推行禁烟政策时要面对的主要障碍。许多发展中国家往往财政状况不理想，难以实施有效的公共卫生预防措施，结果，它们竟然求助于……香烟制造商。像巴西和乌拉圭这样的烟草生产国就会把烟草工业当作是特别的合作伙伴，甚至与对方签约，一起合作在当地的学校里推行防止学生吸烟的计划。结果显而易见，这样的行动最终“变形”成了为香烟牟利的隐形广告了。

此外，烟草商还常常被指称为香烟走私提供方便。据悉，在全世界烟草正式出口额中大约有三分之一需求量来自于各个走私集团：30%，也就是3000亿（大约是法国烟草年消费量的四倍）。香烟走私，这其实是跨国集团向各国政府施压，促其降低烟草税的一个手段。例如，美国的烟草商就曾经向黑山共和国——欧洲黑市的“十字路口”——输出大批量的香烟，以至于在这个国家，按照输入总量来算的话，包括婴儿在内的每个居民平均每天可以抽上六七包香烟。[29]

## 香烟，现代的阿莱城姑娘*

在欧洲，除了希腊这个欧盟内部的吸烟者天堂之外，其他的欧盟成员国在2005年至2007年都相继采取了程度不一但都趋于严峻的禁烟政策。爱尔兰在这方面开了一个好头，该国早在2004年，也就是贝尔特朗法令问世三年之前，就已经明令禁止在一切公共场合抽烟了。面对哪块大陆拥有最多男性烟民这个问题，欧洲（如果算上俄罗斯的话）却一直在与亚洲激烈地“争夺”着这个“可悲”的大奖。此外，欧洲受到前南斯拉夫地区的“拖累”，甚至还保持着全球女性烟民比例最高的纪录（介于40%与49%之间）。而具体到国家，女性烟民比例介于30%与39%之间的依次是：德国、挪威、克罗地亚、爱尔兰和法国。

欧盟区域的不断扩大也极大地促进了烟草商的发展。世界上三个顶级烟草集团菲利普·莫里斯（包括万宝路）、英美烟草和帝国烟草占有全球烟草市场的大部分份额。阿尔塔迪斯集团在法国因其金黄烟丝高卢烟而出名，另外还在西班牙拥有好彩牌香烟，而在意大利和芬兰也有一个牌子：纽斯烟。然而，这样一个大集团在2008年也还是被帝国烟草收购了。

---

* 法国作家都德撰写了话剧《阿莱城姑娘》，音乐家比才创造了同名配乐享誉全球。阿莱城姑娘在这里指的是既令人眷念而又致命的对象。——译者注

在法国，香烟可算是“混”得不错。2008 年，香烟销售量为 5400 万支，也就是说与 2004 年的销量持平。在法国各个办公大楼楼下，总是有成群的雇员肆意地吞云吐雾。“可是，这些烟民是怎么来的呢?”《成瘾》杂志在 2009 年 3 月不禁问道。这一年，法国在欧洲禁烟大讲堂里扮演了一个坏学生的角色：烟民比例高达 28.3%，排在欧洲第 22 位，仅仅高于保加利亚、匈牙利和希腊。看来，在法律层面完成了禁烟立法并不能强迫消费者个人就此停止抽烟。甚至更为糟糕的是，烟又偷偷地“回来”了。其实，香烟一直萦绕于人们的脑海之中，而如今更以一种几乎是前所未闻的方式出现在了书本里。

连环漫画《美眉》(*Pin Up*)——还好，这是成人漫画——在 1994 年到 2005 年期间推出的九个新系列中就明目张胆地为香烟打起了广告。[30]而其中，前三个系列简直就是为“好彩烟”度身定制的。在漫画中，女主角朵蒂一直都在抽着“好彩烟”，这可能是出于尊重历史的考虑，因为故事发生在第二次世界大战以及随后的“冷战”期间，大家都知道，那正是吸烟风行的年代。而从第四个系列故事开始——或许是担心遭到处罚，或许是由于朵蒂遇到了有洁癖的亿万富翁霍华德·于格——这位女主角似乎开始与她曾经眷念的“毒品”保持距离了，从此以后，轮到朵蒂的敌手塔卢拉或者是那个超帅的金发克格勃利武波夫叼起了烟头。后来，漫画中的配角也摁熄了他们的烟头，即便有时候也会点上一两支烟，但画面上呈现的已经是香烟的过滤嘴，而不再是香烟的牌子了。

1996 年，法国邮局为纪念马尔罗发行了一张邮票。马尔罗当年抽烟很厉害，基本上一支接一支从不间断。他的邮票是由马克·塔拉斯科夫(Marc Taraskoff)设计，取材自 1935 年的一张照片，在照片里，《人类身份》的作者(即马尔罗)一如既往地抽着烟。然而，法国邮局却要求塔拉斯科夫抹去原作中马尔罗的香烟。这个弄虚作假的邮票激起了极大的争议。属于保卫共和联盟的国会议员达尼埃尔·卡里格（Daniel Garrigue）甚至怒斥：对马尔罗“如此不敬，是可忍孰不可忍”。马尔罗的这张邮票最终还是没有进行修改，不过后来推出的同系列邮票（如画家梵高）就更加接近真实了，也就是说这些人物在邮票中得以恢复了烟民本色。

至于香烟的头号传播载体电影，却也一直没有实现无烟化。这倒不是因为没有进行过相关尝试，“可可事件”就是一个很好的例子。香奈儿小姐从来都是一个复杂难懂的人物。而电影《可可·香奈儿传》(2009）的问世又增添了新的话题。这一次，问题出在为她设计的香烟上面。在电影中扮演香奈儿小姐的女演员奥黛丽·塔图（Audrey Tautou）在海报上的经典形象是手里夹着一支香烟。于是，负责整个巴黎市区交通网络的巴黎独立运输公司以反烟草法案的名义拒绝张贴这种“肆无忌惮的”电影海报。最终，负责广告管控的相关机构介入此事，裁定“与烟草有关的物品”可以“在一定条件下出现在广告上面”。从此以后，必须满足的相关条件包括以下三条：“广告刊登者不得与烟草制造商或者发行商有任何联系，而广告必须以文化或者艺术为目的”；广告中饰演的人物“应当是已经逝世，或者是艺术作品中的角色，而这个作品必须是为了艺术展示而进行的系列推广活动的组成部分”；最后一条，“广告作品中的相关烟草消费物品必须与已经辞世的广告角色人物形象和个性密不可分。”按照这些规定，可可/塔图得以继续吞云吐雾。有此先例在前，整个电影业都受益匪浅：《甘斯布，英雄人生》(2010）上映的时候，主角吸烟的形象没有引起任何争议和非难。不仅如此，烟草公司的一些其他做法似乎也得到了认可：在《黎明生机》和《杀人执照》两部电影里，两家烟草公司为了让詹姆斯·邦德抽烟，一共付出了36万美元；而硬汉斯泰龙则在他最近的5部电影作品里相继展示了布朗公司的香烟和英美烟草子公司威廉姆斯出品的香烟。

看来，香烟远没有消失。简单来说，她只是由高傲而无处不在的卡门变身成为了让人欲拒还迎的阿莱城姑娘。

号称会“留意有关烟民的态度和置信度”的最近一期《法国公共卫生健康晴雨表》描绘了禁烟之争发展至“决胜局”的新面貌[31]：

——“老烟枪”的时代已经结束了：一个吸烟者每天至少抽一支烟才会被认为是“常态性吸烟”，否则就属于“偶然性吸烟”。“在12岁至75岁人群中，有24.9%的人属常态性吸烟”。如今的烟民平均每天抽12.5支香烟（1992年是13.1支/人）。

——烟民数量从21世纪至今下降了10%。“到了2005年，‘前吸烟者’与现吸烟者的人数几乎相当。这是三十年来头一回。”

——从地理方面来看法国的吸烟情况，有五个地区（上诺曼底、洛林、大巴黎区、蔚蓝海岸省和朗格多克—卢西翁省）的吸烟率明显高于全国平均水平。

——在18岁至75岁的男性人群中，吸烟率在三十年内下降了近一半（从60%到35%）。

——在一个半世纪里，法国女烟民首次吸烟的平均年龄下降了7岁，而男烟民首次吸烟的平均年龄下降了3岁。而无论男女烟民首次吸烟的平均年龄目前都是在大约15岁左右。

长期以来，“禁止吸烟”在人生的“剧场”里高高在上，俨然神圣不可侵犯，对此，如今反对者给出了回应：“吸烟有理”。这不禁令人想起了17世纪，当烟草第一次遭到非议时，人们曾大力“颂扬烟草”予以反击，而这一幕现在是不是要再度重现呢？事实上，由于17世纪的教会人士把烟草称作“魔鬼之草”，所以“颂扬烟草”被赋予了反迷信和反愚昧的特殊含义：吸烟被视为新派作风、现代生活的具象，似乎随时可以迸发出对抗妖魔化和对抗巫术的神奇“光芒”。然而，到了21世纪，“现代”的标签已经不再属于香烟，而是转到了它的对立面，即禁烟阵营。如今，在科学界的坚定支持下，禁烟主义俨然化身成为了公共卫生和环境现代化的“排头兵”。此时此刻，禁烟与吸烟，这简直就是科学与诗歌的大战。而那些“曾经的吸烟者”们则落在了禁烟大部队的后面，他们正在进行的“战斗”主题是“怀念”：“即便我们的恶癖正在消失，却依旧能勾起心中的怀念，让我们产生共鸣。”[32]

现如今，香烟是什么？香烟就是正在消逝的“存在”，就是“消亡”这个词的本义在现实世界的展现。

## 结　语

# 这不再仅仅是香烟的问题

“香烟，一段历史的终结！”[1] 可能吧，但这不会是世界末日。

最后的香烟之火正在逐渐熄灭？这不应该由历史学家来妄下定论或者给出什么预言。

相反，值得注意的是，在这场关于健康与自由、安全感与责任心的轰轰烈烈斗争中，历史学引起了一些非议和责难。今时今日，当一位作者撰写关于禁烟法令的作品时，总是会自以为必须要提出历史材料作为论据。因此，罗伯特·勒冈（Robert Le Cam）才会挖掘出 1851 年的“博卡尔梅事件”，用这个故事来警醒并号召大家与烟草作斗争。不过有时候，历史也会引人误入歧途。吉尔贝尔·拉格鲁（Gibert Lagrue）就迷失在了故纸堆中，他为了证明吸烟这个“传染病”的影响之深，引用了这样一组数据：法国的烟草消费估计“在 1870 年是 50000 支……而到了一个世纪之后，这个数字达到了将近 1000 亿支”[2]！禁烟主义莫非搞得人都失忆了不成？历史就好像是最美丽的姑娘，只能给出她所真正拥有的东西。历史描绘着社会，既不能对其痛加斥责，也不必对其大唱赞歌。

香烟是这样一个社会化产物，它的体积极小却影响极大。而历史又赋予了它作为文化产物的一面。你可以为它打上“缥缈”、“短暂”和“精华”这样的标签。

经过五个世纪（在西班牙）或者两个世纪（在法国）的时间，香烟深深融入了社会。它为文学、诗词、歌曲、平面以及动画影像的持续发展长期提供资助，就好像具有反叛精神的卡门，通过香烟尽情地展现自己，颠覆着传统，令两性关系加剧升温。最终，香烟烟雾被赋予了一种火辣辣、白热化的形象符号。不管是夹在手上还是叼在嘴里，不管是藏在口袋中还是当街掏出来，女人只要拿着香烟就能牵动男人的脚步。长期以往，经历了从经济商品到社会分支，直至作为文化工具的一系列演变，香烟几乎扩展到了所有的领域。而在女性群体，最早接受烟草的是当时一些什么都要向男人看齐的女性，随后那些最普通的女人也慢慢抽了起来，于是，大众化的烟草就在19世纪末逐渐地“女性化”了，不仅仅是“假小子”们因吸烟而发出惯性的咳嗽，就连“像花儿一样的少女”也活泛了起来。

此外，世界大战和各国内战进一步令烟草深入民心。而和平时期也能看到烟草广告大行其道。事实上，看起来广告似乎并没有把香烟打造成为大众消费品。诚然，酒类等许多其他物品通过招贴广告赢得了发展，但热烟草在19世纪却并不是通过广告而推广开来的。相反，1925年至1975年期间，由于在广告方面持续发力，烟草被赋予了现代化物品这样一种社会地位。此时的烟草外形已经转变成了标准化的圆柱体，批量生产逐渐代替了“手工制造”；而通过对内部原材料的搭配和调整，香烟的种类变得越来越多样化。于是，广告的作用主要就是引导目标消费群（男人、女人、年轻人）去探寻越来越精致的各种香烟口味：棕色烟丝、金黄烟丝、法国口味、东方口味、维吉尼亚口味、淡雅口味、薄荷口味等等。这种供应种类的多样化对于拉动整个香烟消费而言，或许并非绝无益处。

在上述过程之中，有的人重新拾起西拉诺的大段台词来庆贺香烟的普及，也有的人借莫里哀著作《唐璜》中的仆人列波莱洛之口，颂扬吸鼻烟的旧贵族。另外，在埃德蒙·罗斯坦德（Edmond Rostand）这部“不太被人赏识”的喜剧中，加斯科人还有这样一段关于鼻子的著名台词：

> 这个嘛，先生，当您吸鼻烟的时候，
> 烟草散发出的气体从您的鼻子里面往外漏，
> 难道旁边就没有一个人大喊：谁家的烟筒着火喽？[3]

在工业革命大发展的社会里，各种烟筒大量地吞云吐雾，小小的香烟倒是成了一种招人喜爱而又无甚害处的消遣了。因此，在长达一个半世纪的时间里，对烟草的非议并没能得到社会上任何的回应。可是在20世纪的后五十年，一个很有影响力的医疗卫生集团强势出现，以科学的名义谴责过度吸烟，而到了后来，不管是任何程度的吸烟行为都成了受攻击的对象。权力阶层最终决定倾听禁烟者的呼声，进而意识到了大家的鼻子所面临的风险。于是，香烟就陷入了尴尬的境地，它会不会就此化为灰烬而陨落于地呢？

“人类命运的一次新冒险历程正在我们的眼皮子底下展开：那是一种在精神层面上的心理—化学反应，从此以后，人类从前遵循的社会契约精神将不复存在，取而代之的是以至高永福即‘人类健康’的名义来进行的社会管制，而这种‘健康’的标准却是由管制者自己来厘定的。”[4]终于，昔日主张禁烟的道学家们笑到了最后，因为现代科学证明了吸烟的危害性。巴尔扎克早就说过：“人们总是想追求那些不受普通法律约束的快乐，但一切过分之举都是建立在这样一种快乐的基础之上。”[5]而吸烟成癖的英国国王詹姆士一世有一个朋友弗朗西斯·培根（Francis Bacon），他为了重得国王的欢心，曾经假装自己也对烟草有瘾：“烟草广泛传播，倾倒众生，皆因能带来一种神秘的快乐，这种快乐如此之深，以至于任何人只要习惯了就会难以自拔。”[6]

不过，自 1976 年起陆续通过的禁烟法律，特别是 1991 年的埃文法案以及历次的禁烟运动最终抑制住了烟草广告的影响力，使得吸烟的行为也逐渐失去了市场。于是，在展示了种种令人惊叹的创造力和革新精神之后，烟草广告似乎终于要投降了，至少在西方国家看起来是如此。到了今天，抽烟几乎已经变成了一件耻辱的事情。在那些总能令人产生负疚感的禁烟广告的作用下，烟民几乎是被迫地向“前吸烟者”的角色转变。可是，谁也不能用一笔划掉一个世纪——其实是七十年——的香烟广告历史，也不可能用……一个烟圈来遮盖这一切。 法国国家图书馆就曾因为斗胆抹去了萨特肖像上原有的香烟，而最终不得不公开道歉。而在 20 世纪 30 年代，明星蒂塔·帕尔洛（Rita Parlo）因充满柔情蜜意地手夹一支香烟的形象而声名鹊起，从此走入了法国电影世界。这个画面似乎在告诉我们，有着如此丰富经历的香烟在未来依然会有好日子过。

燃烧吧，香烟？历史在延续。

# 全书注释

## 前言“这不仅仅是一只烟斗”

1. Hervé Robert, *Arrê ter de fumer*, Paris, Solar, 2003, p. 17.

2. 这是由 Anne-Marie Morice 针对高卢牌金黄色香烟包装所做的一项非常精彩的人类学研究报告：« Autopsie d'une blonde empaquetée », in *Création d'images. 9 histoires de pub*, revue *Autrement*, 1986, pp. 166-182。

3. *Ibid.*, p. 169.

4. “多米尼克 18 岁，与我们认识。也将这本书献给他。还有很多其他的女性出现在本书之中，她们有不同的年龄，来自不同行业。她们之间唯一的共同点就是香烟。柯莱特热爱阳光，弗朗索瓦兹是医学院的高材生，莫妮卡讨厌家人做的午餐。还有小酒馆的米雷耶、小皮埃尔的妈妈、妮可、智商超群的女商人、苏珊娜、玛丽—特雷瑟、欧德，以及很多其他女性……” 4ᵉ couverture de Dollinger (Drs Alain et Mary), *Les femmes et le tabac, histoire d'une mé salliance*, Paris, François-Xavier de Guibert, 1999.

5. 1810—1995 年间，烟草的生产和售卖都由国家垄断。法国成立了专门的官方机构以实施对烟草行业的管理。随着年代不同，该机构的名称也不断地变更（国家烟草管理局、烟草生产管理处、烟草及火柴工业开拓协会等）。1970年，国家放弃了对烟草种植的垄断，并于1976年放弃了对欧盟国家烟草进口和烟草批发的垄断。自1995年开始，塞塔转为私营化企业，并几年之后与西班牙烟草公司合并，变为阿塔迪斯（ALTADIS）烟草集团。至于烟草的零售曾经只面向国家招收的烟草零售商，并受到严密的监管。1993年之后，隶属于海关的私人零售商开始获得经营烟草的许可权。

6. Guillaume Apollinaire, « Hôtel », in *Œuvres complètes*, Paris, Gallimard, « Bibliothèque de la Pléiade », 1954.

7. Muriel Eveno, Paul Smith, *Guide du chercheur. Histoire du tabac et des allumettes en France aux XIX^e^ et XX^e^ siècles*, Paris, Éditions Jacques Marseille-Altadis, 2003, 480 pp. + CD Rom,

8. “大众传播”首先是“广而告之”。Cf. *Pub* (*La*). *Son théâtre, ses divas, l'argent de la séduction*, revue *Autrement*, n° 53, octobre 1983. En particulier, les articles de Gérard Lagneau, « Une histoire de comédiens et de médecins », pp. 10-14, et l'entretien avec Jean Baudrillard, « Totalement obscène et totalement séduisante », pp. 177-182.

9. *Ibid.*, p. 180.

## 第一章　香烟的味道

1. “我建议把‘抽烟’（fumer）名词化，变为fume。就像把‘行走’（marcher）变成名词marche一样。” Robert Molimard, *La Fume. Smoking*, éd. SIDES, 2004.

2. “为了简化与反烟有关的书面或口语的表达（原文如此），议会要求在字典中加入以下词汇：fumage（抽烟，吸烟的动作描述）、tabagisme（烟草中毒，与酒精中毒相对）、tabacomanie（滥用烟草，义同tabacomane），以及tabagie（吸烟馆）”来自第二届国际反烟大会，1900年8月20—24日于巴黎举行。

3. 我们翻阅了封建王朝时期的12本相关著作，包括拉丁文的古籍。自路易—亚历山大·达尔维尔时期（*Essai sur le tabac*, Paris, imprimerie Didot Jeune, 1815）到19时期的相关法文著作，我们也选阅了32本。所有著作无一例外地提到了烟草起源于美洲。然而20世纪出版的大量相关论著（1950—1990年间共有146本）却完全回避了这段历史（其参考书目除外）。

4. Christophe Colomb, *La Découverte de l'Amérique. Journal de bord 1492-1493*, Paris, La Découverte, 1981.

5. Bartolomeo Las Casas, *Historia de las Indias*, Séville, 1527, cité par Anatole Jakovsky, *Tabacmagie*, Paris, Le Temps, 1962, pp. 9, 10, et Rémi Sellier, *Le Tabac*, thèse de médecine, Dijon, 1982, p. 4.

6. "烟草：来源于热带国家的一种植物，含氮，具有刺激性及腐蚀性，具麻醉性，含毒性。一个多世纪以来，在艺术的烘托下，烟草成为时尚的潮流、高雅的消遣，备受众人追捧。无论是抽烟斗、吸鼻烟、嚼烟还是其他方式，几乎所有的人都在吸食它。"

7. 20世纪，人类学家列维—斯特劳斯证实道："在烟草盛行的地区，吸食烟草的方式也多种多样。"（*Du miel aux cendres. Mythologiques*, Paris, Plon, 1967）

8. Pedro Vas de Caminha, *Lettre à sa majestéle roi Manuel I$^{er}$*, 1$^{er}$ mai 1500. 这封信被当作巴西诞生的见证。

9. Fernández de Oviedo (Gonzalo), *General y natural Historia de las Indias*, parue à Séville en 1535, traduite en français sous le titre *Histoire naturelle et générale des Indes.*

10. Juan Suárez de Peralta, *Noticias históricas de la Naeva España*, Madrid, éd. J. Zavagora, 1878.

11. Jacques Cartier, *Bref récit. Voyages au Canada*, 1546, Paris, La Découverte, 1984.

12. André Thevet, *Les Singularités de la France antarctique*, Paris, La Découverte, 1983. Jean Christophe Rufin 从此书中汲取了灵感，创作了《红色巴西》，获得了2001年的龚古尔文学奖。

13. 即便这不是本书的重点，目前研究美洲烟斗的学术热潮仍值得我们关注，尤其是那些加拿大考古学家们的著作： Roland Tremblay,« Se conter des pipes: la pipe dite Micmac, des origines amérindiennes aux mythes modernes », et Marie-Hélène Daviau « La pipe en pierre au Canada: une question de contexte? », in Catherine Ferland, *Tabac et fumées. Regards multidisciplinaires et indisciplinés sur le tabagisme. XV^e-XX^e siècles*, Québec, Presses de l'Université, Laval, 2007, pp. 21-50, 51-80。

14. André Thevet, *Les Singularités de la France antarctique...*, *op. cit.*

15. *Ibid.*

16. Robert James, *Dictionnaire universel de médecine*, 1748, p. 1538.

17. André Thevet, *Les Singularités de la France antarctique...*, *op. cit.*

18. Antonio Margil de Jesus, *Testimonio de differentes cartásy provincias desde el pueblo de Nuestra Señora de Lacandones*, 1697.

19. Jacques Soustelle, *La Vie quotidienne des Aztèques à la veille de la conquête espagnole*, Paris, Hachette, 1955.

20. Fernández de Oviedo, *Histoire naturelle et générale des Indes*, *op. cit.* Citépar Dr. Charles Fermont, *Monographie du tabac*, Paris, Claix, 1857, p. 34.

21. Jean de Léry, *Histoire d'un voyage fait en la terre du Brésil*, 1563.

22. Denis Diderot, *Encyclopédie*, art. « tabacos », 1765.

23. Selon Garcie du Jardin, *Histoire des drogues qui naissent des Indes et en Amérique*, *op. cit.*, citépar Dr Charles Fermond, *Monographie du tabac*, *op. cit.*, p. 10.

24. Claude Lévi-Strauss, *Mythologiques: du miel aux cendres*, Paris, Plon, 1967, chapitre « Le sec et l'humide »; Bernard Clergeot, « La Plante sacrée », *Tabac et sociétés*, Bergerac, 1986.

25. Jacques Cartier, *Brefrécit. Voyages au Canada*, *op. cit.*

26. Jean de Léry, *Histoire d'un voyage fait en la terre du Brésil*, *op. cit.*

27. Catherine Ferland, « Une pratique "sauvage" ? Le tabagisme de l'ancienne à la Nouvelle France XVII^e-XVIII^e siècles », in Ferland (C.) dir., *Tabac et fumée...*, *op. cit*, pp. 81-109.

28. André Thevet, *Les Singularités de la France antarctique*, *op. cit.*

29. Jordan Goodman, *Tobacco in History*, London, New York, Routledge, 1993.

30. Claude Chapdelaine « Des cornets d'argile » aux « pipes de plâtre » européennes, in Laurier Turgeon dir., *Transferts culturels et métissages Amérique/Europe XVI[e]-XX[e] siècle*, Sainte-Foy, Presses de l'université Laval, 1996.

31. Catherine Ferland, « Une pratique « sauvage »? Le tabagisme de l'ancienne à la nouvelle France. XVII[e]-XVIII[e] siècles », in Catherine Ferland dir., *Tabac et fumées*, *op. cit.*, pp. 81-109.

32. Charles Estienne, Jean Liebault, *Agriculture et maison rustique* (1567), Lyon, Bachelu, 1653, p. 214.

33. Pierre Grignon, *Chanson des pilotes de Jehan Ango*, *Dieppe*, 1539. *L'armateur dieppois Jean Ango travaillait alors au service des Portugais.*

34. Denis Diderot, *Encyclopédie*, *op. cit.*, art. « tabac », 1765.

35. Cf. Fernand Braudel, *Civilisation matérielle*, *économie*, *capitalisme*, Paris, Armand Colin, 1979, 3 vol.; et Marc Vigié, *L'herbe à Nicot*, Paris, Fayard, 1989, pp. 89-124, 162-168.

36. Citépar Daniel Bauchot, *L'Histoire du tabac et du tabagisme*, thèse de médecine, Paris, p. 24.

37. Note à venir.

38. André Thevet, *Cosmographie universelle*, 1575, source BnF Gallica.

39. Il s'agit du médecin français Jean Liébault, auteur, avec son beau-père imprimeur Charles Estienne, de *L'Agriculture et maison rustique*, 1567, *op. cit.*

40. Jean de Léry, *Histoire d'un voyage fait en la terre du Brésil*, *op. cit.*

41. 所有字典和医学健康类著作彻底将安德烈·德维遗忘了。

42. 关于尼古提那烟草故事的唯一证据来自他寄给其庇护者、洛林地区红衣主教的一封信："我发现了一种来自印度的草，具有很神奇的特性，能预防'不能碰'（一种皮肤病），对伤口也具有非常迅速的治愈疗效。等我拿到种子以后，我就将种子和植物一并寄给您的园丁 Marmoutiers 先生……"

43. 凯瑟琳·德·美第奇，嫁给亨利二世（1533—1559），成为了法国皇后。她在其子弗朗索瓦二世（1559—1560）即位期间掌控了朝政，并在第二个儿子查理九世（1560—1574）成为国王之后继续摄政。她被看作是法国历史上第一个接触烟草的女人。然而她并没有成为“吸烟者”或“倡导者”，因为她对烟草的态度冷淡。

44. Huile sur toile, 46. 4cm * 36. 8 cm, vers 1636. Metropolitan Museum of Art, New York.

45. 直到 1819 年，西班牙人在佛罗里达地区更流行种植的是棉花而不是烟草。

46. “他们有一种当地叫做‘uppowoc’的野生植物，生长于西印度地区。根据生长地区的不同和用途的不同，这种烟草的名称也会有变化。西班牙人把它称作‘tocacco’。当地人把这种草叶晒干磨成粉末，放入黏土烟斗里来吸食。他们以此来满足自己的大脑和胃。” cité par Ned Rival, *Tabac, miroir du temps*, Paris, Perrin, pp. 21, 22.

47. 奈德 · 里德尔在某个章节中讲述了印第安公主波卡洪塔斯的爱情故事，*Tabac, miroir du temps, op. cit.*

48. Raphaël Thorius, *Hymne au tabac*, Leiden, Elzervin, 1625.

49. Jean Neander, *Traicté du tabac ou nicotiane...*, Lyon, Barthélemy Vincent, 1626. 实际上，如果说山区的印加人吸烟比较常见的话，那海边的智利人一开始并不认识烟草，而是在被征服的过程中逐步养成吸烟习惯的。直到 1540 年之后，智利才开始出现吸烟者。塞维利亚医生（Nicolas Monardes, 1500 – 1578）撰写了西班牙国内第一本关于烟草的专著：*Historia medicinal de las cosas que se traen de nuestras Indias occidentales que sirven en medicina*, Séville, 1571, segunda parte. 费尔南德斯 · 德 · 奥维多，《印第安自然通史》的作者，曾是圣多米尼克岛的总督。在本书中，奥维多用“Perebecenuc”一词来命名古巴烟草。

50. 据 Anatole Jakovsky（*Tabac-magie, op. cit.*, p. 98），有关维利亚烟草制造厂的记载自 1676 年后开始出现。

51. Jacques Casanova, *Mémoires*, Paris, Cercle du bibliophile, 1967, pp. 268-269.

52. *Ibid.*, p. 263.

53. Giuseppe Benzoni, *Historia del Mondo Nuovo*, Venise, 1565.

54. Bartolomeo Las Casas, *Historia de las Indias*, *op. cit.*

55. Francisco Quevedo y Villegas, *Visions*, Lyon, 1659.

56. Benedetto Stella, *Il tabacco*, Roma, 1669.

57. 在对待香烟的态度上，新教徒与天主教徒一样反应激烈。1661 年，伯尔尼参议院颁布了十诫，把吸烟称为上帝禁止的罪行。1657 年议会甚至成立了烟草审判庭，以罚款、坐牢或示众柱刑等处罚方式，惩戒顽固不化的吸烟者。而东正教则采取了更为极端的手段。按照 1634 年的沙皇敕令，俄国大公和莫斯科主教宣布禁止烟草的买卖和使用，并对违禁者处以鞭刑、对惯犯者处以割鼻的极刑，屡教不改者则斩首示众。由于当时俄国很多城市都是木头搭建出来的，因此烟草引发的火灾是当权者最怕发生的情况。

58. Frédéric Edelman, « Défense de fumer », revue *Flammes et fumées*, 1977, n° 77, pp. 33-64.

59. 伯努瓦十三世，1724—1730 年任罗马教皇，素来憎恶冉森教派，但对吸烟者的人却态度十分温和。

60. Jacques I^er Stuart, *Misocapnos* (1605), cité par L. Bornay, *Du tabac*, thèse de médecine, Paris, 1863, p. 12.

61. 包括法国医生 Jean Liébault (1564), Jacques Gohory (1572), le médecin hollandais Gilles Everard (1587), le médecin allemand Jean Neander (1622) …… Cf. *Tabac et société*, *op. cit.*, pp. 27-31 « l'herbe de tous les maux: un remède universel; Didier Nourrisson, *Histoire sociale du tabac*, Paris, Christian, 2000, pp. 24-30, « la panacée ou le tabac médecin ».

62. Guy Crescent Fagon, *An ex tabaci usu frequenti vitae summa brevior?*, *thèse de médecine*, *Paris*, 1699.

63. Guy Fagon (1699), cité par Buch'Hoz (médecin de Monsieur, frère du roi, comte d'Artois), *Dissertation sur l'utilité et les bons et les mauvais effets du tabac*, *du café*, *du cacao et du thé*, Paris, chez l'auteur, rue de la Harpe, 1788.

64. Guy Fagon (1699), cité par Pierre Joseph Buch'Hoz, Paris, chez l'auteur,

1788, p. 370.

65. Molière, *Dom Juan*, 1665, in *Les œuvres de M. de Molière* (éd. Vivot et C. Varlet), Paris, 1682, t, VII, acte 1, scène première, tirade du valet Sganarelle.

66. Saint-Simon (duc de), *Mémoires de la Cour*, Paris, Chéruel, 1854. Le tabac est présent dans 14 saynètes des 20 tomes de mémoires.

67. Buch'Hoz (médecin de Monsieur, frère du roi, comte d'Artois), *Dissertation sur l'utilitéet les bons et les mauvais effets du tabac*, ..., *op. cit.*, 1788, p. 21.

68. Cabinet des estampes, Bibliothèque nationale. Citéin Édouard Gondolff, *Le Tabac sous l'ancienne monarchie. La Ferme royale* 1629—1791, Vesoul, 1914.

69. Marc et Murielle Vigié, *L'Herbe à Nicot*, *op. cit.*, pp. 406-407.

70. Cité par Benigno Cacérès, *Si le tabac m'était conté ...*, Paris, La Découverte, 1988, p. 99.

71. Théodose Burette, *La Physiologie du fumeur*, Paris, E. Bourdin, 1840. Le « paletot » est l'habit du bourgeois; le « bourgeron » la blouse du paysan.

72. Serge Karsenty, « Le tabac: usage tranquille; usage coupable », in *Modes de consommation*, Paris, éd. Descartes, 1991.

73. Guy de Maupassant, *Bel-Ami* (1825), pp. 202, 203. Maupassant reprend d'ailleurs ici une description de Rouen parue dans *Un Normand* (10 octobre 1882).

74. Adrien Gombaud, *Tabac et cinéma*, La Rochelle, Scoop Éditions, 2008, p. 8.

75. Victor Hamille, *Rapport fait au nom de la commission d'enquête sur l'exploitation du monopole des tabacs*, Paris, Imprimerie nationale, 1876, 1re partie « Développement pris par la fabrication depuis 1835 ». 议会首次对烟草消费情况也进行了调查：1835年雪茄的消耗总量为5825万支，再加上其他种类的烟草产品，法国人均每年消耗了393克烟草。

76. Pierre Larousse, *Grand dictionnaire universel du XIXe siècle*, Larousse, 1877, art. « Tabac ».

77. Didier Nourrisson, « Le club des hachichins. Une fumée peut en cacher une autre », *Alcoologie/Addictologie*, juin 2006, t. 28, n° 2, pp. 113-118.

78. Cité par Daniel Bauchot, *Histoire du tabac et du tabagisme*, thèse médecine, Paris, 1985, p. 78.

79. Honoré de Balzac, *Traité des excitants modernes* (1839), Paris, Le Grand Livre du mois, 1999.

80. 巴尔扎克在乔治·桑家里尝试了水筒烟，并经历了一次真正惊人的体验。水烟筒里塞满了烟草、广藿香以及其他东方植物(很可能是印度大麻)。

81. 艺术家们还通过其他作品详尽描述了吸食兴奋品之后的体验：Théophile Gautier, *La pipe d'opium La Presse*, 27 septembre 1838; Honoré de Balzac, *L'opium*, nouvelle de 1830 (以 Alex de B. 的笔名发表于 1830 年) et *Massimilia Doni*, nouvelle de 1839。

82. Poème de Ali Shirazi, *À propos du tabac*, cité par le Premier Congrès scientifique international du tabac (Paris, 6-15 septembre 1955).

83. Jean-Jacques Yvorel, *Les Poisons de l'esprit. Drogues et drogués au XIX$^{e}$ siècle*, Paris, Quai Voltaire, 1992, et « Pour une histoire du cannabis », *Alcoologie/Addictologie*, juin 2006, t. 28, n° 2, pp. 107-112.

84. Dr G. A. Heinrieck, *Le tabac...*, Paris, Desloges, 1864, p. 39.

85. 在第三共和国初期，所有与烟草相关的著作都必须列出吸鼻烟的 12 项工序（参见 Dr A. Riant, *L'Alcool et le tabac*, Paris, Hachette, 1874）。由此可看出吸鼻烟的逐渐没落直至绝迹。

86. Revue *La santé publique*, 4 novembre 1869.

87. *Dictionnaire des dictionnaires*, 1889.

88. Didier Nourrisson, *Histoire sociale du tabac*, *op. cit.*, pp. 29, 30.

89. Morio 医生的说法：article « Tabac » du *Nouveau Dictionnaire de médecine et de chirurgie pratique* (1883)。

90. Thierry Lefebvre, Myriam Tsikounas, Didier Nourrisson, *Publicitéet psychotropes. 130 ans de publicité d'alcools, tabacs, médicaments*, Paris, Nouveau Monde éditions, 2010.

# 第二章　烟卷的诞生

1. Chris Mullen, *Cigarette pack art*, London, Hamlyn ed., 1979.

2. Louis-Alexander Arvers, *Essai sur le tabac*, thèse de médecine, Paris, imprimerie Didot Jeune, 1815, p. 12.

3. Emmanuel de Las Cases 声称，对于皇帝来说，“吸鼻烟是他最大的爱好消遣之一”。Cf. *Dictionniare Napoléon*.

4. 奈德·里瓦尔曾经讲述过 1793 年一位怀揣着西班牙“烟草卷”（雪茄）的荷兰海员在布洛涅被抢劫的遭遇。(*Tabac, miroir du temps, op. cit*, p. 164)

5. Cité par Ned Rival, *Tabac, miroir du temps, op. cit.*, p. 165. Hippolyte Auger (1797—1881) 对军旅生活十分熟悉，他曾于 1814—1818 年间在护卫队中做过士官。

6. Victor Hugo, *Les Misérables, Paris, J. Hetzel et A. Lacroix*, 1865, 1re partie, livre III, chapitre 3.

7. Joseph Barthélemy, *L'Art de fumer*, Paris, Gallimard-Lépine, 1844.

8. *Encyclopédie*, section « agriculture et économie rustique ». 这些页面详细描述了烟叶卷（用于鼻烟的烟草丝）不同的生产工序：负责烟草分拣的剥离工序；润燥工序；去烟梗工序；制作烟芯工序；卷烟工序；切割工序；压制工序；打包工序；以及装卸工序。

9. Armand Husson, *Les Consommations de Paris*, Paris, Guillaumin, 1856 et 1895, p. 508.

10. Alexandre Dumas, *Un bal masqué*, in *Nouvelles contemporaines* (1826 – 1868), rééd. Paris, POL, 1993, p. 160.

11. Théophile Gautier, *Tra los montes*, Paris, Livre Club du Libraire, 1961.

12. Wolfgang Schievelbusch, *Histoire des stimulants*, Paris, Gallimard/Le Promeneur, 1991, p. 61.

13. E. D., C. P., *Code des fumeurs et des priseurs ou l'art de fumer et de priser sans déplaire aux Belles*, 1830. 值得一提的是，“cigarito”这个词在世纪末时指的是“裹在烟草叶里的香烟”。(*Dictionnaire des dictionnaires*, 1889)

14. 在字典中，“gisette”一词的基本含义是“灰布衣服”，引申含义则为“雅致俏丽的年轻女工”。

15. Louis Huart, *Physiologie de l'étudiant*, Bruxelles, Géruzet, 1841.

16. Guy de Maupassant, *Bel-Ami*, *op. cit.*, p. 208.

17. Guy de Maupassant, *Bel-Ami*, *op. cit.*, pp. 99-100.

18. Cité par Ned Rival, *Tabac, miroir du temps...*, *op. cit.*, p. 171.

19. Poème « La Fumée », in *La poésie ne part pas en fumée*, Paris, Librairie Saint-Germain-des-Prés, 1978.

20. 争议最早发起自如下文章：Laure Adler, « Flora, Pauline et les autres », et Béatrice Slama, « Femmes écrivains », *in* Jean-Paul Aron (dir.), *Misérable et glorieuse, la femme du XIX^e siècle*, Paris, Éditions Complexe, 1984.

21. Stéphane Michaud (dir.), *Flora Tristan, George Sand, Pauline Roland. Les femmes et l'invention d'une nouvelle morale* (1830－1848), Paris, Créaphis, 1994.

22. Cité par Begnino Cacérès, *Si le tabac m'était conté ...*, *op. cit.*

23. George Sand, *Lettres d'un voyageur*, parues dans la *Revue des Deux Mondes*, 3^e volume, 1834, p. 187.

24. 1839 年，位于巴黎第一区小方街的勒梅尔公司推出了首批卷烟器。

25. Cité par Ned Rival, *Tabac, miroir du temps... op. cit.*, p. 172.

26. “在西班牙，人们通过分享香烟来建立和营造良好亲切的关系，就像东方人通过赠与面包和盐一样”，下书的前几页提到过：rééd. Paris, Gallimard, 1992, p. 21. Prosper Mérimée, *Lettres d'Espagne* (1830－1833), Maurice Levaillant 作序, Paris, éd. Lemarget, 1927。

27.《卡门》，四幕歌剧，由乔治·比才作曲，于 1875 年 3 月 3 日在巴黎首演。与梅里美版小说不同的是，男主人公唐何塞拥有一个贤惠传统的未婚妻，与吉普赛女郎卡门形成鲜明对比。

28. Pierre Louÿs, dans *La Femme et le pantin* (1898), Paris, Le Livre de Poche, 2001. 小说中塑造了一位神秘美丽的烟厂女工形象——孔夏·佩雷兹。与卡门一样，小说的女主角也是在塞维利亚皇家烟厂工作，同样冷酷地拒绝了男主角马泰欧·迪亚兹狂热的爱恋。

29. 1915: *Carmen*, film américain de Cecil B. De Mille; 1915: *Burlesque on Carmen*, film américain de Charlie Chaplin; 1918: *Carmen*, film allemand d'Ernst Lubitsch; 1926: *Carmen*, film français de Jacques Feyder; 1927: *The Locves of Carmen*, film américain de Raoul Walsh; 1945: *Carmen film français de Christian-Jaque., fones*, film américain d'Otto Preminger; 1983: *Carmen*, film espagnol de Carlos Saura; 1983: *Prénom Carmen*, film français de Jean-Luc Godard; 1984: film-opéra film italien de Francesco Rosi; 1984: *La Tragédie de Carmen*, trois films américains de Peter Brook; 2001: *Karmen Geï*, film africain de Joseph Gaï Ramaka; 2001: *Carmen, a hip opera*, film américain de Robert Townsend et Michael Elliot; 2003: *Carmen*, film espagnol de Vicente Aranda; 2004: *Carmen de Khayelisha*, film sud-africain de Mark Dornford-May; 2006: *Carmen*, film américain de Boris Payal Conen.

30. Jules Clarétie 在其首部作品 *La Cigarette*（1890）中也提到了"纸烟卷"。1834 年，第一次卡洛斯战争期间，纸烟卷的确在西班牙大为盛行。

31. *Dictionnaire des dictionnaires*, 1889.

32. Selon Noyon, rédacteur principal de la *Statistique du département du Var* (1846), cité *in* « Le tabac à Toulon au XIX$^{e}$ siècle », *Revue des tabacs*, hiver 1977, pp. 41-44.

33. Pierre Letuaire (1790 - 1884), peintre, dessinateur et témoin attentif, *Notes et souvenirs sur la vie toulonnaise*, Toulon, 1910.

34. 俚语词典对该词的来源持怀疑态度，并认为它具有双重的相反含义："长烟头"、"短烟头"，指或多或少吸过的香烟。Cf. Émile Chautard, *La Vie étrange de l'argot*, Paris, Denoël, 1931.

35. Alexandre Privat d'Anglemont, *Paris inconnu*, Paris, éd. Adolph Delahays, 1861.

36. Joris-Karl Huysmans, *La Bièvre et Saint-Séverin*, Paris, P. N. Stock, 1898.

37. Selon Robert Giraud, *Le Royaume d'argot*, Paris, Denoë 1, 1965.

38. 巴尔多梅罗·埃斯帕特洛（1793—1879）以大胜卡洛斯而闻名，并于1840 年间作为摄政王辅佐西班牙女王伊莎贝尔二世。

39. André -Jean Bastien, « Job, un destin lié à celui de la cigarette et du tabac », *La revue des tabacs*, été 1973, pp. 10-16.

40. 1970 年间在香烟飞速发展的时期，JOB 公司的烟纸出口量为全球第一，生产量为第二，仅次美国企业之后。

41. 1988 年时，在“尼罗河”纸业工厂（1918—1972）的旧址之上，开设了昂古莱姆纸业博物馆。

42. Victor Hugo, *Choses vues*. 1830 -1846, Paris, Gallimard, 1985, p. 198.

43. Joseph Barthélemy, *L'Art de fumer*, *op. cit.*, 1844.

44. Victor Hamille, *Rapport fait au nom de la commission d'enquête sur l'exploitation du monopole des tabacs*, *op. cit.*, p. 76.

45. Le Conseil des ministres du 29 novembre 1994—gouvernement Balladur-se prononce sur la sortie du secteur public de la SEITA: l'opération de privatisation eut lieu en février 1995.

46. 实行烟草垄断制度的国家还有：奥地利（自 1784 年）、西班牙（自 1730 年）、葡萄牙、意大利（自 1868 年）、罗马尼亚以及匈牙利。

47. Fonds Siméon, Archives nationales, 558 AP.

48. 走私烟草将被罚以 50—1000 法郎的罚金，全部相关物料、器具及运输车辆将被没收充公，屡犯者还将面临 6 天至 6 个月的刑狱。1816 年法令，第 221 条第 2 项；1895 年 4 月 16 日出台的法律中第 17 条再次重申了此处罚内容。

49. Julien Turgan 对该工厂进行了详尽的描述，*Les Grandes Usines. Études industrielles en France et à l'étranger*, Paris, Michel Lévy frères, 1866。

50. 在 1970 年间勃列日涅夫时期，我们在前苏联还试过这种镶有木质箍头的香烟！

51. 直到 1869 年，烟斗才开始流行起来。早期烟斗的烟锅都由玉米穗做成。古巴地区的城市里则流行吸雪茄。

52. 金黄色烟草，美国人所称的“bright tocacco”，最早发起于达勒姆。

53. Georges-Marie Mathieu-Dairnvael, *Le Tabac vengé. Physiologie du tabac, du cigare, de la cigarette et de la pipe*, Paris, Bertrand, 1845.

54. 1862 年，香烟和雪茄的销售量分别为 6800 公斤及 490000 公斤。Julien Turgan, *Les Grandes Usines*, *op. cit.*, p. 254.

55. Joseph Barthélémy, *L'Art de fumer*, *op. cit.*

56. Arthur Rimbaud, « Rages de Césars » （après septembre 1870）, in *Poésies: Cahier de Douai...* , préf. par J. -L. Steinmetz, Paris, Flammarion, 1989.

57. 1868 年 11959 公斤（1 公斤代表 1000 支香烟）。这相对于雪茄的销量完全不算什么：1853 年的雪茄销量为 5800 万支，1863 年为 6. 65 亿。Cf. *La revue des tabacs*, mars 1928. p. 14.

58. 此工序在 20 世纪 70 年代的苏联仍然被采用。

59. *Le centenaire de la manufacture des tabacs de Tonneins.* 14 *septembre* 1866—10 *novembre* 1966, brochure.

60. 21 世纪初，全球规模最大的工厂之一——北卡罗来纳州的 To baccoville 卷烟厂，每天要用掉 4000 吨的烟草原料，每分钟能生产出 8000 根香烟：即 5 万支/小时，1200 万支/天，40 亿支/年。

61. 同样以 5 美分的低廉定价，可口可乐公司占领了美国市场。

62. Olivier Juilliard, *Histoire des mœurs*, Paris, Gallimard, « Pléiade », 1990, chap. « Tabac ».

63. Pierre Letuaire（1790 －1884），画家，画作者及证人，*Notes et souvenirs sur la vie toulonnaise*, Toulon, 1910, rapporté in *Revue des tabacs*, hiver 1977。

64. 1935 年，国家垄断行政管理机构变为国防债务自筹基金。其中也包括了烟草业务。SEITA 也由此诞生：烟草及火柴工业开发事业部。

65. Gustave Flaubert, *L'Éducation sentimentale*, 1869, Paris, Le Livre de Poche, pp. 21, 51, 467. 相反，他在之前几年出版的小说《包法利夫人》（1857）中却完全没有提到香烟，对于吸烟斗和抽雪茄的风俗倒是说了不少。Cf. Didier

Nourrisson, *Histoire sociale du tabac*, *op. cit.*, pp. 104-105.

66. Dr A. Riant, *L'Alcool et le tabac*, Paris, Hachette, 1876.

67. Edmond About, *La Grèce contemporaine*, Paris, Hachette, 1854, chapitre IX, 2.

68. Italo Svevo, *Dernières cigarettes. Du plaisir et du vice de fumer*, Paris, Rivages, 2000, p. 106.

69. Alice Guy-Blaché (1873 –1968) 在 1897 至 1905 年间共拍摄了两百多部不同类型的电影，其中包括了滑稽电影《第一支香烟》(*La Première Cigarette*)。

70. 与之相反，美国人在发明香烟的同时也设计发明了香烟盒：1884 年，詹姆斯·B. 杜克在引进了本萨克机器的同时，也发明生产了可装 10 支香烟的滑动烟盒。

71. Principales références: Alfred Delvau, *Dictionnaire de la langue verte*, Paris, C. Mapon et E. Flammarion, édition de 1883, augmentée d'un supplément par Gustave Fustier; Léon Merlin, *La langue verte du troupier, dictionnaire d'argot militaire*, Paris, Charles Lavauzelle, 1888; Jean la Rue (Jules Vallès?), *Dictionnaire d'argot et des principales locutions populaires*, Paris, Arnould, 1894 Aristide Bruant et Léon de Bercy, *L'argot au XX^e siècle*, Paris, Flammarion, 1901; Émile Chautard, *La Vie étrange de l'argot*, Paris, Denoël, 1931.

## 第三章　香烟的持续发展

1. Alexandre Dumas, *Un bal masqué*, in *Nouvelles contemporaines*, *op. cit.*, p. 160.

2. *Dictionnaire des sciences médicales* (Panckoucke, 1821), art. « Tabac », p. 193.

3. Charles Dubois, *Cinq fléaux*, Paris, Dentu, 1857, pp. 72, 85, 86.

4. 在巴黎的巴尔扎克故居可查询到所有以"……的剖析"命名的小册子：Théodose Burette, *Physiologie du fumeur*, Paris, E. Bourdin, 1840; Gilbert Montain, *Physiologie du tabac, de son abus, de son influence...*, Paris, Maison, 1842.

5. Chapitre « Étiquette du cigare et de la cigarette » *in* baronne de Staffe, *Usages*

*du monde. Règles du savoir-vivre dans la société moderne*, *op. cit.*, 1898, pp. 425-426.

6. Gustave Flaubert, *L'Éducation sentimentale*, *op. cit.*, p. 418.

7. Anthelme de Brillat-Savarin, *Physiologie du goût* (1826), Paris, Librairie de la Bibliothèque nationale, 1872.

8. Dr A. Riant, *L'Alcool et le tabac*, *op. cit.*, p. 179.

9. Cité par le *Dictionnaire des dictionnaires*, 1889, art. « Fumoir ».

10. L'auteur du *Mysocapnos* de 1604 est encore cité par A. Riant en 1876, *L'Alcool et le tabac*, Paris, Hachette, 1876, p. 179.

11. 封建旧制度时期，吸烟被看作是有失礼仪和道德的恶习。1690年出版的 Le dictionnaire Furetière 在"烟草"这一词条的释义中态度鲜明："烟草通常都出现在放荡的场合。根据治安条例，烟草是被禁止的。一品脱的啤酒和一烟斗的烟草就让人放浪形骸。"

12. Luc Bihl-Willette, *Des tavernes aux bistrots. Histoire des cafés*, Lausanne, L'Âge d'Homme, 1997, pp. 99, 100. Sortons les moins connus de la bande: Léon Gozlan (1803 -1866), secrétaire de Balzac, collaborateur de plusieurs journaux litté-raires, auteur de romans pleins d'une verve ironique; Henri Monnier (1799 -1877), élève de Anne-Louis Girodet, bon caricaturiste; auteur de plusieurs romans comiques, a créé le personnage de M. Prud-homme, type de la sottise solennelle et satisfaite de soi. 其中名气最小的有：Léon Gozlan (1803 -1866)，巴尔扎克的秘书，多家文学报刊的撰稿人和讽刺小说的作者；Henri Monnier (1799 -1877)，Anne-Louis Girodet 的学生，优秀的漫画家及漫画小说的作者，创作了 M. Prudhomme 这个一本正经、自以为是的蠢蛋形象。

13. Luc Bihl-Willette, *Des tavernes aux bistrots. Histoire des cafés*, *op*, *cit.*, p. 102.

14. Louis-René Villermé, *Enquête sur les populations ouvrières... op. cit.*, p. 75.

15. Guy de Maupassant, *Bel-Ami*, *op. cit.* Forestier entraîne son nouvel ami aux Folies Bergère.

16. Émile Decaisne (Dr.), « Les femmes qui fument », *Revue d'hygiène et de Police sanitaire*, 1879 et 1880.

17. Jean-Paul Aron, *Misérable et glorieuse, la femme du XIX$^e$ siècle*, Paris, Éditions Complexe, 1984.

18. Émile Decaisne (Dr), « Les femmes qui fument », *Revue d'hygiène et de Police sanitaire*, 1879 et 1880.

19. Ici, Liselotte, *Le Guide des convenances*, Paris, Bibliothèque du *Petit Écho de la mode*, 1930.

20. *Cf.* notamment *Le Bon Bock* d'Edouard Manet (1873), les 5 versions des *Joueurs de cartes* de Paul Cézanne (1890 – 1895), ou *L'Homme à la pipe* (1900) de Maurice de Vlaminck.

21. 画家 Louis-Léopold Boilly 在 1820 年间创作了一系列名为《吸烟者》的幽默风格的版画。而 Eugène Delacroix 则追随时任法国驻苏丹王国大使来到了摩洛哥，其画风也由此转向了东方风情。

22. Paris, Bibliothèque nationale. Cabinet des estampes.

23. Émile Zola, « Salon. M. Manet », *L'Événement*, 7 mai 1866.

24. Dr A. Bodros, « Le tabac dans l'armée », *Gazette médicale de l'Algérie*, 1880, pp. 128, 136, 143, 154, 160, 168, 177, 186, 192, 199.

25. 1954 年，军队中的女兵取得了烟草配额。直到 1974 年，这种自动派发政策最终被取消：军队也必须以正常价格购买烟草。军队专用的“高卢”烟在 1988 年后开始退出历史舞台。

26. 美国和英国在 1866 年同时开设了最早的香烟生产厂。当时的香烟还是以手工制造为主，以土耳其烟草为原料。

27. Pierre-Augustin Didiot, *Code sanitaire du soldat*, Paris, Rozier, 1863; Dr Georges Morache, *Traitéd'hygiène militaire*, Paris, Baillière, 1874.

28. 1870 年代，军队可以折扣价格享有“军队专用香烟”：每天每人 10 克。(Dr A. Riant, *L'Alcool et le tabac*, *op. cit.*, 1876.)

29. Dr A. Bodros, *Le tabac dans l'armée*, Saint-Quentin, J. Moureau, 1880.

30. François Coppée, « Les vices du capitaine », in *Contes tout simples*, Paris, Lemerre, 1894.

31. 20 世纪 70 年代，一个世纪以后，军队的烟草配给达到了每人每周 8 包！也就是每天 10 支香烟的配额。

32. *Née en* 1842. *Une histoire de la publicité*, Paris, Mundocom, 2006.

33. 另一个食品类产品的广告在此期间也获得了同样的收效：Didier Nourrisson, *La Saga Coca-Cola*, Paris, Larousse, 2008。

34. 除了伯纳姆的杜克这样的传统品牌，1890 年间又出现了 Cameo, Cross Cut, Duke's Best et Cyclone，接着推出的还有 Town Talk, Pedro, Elite, Chief, Liberty, Pin Head。

35. 理查德—约书亚 · 雷诺兹公司（1850—1929）于 1907 年推出了产自肯塔基州的“阿尔伯特王子”香烟品牌。

36. *Née en* 1842. *Une histoire de la publicité*, *op. cit.*, p. 40.

37. 1865 年 11 月 9 日出台法令宣布成立的“法国烟草管理局”，隶属于国家财政部。该部门不仅掌管着烟草的生产和售卖，还逐渐负责管理火药（1873 年后分出），矿产、商业以及火药制造等。

38. Thierry Lefebvre, Didier Nourrisson, Myriam Tsikounas, *Publicités et psychotropes*, 130 *ans de publicité d'alcools*, *de tabacs et de médicaments*, *op. cit.*

39. Philippe Grimbert, *Pas de fumée sans Freud*, Paris, Armand Colin, 1999; Odile Lesourne, *Le Grand Fumeur et sa passion*, Paris, PUF, 1984; Richard Klein, *Cigarettes are sublime*, Durham, Duke university Press, 1993.

40. Alain Corbin, *L'Harmonie des plaisirs. Les manières de jouir du siècle des Lumières à l'avènement de la sexologie*, Paris, Perrin, 2007.

41. Dr A. Parent-Duchatelet, *De la prostitution dans la ville de Paris considérée sous le rapport de l'hygiène publique*, *de la morale et de l'administration*, Académie des sciences morales, 1840.

42. *Ibid.*, cité par Alain Corbin, *Les Filles de noce. Misère sexuelle et prostitution aux XIX*[e] *et XX*[e] *siècle*, Paris, Aubier, coll. « Historique », 1978, p. 18.

43. Cité par Didier Nourrisson, *Le Buveur du XIX*[e] *siècle*, Paris, Albin Michel, 1990, p. 153.

44. Léon-Paul Fargue, « Éloge du tabac et des femmes qui fument », in *Haute Solitude*, *Paris*, *Émile-Paul*, 1941.

45. Guy de Maupassant, *Bel-Ami*, *op. cit.*, p, 318.

46. Dr Paul Jolly, *Études hygiéniques et médicales sur le tabac*, Paris, J. B. Baillière, 1865, p. 34.

47. Dès sa parution, la *Physiologie du goût* est placé parmi les livres de référence, comme les *Maximes* de La Rochefoucault ou les *Caractères* de La Bruyère. Le grand poète Hoffmann va même jusqu'à parler d'un « livre divin qui a porté à l'art de manger le flambeau du génie ». Bien plus tard (un siècle après la publication), le grand anthropologue Roland Barthes lui rend également hommage: « Le livre de Brillat-Savarin est de bout en bout, le livre du "proprement humain", car c'est le désir (en ce qu'il se parle) qui distingue l'homme ». 自出版以来,《味觉的剖析》就被当作是与 Rochefoucault 的 *Maximes* 和 La Bruyère 的 *Caractères* 一类的参考性著作。伟大诗人 Hoffmann 甚至认为这是一本"神圣的作品,其所讲述的美食的艺术让人醍醐灌顶"。出版一个多世纪以后,著名的人类学家罗兰·巴特同样给予了高度评价:"Brillat-Savarin 的作品闪耀着'人性的光芒',因为人类正是通过对欲望的追求(本书的主题)而与其他动物区别开来的。"

48. *Physiologie du goût*, édition de 1872 (1re édition 1826), tome 1, p. 31. Cf. notamment pp. 23-31, « Des sens » et pp. 31-47, « Du goût ». 该作品的副标题包含哲理性:"超越美食的沉思"。

49. Anthelme Brillat-Savarin, *Physiologie du goût*, *op. cit.*, p. 190.

## 第四章 香烟业的从业者

1. Daniel Boostin, *Histoire des Américains*, Paris, Robert Laffont, 1991, p. 137.

2. Ned Rival, *Le Tabac*, *miroir du temps*, *op. cit.*, chap. IX: « la légende dorée de l'Amérique ».

3. Pierre Larousse, *Grand dictionnnaire universel du XIX^e siècle*, *op. cit.*, art. « Tabac »., p. 1357.

4. 雷岛阿尔斯市政厅档案，1822年7月23日布告，市长写给省长的信函。

5. Baron de Chaulieu, *Avis relatif àla prohibition de la culture du tabac*, 15 juillet 1825. AD Loire, série M.

6. Jacques-Antoine Delpon, *Statistiques du département du Lot*, Paris, chez Bachelier, 1831, tome 2.

7. Jacques Lovie, *La Savoie dans la vie française*, 1860－1875, Paris, PUF, 1963 et Pierre Tochon, *Traité de la culture du tabac dans les deux départements de la Savoie*, Chambéry, imprimerie A. Pouchet, 1863.

8. Victor Hamille, *Rapport fait au nom de la commission d'enquête sur l'exploitation des tabacs*, Paris, Imprimerie nationale, 1876.

9. Charles-André Julien, puis Charles-Robert Ageron, *Histoire de l'Algérie con temporaine*, Paris, PUF, tome 1 : 1827－1871, 1964, tome 2 : 1871－1954, 1979.

10. Maurice Israël, *Le Tabac en France et dans le monde*, Paris, Berger-Levrault, 1973, et Robert Jauze, *Guide du tabac*, Paris, Sauze, 1984.

11. Ange-Edmond Liébaut, *Recherches sur le tabac*, thèse de médecine, Paris, 1851.

12. 并不是所有地方都一样。在加拿大，烟厂更倾向于招收男性卷烟工，因为他们更能保证品质。*Cf.* Jarrett Rudy, « La fabrication culturelle d'un cigare à Montréal au tournant du XX^e siècle », *in* Catherine Ferland (dir.), *Tabac et fumées*, *op. cit.*, pp. 111-142.

13. *Le Centenaire de la manufacture de Tonneins*, 1866－1966, brochure, 1966.

14. 在封建旧制度时期，男工们通常都有很多童工的协助。*Cf.* les 18 planches de l'*Encyclopédie* concernant le travail du tabac en manufacture dans la section « agriculture et économie domestique ».

15. Victor Hamille, *Rapport fait au nom de la commission d'enquête sur l'exploitation du monopole des tabacs*, *op. cit.*, 1^re partie : « développement pris par la fabrication depuis 1835 ».

16. Dr Piasecki, « La manufacture des tabacs du Havre », *Revue d'hygiène et de police sanitaire*, 1881.

17. Mérimée, *Carmen*, in *La Revue des Deux Mondes*, 1$^{er}$ *oct.* 1845 （rééd. Paris, Gallimard, 1992）, p. 48.

18. 实际上，卡门没多久就离开了烟厂。她曾与另一名女工在工厂中打架，唐何塞赶来制止了争端，并发现周围的女工们全都"衣着清凉"。

19. Charles Davillier, *Voyage en Espagne de G. Doré et de Ch. Davillier*, Le tour du monde, vol. 18, 1862, n° 12. cité par Michèle Kahn, *Le Roman de Séville*, Paris, Éditions du Rocher, 2005.

20. Pierre Louys, *La Femme et le pantin*, 1898, réédition Paris, Classiques de poche, 2001, p. 68.

21. A. Langlois, *Études sociales. La Régie des tabacs*, Paris, BN, 1883, p. 16.

22. "机器设备逐渐替代了人力手工，蒸汽发动机和水压传动轮提供了人手无法达到的力量。"（Victor Hamille, *Rapport fait au nom de la commission d' enquê-te sur le monopole des tabacs*, 1877, *op. cit.*）例如，烟草的润湿工序可通过灌水器来完成。去烟梗的工序由工人们用小刀一张张切割，现在都可以通过机器来实现。在烟卷加工方面，沙托鲁烟厂于 1868 年发明的机器解决了把烟叶包从一个浸泡槽挪入另一个槽的重劳力问题。

23. Marie-Hélène Zylberger-Hocquard, « Les ouvrières d'État （tabac et allumettes） dans les dernières années du XIX$^{e}$ siècle », revue *Le Mouvement social*, 1978.

24. Pierere Larousse *Le grand Dictionnaire universel du XIX$^{e}$ siècle*, 1877, art. « Tabac », p. 1359. "最主要的工序，如卷烟工序仍然要靠人手完成，因为暂时没有任何机器能取代女工们灵巧的手指。"

25. 回顾相关立法：1841 年开始，禁止雇佣 8 岁以下的童工，1874 年开始，禁止雇佣 12 岁以下的童工。

26. *Dictionnaire des dictionnaires*, 1889, art. « Cigarette ».

27. Pierre Larousse, *Grand Dictionnaire universel du XIX$^{e}$ siècle*, art. « Tabac », 1877.

28. Berthelot, *La Grande Encyclopédie*, article « Tabac », 1901.

29. Passage célèbre de *Carmen* de Georges Bizet (1875), *op. cit.*

30. Charles Mannheim, *De la condition des ouvriers dans les manufactures de l'État*, thèse de Droit, Paris, 1902.

31. 因此可看出，烟厂的相关措施是非常严厉和苛刻的："任何工人在加工烟卷过程中所耗费的烟草量超过了平均水平，都会被罚款，按比例从工资中扣除。这些罚款被当做奖金奖励那些最节约的工人。"阿米尔议员在1875年提到上述情况时，更倾向于把这看作是"竞争机制"，而不是一种惩罚。(Victor Hamille, *Rapport fait au nom de la commission d'enquête... op. cit.*, p. 219.)

32. 在纺织厂同样也是以女工居多，然而女性只占了工会成员总数的5%。Cf. Bonnie Gordon, « Ouvrières et maladies professionnelles sous la Troisième République: la victoire des allumettiers français sur la nécrose phosphorée de la mâchoire », revue *Le Mouvement social*, 1993.

33. Léon Jouhaux (1879 – 1954)，火柴厂工人，1909年加入总工会后并成为总秘书长，直到1947年。

34. Pierre Larousse, *Grand dictionnaire universel du XIXᵉ siècle*, 1877, *op. cit.*, art. « Débitant ».

35. A. Langlois, Études sociales. La Régie des tabacs, *Révélations d'un débitant de tabac*, Paris, chez l'auteur, 1883.

36. 卢瓦尔地区档案馆还存有150份报名者资料，série P 86，1910 – 1930.

37. A. Langlois, Études sociales. La Régie des tabacs, *Révélations d'un débitant de tabac*, *op. cit.*

38. 2000年，据国家烟草零售商联合会统计，烟草亭的总营业收入为300亿，其中烟草的营业额仅为130亿。

39. Gustave Flaubert, *L'Éducation sentimentale*, *op. cit.*, p. 127.

## 第五章　世纪末的社会毒害

1. Guy de Maupassant, *Bel-Ami*, *op. cit.*, p. 89, 171. 书中所说的"肺痉挛"症

状有可能是吸烟者长患的结核、肺炎或癌症。当然仅以书中描写也无法确诊。

2. Honoré de Balzac, *La Rabouilleuse*, 1843, (rééd. Genève, Edito-Service, s. d.), pp. 64, 69, 70.

3. *Ibid.*, p. 88.

4. Théodose Burette, *Physiologie du fumeur*, *op. cit.*, p. 43. Théodose Burette (1804－1847)，巴黎亨利四世学院的历史教授，专于烟草历史的研究。

5. Charles Dubois, *Considérations sur cinq fléaux*, 1857, *op. cit.*

6. Jules Barbey d'Aurevilly, *L'Amour impossible* suivi de *Pensées détachées du dandysme*, Paris, F. Benouard, 1927.

7. Dr G. A. Henrieck, *Le tabac...*, *op. cit.*, Paris, édition Desloges, 1864, préface.

8. *Ibid.*

9. François Mérat 医生，*Dictionnaire des sciences médicales* (Panckouke, 1821) 中“尼古提那”词条的撰写者，大量引用了福尔克洛瓦的观点，提到了福克兰关于尼古丁的研究发现。他把尼古丁描述为“一种少为人知的红色物质（在植物碱中能找到）。这种物质在加热后会放大……具有刺激性、不稳定性，能溶解在酒精中。”

10. 此类实验到现在依然被用来证实烟草的危害性。

11. Eugène Fonssard, *De l'empoisonnement par la nicotine et le tabac*, thèse de médecine, n° 96, Université de Paris, 1876.

12. 博卡尔梅案件最终被用于证实尼古丁的危害性。Cf. Robert Le Cam, *Non-fumeurs, agissez!*, Paris, Guy Trédaniel, 2002, chapitre 2: « Le tabagisme, du phénomène de société au fléau social ». 凶手 Hippolyte Bocarmé 于 1851 年 7 月 22 日在蒙斯被处决。

13. Bernardino Ramazzini (1633－1714), professeur de médecine à Padoue, *De morbis artificum diatriba*, Genève, 1714, traduit par Fourcroy, en 1777, sous le titre *Traité des maladies des artisans et celles qui résultent des professions*, réédité en 1822, Paris, J. B. Baillière.

14. « Mémoire sur les véritables influences que le tabac peut avoir sur la

santé des ouvriers occupés aux diverses préparations qu'on lui fait subir », *Annales d'hygiène publique et de médecine légale*, 1829, t. 1. 该杂志象征着最早期卫生医疗界所运用的媒体影响力。

15. Siméon (vicomte), « Rapport sur la santé des ouvriers employés dans les manufactures de tabac », *Annales d'hygiène publique et de médecine sanitaire*, octobre 1843.

16. Dr François Mélier, « De la santé des ouvriers employés dans les manufactures de tabac », *Bulletin de l'Académie de médecine*, 23 avril 1845.

17. 一个世纪后，关于烟厂工人健康状况的相关研究论著采用了流行病学的论证方法。Cf. Zakia Benabadji-Bekhechi, *Contribution à l'étude du profil pathologique de la population ouvrière travaillant dans la Société nationale des sabacs et allumettes*, thèse de médecine, université d'Alger, n° 20, 1971. 她共调查了 2306 个案例，其中 692 个出现了相关病症（占 30%）。

18. Nicolas Philibert Adelon et Jules Béclard, *Dictionnaire de médecine*, 1[re] édition, 1828.

19. *Ibid.*, 2[e] édition, 1844.

20. Amédée Dechambre, *Dictionnaire usuel des sciences médicales*, Paris, 6. Masson, 1885. Olivier Faure, *Les Français et leur médecine*, Paris, Belin, 1993.

21. 例如针对肺结核："身处含有尼古丁的空气中，呼吸道和消化系统中的微生物（1883 年杆状菌被发现）会由此被消灭掉。治疗哮喘的话，推荐使用香烟。"

22. Dr Hippolyte Adeon Depierris, *Le tabac qui contient le plus violent des poisons, la nicotine, abrège-t-il l'existence? Est-il la cause de la dégénérescence physique et morale des sociétés modernes?*, Paris, brochure AFCAT, 1876.

23. Paul Jolly (1790 –1879), 1821 年获得医学博士。他为多家医学专业报刊撰写专栏，在 25 岁时任职 *L'Athénée médical* 秘书长。1835 年时，他成为由奥尔菲拉出任主席的医学机构委员会的报告员，并于 1835 年成为法兰西医学院院士。他的主要著作有：*Statistique et Topographie médicale de la ville de Châlons-sur-Marne*；*Hygiène morale*, Châlons, imprimerie Boniez-Lambert, 1820; *Tabac et absinthe*,

*leur influence sur la santé publique*, *l'ordre moral et social*, Paris, imprimerie Chaix, s. d., 2e édition, Baillière, 1875.

24. 说到“麻痹性震颤”，Gues 医生这样解释道：“这是一种烟草中毒早期出现的肌肉分解症状。”

25. Jean Dugarin, Patrice Nominé, « De la passion à l'addiction », *Psychotropes*, vol. 6, n° 3, 2000, pp. 95-113.

26. Jean-Jacques Yvorel, « Les mots pour le dire. Naissance du concept de toxicomanie », in *Maladies*, *médecines et sociétés*, Paris, L'Harmattan, 1993, t1, pp. 209-217.

27. Dr Hippolyte Adeon Depierris, *Le tabac qui contient le plus violent des poisons*, *la nicotine*, *abrège-t-il l'existence?* Paris, brochure AFCAT, 1876.

28. Marambat, « Tabac et criminalité », *Congrès international contre l'abus du tabac*, Paris, Félix Alcan, 1890.

29. 在涉及年轻人和妇女群体时，“烟草中毒”的社会含义尤其突出……然而在消费领域，与“alccolisation”（酒精成瘾）相对应的，并没有一个专门的词来形容烟草成瘾。

30. 关于吃马肉的源头，voir Didier Nourrisson, « Et les Français se sont mis à manger de la viande du cheval », in *De Pégase à Jappeloup*, colloque du festival d'histoire de Montbrison, 1995, pp. 297-308。

31. 与 AFCAT 同期诞生的法国戒酒协会中，女性会员仅占 1.3%。

32. 然而，一些知名人士参加了戒酒协会，却没有加入 AFCAT，例如：Pasteur, Claude Bernard, baron Larrey, Hippolyte Passy.... Cf. Didier Nourrisson, *Le Buveur du XIXe siècle*, *op. cit.*, p. 225.

33. 对巴黎公社的历史研究具有了新的动向。Coll., *La Commune de Paris*; *l'événement*, *les hommes et la mémoire*, Saint-Étienne, Publication de l'université de Saint-Étienne, 2004.

34. Dr Paul Jolly, *Mémoire sur l'absinthe et le tabac*, lu à l'Académie de médecine le 25 juillet 1871, publié dans le *Bulletin de l'AFCAT*, 1870 –1871, p. 120. 我们由此得知：“精神错乱有两大自然来源：烟草是造成脑部器官的损害，引起精神疾病

的主要原因。因为在烟草出现之前，酒类饮品很少会引发精神病。”得皮尔里斯医生的上述观点与其他大部分医生的观点有所不同。在后者看来，“尼古丁”和酒精都会导致精神错乱。赞成此观点的代表之一，奥古斯汀·加罗班如是说：“烟草和酒精常常会引发精神错乱，还会让病情持续恶化。”（*Le Tabac, l'absinthe et la folie*, Paris, Dentu, 1886）

35. *Bulletin de l'AFCAT*, 1872.

36. Dr A. Riant, *L'Alcool et le tabac*, *op. cit.*, p. 181.

37. SCAT 如今改称为“反烟草中毒国家委员会”（CNCT）。

38. 关于美国的反烟运动，首先参见 Richard Kluger, *Ashes to ashes*, prix Pulitzer 1997, New York, Knopf, 1996，还可参见加拿大作者 Robert Cunningham, *La Guerre du tabac. L'expérience canadienne*, Montréal, Centre de recherche pour le développement international, 1994, ainsi que Jarrett Rudy, *The Freedom to Smoke*, Montréal, McGill-Queen's University Press, 2005.

39. Jean-Pierre Martin, *La Vertu par la loi. La prohibition aux États-Unis* 1920－1933, Dijon, Presses universitaires, 1993.

40. Note à venir.

41. 与 AFCAT 同期成立的法国戒酒协会反对的是蒸馏出的烧酒类产品，对于葡萄酒、苹果酒和啤酒等“保健”饮品的有节制消费却并不反对。至于苦艾酒，则被当作是“毒品中的毒品”，需严格禁止。

42. 本章节中大部分资料来自医学史图书馆，rue Cujas à Paris 5e, dossier 57 694.

43. Note à venir.

44. Note à venir.

45. Didier Nourrisson, Jacqueline Freyssinet-Dominjon, *L'École face à l'alcool. Un siècle d'enseignement anti-alcoolique* (1870－1970), Saint-Étienne, Publications de l'Université (PUSE), 2009.

46. *Bulletin de l'Association française contre l'abus du tabac*, 1883, p. 106.

47. SCAT 于 1888 年举办了写作大赛，Maurice Paul de Fleury 获得冠军。

48. Cf. Anne Steiner, « Mouvement ouvrier et propagande antialcoolique : le cas particulier des anarchistes individualistes », *Cahiers de l'IREB*, n° 17, 2005.

## 第六章 “一战”及战后时期

1. 作为英联邦自治领，加拿大于1914年8月列入大英帝国成员。加拿大军队也参与了1916年的索姆河战役。

2. Cité par Robert Cunningham, *La Guerre du tabac*, *op. cit.*, chap. 4.

3. Dr Jean Poucel, *Le tabac et l'hygiène*, Paris, J. -B. Baillière, 1937, p. 19.

4. Léo Larguier, « Litanies du tabac », in *La Baïonnette*, *journal de tranchée*, 1917, cité par Ned Rival, *Tabac*, *miroir du temps*, *op. cit.*

5. Henri Barbusse, *Le feu. Journal d'une escouade*, Paris, Flammarion, 1916.

6. Roland Dorgelès, *Les Croix de bois*, 1919, Paris, Albin Michel.

7. Toutes les données ici proviennent des Archives départementales de la Loire, série 6 M 871.

8. Didier Nourrisson, *Le Buveur du XIX^e siècle*, *op. cit.*, « Les dieux de la guerre : le pinard et la gnôle », pp. 312-313.

9. Album de bande dessinée, *Bécassine pendant la guerre*, Paris, Henri Gautier, 1916, p. 31.

10. La formule est du Dr Joseph Poucel, *Le Tabac et l'hygiène*, Paris, Baillière, p. 11.

11. Victor Margueritte, *La Garçonne*, Paris, Flammarion, 1922, p. 179.

12. Publicité Lucky Strike, *La revue des tabacs*, 1932.

13. Gabrielle Chanel (1883－1971) 于1913年在多维尔开设了首家帽子店。在战后，受到其情人们着装的启发，她将男性服饰的元素加入到女性服饰设计中，并于1921年推出了著名的“5号”香水。

14. *Cf.* Christine Bard, *Les Filles de Marianne. Histoire des féminismes*. 1914－1940,

Paris, Fayard, 1995, ainsi que *Les Garçonnes, Modes et fantasmes des années folles*, Paris, Flammarion, 1998.

15. Marie-Pierre, « Plaidoyer pour les fumeuses », *Revue des tabacs*, mars 1933, p. 22.

16. Berthe Bernage, *Le Savoir-vivre et les usages du monde*, Paris, Éd. Gautier Languereau, 1928, pp. 390-391, ainsi que les citations suivantes.

17. Liselotte, *Guide des convenances*, Paris, Bibliothèque du *Petit Écho de la* mode, 1930, nouvelle édition, p. 403.

18. Léon-Paul Fargue, *Éloge du tabac et des femmes qui fument*, *op. cit.*, p. 70.

19. 当时法国还没有关于吸烟者性别的相关统计数据。唯一的数据来自美国：1923 年，女性吸烟者仅占香烟市场消费者的 5%，1933 年增至 18%。

20. *Née en* 1842. *Une histoire de la publicité*, *op. cit.*, p. 54.

21. Octave-Jacques Gérin, *La Publicité suggestive. Théorie et technique*, Paris, Dunot et Pinot, 1911. 我们之前曾经提到过，美国可口可乐公司和广告代理公司 Atlanta d'Arcy 是广告传播界的鼻祖。Didier Nourrisson, *La Saga Coca-Cola*, Paris, Larousse, 2008.

22. *Née en* 1842. *Une histoire de la publicité*, *op. cit.*, pp. 66-67.

23. 阿尔耶桑广告公司成立于 1869 年。它于 1879 年为一家农产品生产商进行了全世界首次的市场调查，并因此出名。

24. 毫无疑问，安德烈 · 雪铁龙是第一个意识到广告重要性的人。为了庆祝 1925 年装饰艺术博览会，雪铁龙在巴黎埃菲尔铁塔以霓虹灯方式大做广告。

25. 1959 年出台的相关法令取消了自筹基金会，“国家垄断的烟草及火柴开发业务也交由另一公共机构负责，该机构属于工商业范畴，财政自治”，并沿用了旧有名称：SEITA。

26. 尤其是，1925 年的装饰艺术博览会，1931 年的殖民地展览会，以及 1937 年的全球博览会。

27. Michel de Pracontal, *La Guerre du tabac*, Paris, Fayard, 1998, p. 55.

28. Discours reproduit par *La revue des tabacs*, mars 1931, p. 18.

29. *La revue des tabacs*, mars 1934, p. 22.

30. 1939 年法国导演 Brunius 执导的 *Violon d'Ingres* 中也采用了该特效。

31. *La revue des tabacs*, Pâques 1948, p. 38.

32. “设计烟盒时，风格也不能差异太大：以免购买者面对如此不同的香烟盒时担心这不是自己常抽的产品。设计初稿获得了通过。我的设计由此出现在了本国最广为传播的产品之上。” Marcel Jacno, *Un bel avenir*, Paris, Nathan, 1981, p. 80.

33. Réjane Bargiel, « Le statut de l'affichiste et l'émergence d'une nouvelle profession: le publicitaire », *in* coll., *Quand l'affiche faisait de la réclame! L'affiche française de 1920 à 1940*, Paris, Éditions de la réunion des Musées nationaux, 1991, p. 21 et *sq*. Jean Mineur 于 1927 年创办了广告公司，把海报变为了广告传播的渠道之一，并于 1936 年设立了广告片拍摄工作室——Jean Mineur 电影广告（自 1950 年起以小矿工的形象作为标志）。

34. Marie-Claire Adès, « 1925 – 1976: naissance d'une industrie », *La revue des tabacs*, juillet-août 2000, 75e anniversaire, pp. 8-14.

35. Le tabac de Hollande Amphora, « maintenant vendu en France » (*La revue des tabacs*, automne 1960), représente la première publicité en matière de scaferlati.

36. Selon une remarque volontairement provocatrice de *La revue des tabacs* du 15 janvier 1926, p. 2.

37. Michel de Pracontal, *La Guerre du tabac*, *op. cit.*, p. 57.

38. Pall Mall 系列由巴特勒烟草公司于 1899 年推出，其名称来源于 17 世纪的一种木槌秋游戏。1907 年，该品牌被收入美国烟草公司旗下，并由此推出了“特大号”系列产品（长度为 85 毫米）。

39. *La revue des tabacs*, mars 1928, p. 15.

40. Dr. Jean Poucel, *Le Tabac et l'hygiène*, *op. cit.*

41. Maxence Van der Meersch, *La Maison dans la dune*, Paris, Albin Michel, 1932.

# 第七章 “二战”及战后时期的蜕变

1. Cité par *La revue des tabacs*, n° 60, 1969.

2. Dessin de Nit reproduit dans « Les femmes et le tabac dans les années 40 », *La revue des tabacs*, été 1967, p. 13.

3. Léon-Paul Fargue, *Éloge du tabac et des femmes qui fument*, *op. cit.*, 1941.

4. André Malroux 在地下活动领袖 Jean Moulin 骨灰转移仪式上发表的悼词，戴高乐将军也曾出席，1964 年 12 月 9 日。 Cité par Bénigno Cacérès, *Si le tabac m'était conté ...*, *op. cit.*, p. 103.

5. Robert Molimard, *La Fume. Smoking*, Paris, Plon, p. 10.

6. Jean Cau, *L'Ivresse des intellectuels...*, Paris, Plon, 1992, p. 29.

7. 香烟广告的复兴也不是一蹴而就的，因为在很长一段时间内，香烟一直是非常紧缺的军需品。因此，直到 1950 年，烟草商们仍然未推出任何香烟广告。

8. *La revue des tabacs*, printemps 1953, p. 55.

9. *La revue des tabacs*, 1964.

10. Bernard Villemot, publicité de presse, Gitanes, 1958.

11. Alain Boudier 是上世纪 80 年代高卢烟金黄烟丝系列新烟盒的设计者。Cité par Anne-Marie Morice, « Autopsie d'une blonde empaquetée », *op. cit.*, p. 176.

12. 除了美国香烟之外，英国香烟也大举进入法国市场，如 Senior Service（自 1957 年），Kent, Player's, State Express, Craven A 和 Kool。同时，土耳其产的含有远东口味的香烟产品在 1947 年至 1959 年间不间断地在《烟草杂志》投放广告。而劳伦斯公司的广告语则是：“这是最后一支，也是第一支。”（*Marie Claire*, mai 1962）

13. 共同市场关于香烟、农业、税收及海关的合作协议于 1971 年 2 月签订，于 1972 年开始执行。

14. Titre d'un article de *La revue des tabacs*, juillet-août 1999, p. 21.

15. *La revue des tabacs*, 1981.

16. *La revue des tabacs*, 1984.

17. 在1993年，两大法国香烟品牌占据了40%的市场份额；十年之后，它们只占到市场份额的19.6%。1993年法国国内十大最畅销香烟之首为褐色烟丝高卢烟，占有21.6%的市场份额，位于第三位的是褐色烟丝茨冈烟，占9.3%的市场份额，处于第5位的是金黄烟丝高卢烟，占8%市场份额。到了2003年，褐色烟丝高卢烟降到了第二位，市场份额仅为8.6%；金黄烟丝高卢烟升到了第三位，市场份额为7.1%；而褐色烟丝茨冈烟跌到了第九位，占有3.9%的市场份额。

18. D'après Catherine Hill, Agnès Laplanche, *Le Tabac. Les vrais chiffres*, Paris, La Documentation française, 2004.

19. Didier Nourrisson, « les Trente glorieuses de la cigarette 1945 – 1975 », *in* Catherine Ferland (dir.), *Tabac et fumée*, *op. cit.*, pp. 152-157.

20. *Théâtre de Clara Gazul*, Paris, éditions Sautelet, 1825, pièce intitulée « Une femme est un diable ou la tentation de saint Antoine ».

21. Mérimée, *Carmen*, *op. cit.*, pp. 39, 53, 57, 63, 65, 72, 77, 99.

22. Maupassant, *Bel-Ami*, *op. cit.*, pp. 53-57.

23. *Le débitant de tabac*, juin 1910.

24. *La revue des tabacs*, 1982.

25. *La revue des tabacs*, 1968.

26. « La Pub. Son théâtre, ses divas, l'argent de la séduction », revue *Autrement*, n° 53, octobre 1983.

27. *Ibid*. Pierre Fauchon, « Bilan provisoire », p. 142.

28. Seita, *Années* 30, 40, 50, *graphismes et créations*, *op. cit.*, p. 152 et Éric Godeau, « La publicité pour les tabacs en France. Du monopole à la concurrence (1925 – 2005) », in *Le temps des médias*, 2004, p. 118.

29. Stéphane Debenedetti, Isabelle Fontaine, « Le *ciné marque*: Septième Art,

publicité et placement des marques », in *Publicité, quelle histoire?*, *Le temps des médias*, 2004, pp. 87-98.

30. La scène est peut-être plus célèbre encore que le baiser d'*Autant en emporte le vent* (Victor Fleming, 1939).

31. Edgar Morin, *Les Stars*, Paris, Points Seuil, 1972, p. 100.

32. Ici la « cigarette de la détente », c'est *HB* (*Salut les copains*, 1968).

33. Dr Souvile, « Observation sur l'abus de la pipe dans le Bas-Calaisie », *Journal de médecine militaire*, Paris, 1783.

34. Agnès Thiercé, *Histoire de l'adolescence* (1850-1914), Paris, Belin, 2000.

35. Charles Dubois, *Considérations sur cinq fléaux*, 1857, *op. cit.*, pp. 87-88.

36. *Ibid.*, p. 70.

37. Robert Molimard, *La Fume. Smoking*, *op. cit.*, p. 10.

38. Vladimir Nabokov, *Lolita*, Paris, Gallimard, 1959. 小说男主人公中年男子 Humbert Humbert 是一名恋童癖。小说故事主要讲述的是他与一个 12 岁半的极具挑逗性的少女 Dolores Haze 的情感纠葛（尤其是性方面）。

39. Jean Nemo, « Bonne année », *La Jeunesse*, janvier 1928.

40. Jacques Laurent, « Un soupçon d'éternité », *Le Monde des livres*, 18 janvier 1985, p. 16.

41. Société R. J. Reynolds, 23 janv. 1975, mémorandum secret de J. F. Mind à C. A. Tucker.

42. « Young adult smokers: strategies and opportunities », R. J. Reynolds Tobacco Company, 29 fév. 1984.

43. Ted Bates 广告公司于 1975 年为英美烟草所做的一项调查研究。Cité par Gérard Dubois, CNCT, dans « La responsabilité de l'industrie du tabac dans la pandémie tabagique », conférence prononcée à Amiens, le 23 août 2000.

44. *Marie Claire*, 1964.

45. *La revue des tabacs*, 1982.

46. *Marie Claire*, 1976.

47. P. M. Fischer, M. P. Schwarz, J. W. R. Richardo, « Brand logo recognition by children aged 3 to 6 years. Mickey Mouse and Old Joe the camel », *JAMA* 1991, pp. 3145-3148.

48. *Clopin-Clopant*, série de dessins sur le tabagisme réalisé par l'illustrateur stéphanois, Cled'12, en 2005, *op. cit.*

49. « Du tabac à l'estasy, des potions magiques aux radicelles de pommes d'eau, les drogues ont naturellement trouvé leur place dans la bande dessinée », *Dictionnaire des drogues et des dépendances*, art.« bande dessinée », Paris, Larousse, 2004.

50. Morris, *Cahiers de la bande dessinée* 1980, cité par Gérard Peiffer, « Le tabac enfume les bulles de bande dessinée » in *Le Souffle manqué ...*, Paris, Imothep, 2006. 在Goscinny逝世之后，Morris与其他人合作，重新开始了幸运卢克的创作。

## 第八章　反烟潮的崛起

1. *Encyclopedia Universalis*, 1998, art. « Tabac ».

2. Cité par Jean-Louis Chauvet, *Évolution sociale et médicale du tabac*, thèse de médecine, université de Nantes, 1987.

3. Dr Jacques Roubinovitch, in *La Jeunesse*, avril 1924, p. 54, art. « La manie de fumer ».

4. 1958年在伦敦举行的癌症研讨会上，与会人员一致认为烟草中毒是导致大部分肺支气管癌症的元凶。 *Cf.* Albert Hirsch, Serge Kar-senty, *Le Prix de la fumée*, Paris, Odile Jacob, 1992; Pierre Darmon, *Les Cellules folles*, Paris, Plon, 1993.

5. Article du *Reader's Digest* en 1950.

6. André Lemaire指出烟草具有某些“优点”（通便、利尿和杀菌），甚至建议“应适度吸烟而绝不必完全戒烟”。(« Pas de fumée sans feu », *Le Monde*, 18 mai 1950).

7. 一氧化碳是一种有毒气体，它会取代氧气附着在红血球的血红蛋白中，因此会导致血液和器官中的氧气含量减少。由于缺乏氧气，身体机能将不能正常有效地运转，心脏和动脉会因此加速跳动，最终导致心脏和血管疾病。

8. Daniel Schwartz, *Le Jeu de la science et du hasard. La statistique et le vivant*, Paris, Flammarion, 1994.

9. 值得一提的是，在首次针对青少年吸烟者的调查完成之后，盖·巴尔博丹于1971年寻访了300名军人吸烟者。(*La Tabagie. Contribution à son étude en France en milieu militaire*, thèse de médecine, université de Bordeaux II, 1971).

10. 然而也有一些科学家站到了"敌人"的阵营中。例如秘密为Philip Morris做了三十年顾问的瑞士教授Ragnar Rylander。另外，R. J. 雷诺兹公司的首席科研官在1981年大胆宣称："我可以肯定地说，在上瘾行为的研究领域中，还有很多优秀的专家能明确地指出，烟草并不是'会上瘾的毒药'。"

11. D'après le Dr Hervé Robert, *Arrêter de fumer*, Paris, Solar, 2007.

12. Selon le Directeur général de la Santé en 1973, cité par Lion Murard, Patrick Zylberman, « Le tabagisme, fléau subi et non affronté 1950–1975 ». 据1973年卫生部部长所说，由Lion Murard, Patrick Zylberman引述，"烟草中毒，无法直面的灾害（1950–1975）"，参见*La Santé de l'homme*, n° 362, p. 34。

13. 1952年刊登于《读者文摘》的一篇文章，以《香烟引起的癌症》为题目，揭露了过滤香烟的假象。

14. Pr Gérard Dubois, président du CNCT, « Le tabac et le tabagisme », *Le Concours médical*, 25 juin 1994.

15. 1925年至1975年期间，尤其是1950年以后，幻灯片讲解的形式在教学中被大量采用。这种幻灯片由35毫米的系列胶片组成，可由教师一幅幅地投影出来同时配以讲解。所有的教学用具都采用了"胶片化"的教学方式。卫生保健方面的教学也是如此。*Cf.* Thierry Lefebvre, « La médecine et les médias: films fixes et santé publique », et Didier Nourrisson, « Quand la sécurité sociale faisait la promotion de la santé », in *La Promotion de la santé au travers des images véhiculées par les institutions sanitaires et sociales*, Paris, Association pour l'étude de l'histoire de la Sécurité sociale, 2008, pp. 293-414 et pp. 415-424.

16. Didier Nourrisson, Jacqueline Freyssinet-Dominjon, *L'École face à l'alcool. Un siècle d'enseignement antialcoolique en France* (1870 – 1970), Saint-Étienne, Publications de l'université de Saint-Étienne, 2009.

17. Film fixe n° 4208, *Le Tabac*, coll. IUFM de Lyon. *Cf.* cahier iconographique.

18. Dr André Dufour, éditorial, *Tabac et santé* (revue du CNCT), 4e trimestre 1976.

19. 在1960年至1982年间，国家征收的烟草税从55%涨到了74%。烟草间接地为国库带来了200亿法郎的收入，同期的财产继承税收入为25亿法郎，城市互助福利彩票（PMU）的收入仅为9.1亿法郎。*Encyclopedia Universalis*, 1998, art. « Tabac ».

20. « Journée nationale contre le tabac », *Annales antialcooliques*, juin 1931, p. 95.

21. 1976年7月9日出台的第76616号法令与禁烟斗争有关。

22. Cité par *La revue des tabacs*, automne 1977, p. 5.

23. « La pub », revue *Autrement*, 1983.

24. Michel Le Net, *La Communication publique: pratique des campagnes d'information*, Paris, La Documentation française, 1993.

25. 成立于1966年的法国卫生健康教育委员会从此以后拥有了更为宽松的财政预算。除了禁烟活动的推广，该机构还致力于营养、口腔与牙齿卫生、儿童家庭事故、心血管疾病，以及酒精中毒等方面的宣传活动。（1984年推出的禁酒宣传广告反响热烈："喝一杯没问题，喝三杯危害大！"）*Cf.* Luc Berlivet, *Une santé à risque. L'action publique contre l'alcoolisme et le tabagisme*, thèse de médecine, université Rennes II, 2000.

26. Maud Cousin, « Fumeurs, si vous saviez », *in* Claire Brisset, Jacques Stoufflet, *Santéet médecine*, Paris, La Découverte, 1988, pp. 235-237.

27. Organisation mondiale de la santé, *Charte d'Ottawa pour la promotion de la santé*, Genève, OMS éd., 1986, 4.

28. 在这个时期内，任何来自于欧洲共同体的观点和意见都被法国政府积极采纳。

29. World Health Organisation. Regional Bureau for Europe, *It can be done. A smoke free Europe*, Copenhague, WHO-Europe éd., 1998.

30. Karl Slama, Serge Karsenty, Albert Hirsch (dir.), *La lutte contre le tabagisme est-elle efficace? Évaluation et perspectives*, Paris, La Documentation française, 1992; *Baromètre santé* 1992.

31. Gérard Dubois, Claude Got, François Grémy, Albert Hirsch, Maurice Tubiana, « L'action politique dans le domaine de la santé publique et de la prévention. Propositions », *Santé publique*, mai 1989 (21/174).

32. François Baudier, Danielle Grizeau, J. Draussin, Bernadette Rous-sille, « Vingt ans de prévention du tabagisme en France: 1976-1996 », in *Le Concours médical*, p. 323.

33. Pour l'étude de son volet « alcool », on se reportera à: Thierry Fillaut, *L'alcool, voilà l'ennemi*, Presses de L'École nationale de santé publique, 2000.

34. 抗癌联盟的推广宣传，1997 年 7 月 10—18 日。

35. 1998 年，CNCT 发起了 230 项追究行动。

36. 1996 年，有人向美国规模最小的烟草公司利格特提起诉讼，控告其产品中的尼古丁损害了健康。该公司最终拿出了应纳税总收入的 5%用于赔偿原告。另外两家烟草大鳄菲利普 · 莫里斯和纳贝斯克则在 1997 年成立了尼古丁受害者赔偿基金，基金总额高达 2060 亿美元（相当于 12000 亿法郎）。

37. 第二条："禁止所有关于推广烟草或相关产品的直接或间接性广告宣传，以及各类免费派发活动。"

38. 相反地，1994 年进行了相关法律条文的修改，彻底放宽了对酒精类产品广告的限制：除了电影、电视和商业赞助之外的广告行为都是被允许的。

39. 1895 年，"国家反香烟联盟"创立。Cf. Jean-Pierre Martin, *La vertu par la loi*, *op. cit.*, chap. 1 et 2.

40. 我们仔细地查阅了 1976—1977 年 *La revue des tabacs* 的社论文章。

41. 随着消费需求的增长，市场供应也随之增长：1968—1978 年间，香烟市场销售量翻了一倍，达到了 16.7 亿支。*La revue des tabacs*, « 75e anniversaire », juillet-août 2000, p. 18.

42. « Attention danger, tabac ! », dossier *Le Monde*, 3 février 2007, p. 54.

43. 尼古丁和焦油含量的数值基于吸烟器对100支香烟检测结果的平均值。根据预设的标准，每隔一分钟，机器泵在2秒钟内吸入35ml的烟雾，以此得出测试结果。

44. Thierry Lefebvre, Didier Nourrisson, Myriam Tsikounas, *Publicités et Psychotropes. 130 ans de promotion des alcools, tabacs, médicaments*, *op. cit.*

45. Anne-Marie Morice, « Autopsie d'une blonde empaquetée », *op. cit.*, p. 169.

46. *Le Monde*, 26 juin 1980.

47. *Le Monde*, 18 juin 1980.

48. *La revue des tabacs*, 1979.

49. « Le tabac sans pub », *Le Nouvel Observateur*, 1er-7 mars 1990, p. 88.

50. CNCT 由国家卫生部资助。公共场合禁烟联盟也于1990年4月13日由官方公告为正式的公益机构。

51. *Le Nouvel Observateur*, n° 1266, 1267, n° 1289, 1989.

52. *Le Monde*, 6 décembre 1990.

53. *L'Humanité*, 13 novembre 1995.

54. *Le Figaro*, 27 décembre 1996.

55. *La revue des tabacs*, déc. 1990, p. 20.

56. "广告并不能增加消费总量，只是让份额发生改变。它只会引导消费者在同一个产品的不同品牌中做出选择。"(Jacques Séguéla dans un débat avec Claude Got, in *La Vie*, « Alcool, tabac: faut-il interdire la pub? », 3-9 décembre 1987).

57. *La revue des tabacs*, déc. 1990, pp. 22, 25.

58. *La revue des tabacs*, déc. 1990, p. 21.

59. *L'Humanité*, 27 juin 1991.

60. Michel Charasse，预算部部长。他于1992年加入了让尼古特互助会（创建于1961年）。

61. Revue de cinéma *Première*, 1988.

62. *Le Nouvel Observateur*, 1989.

63. *Le Nouvel Observateur* et *Libération*, 1990.

64. Revues *Ciné Cinéfil* et *Cahiers du Cinéma*, 1989 – 1992.

65. 这仅仅是埃文法案评估报告中的一部分案例，法国档案局出版，2000，pp. 77-78。

66. 1995 年的私营化总收入为 550 亿法郎，其中公司的出售为国家带来了 50 亿—60 亿法郎的收入。

67. D'après *La revue des tabacs*, juillet-août 2000, p. 16.

68. Selon *Le Nouvel Économiste*, 24 décembre 1993 et *La revue des tabacs*, juin 2003.

## 第九章　充满疑问的未来

1. 2001 年，卫生部及欧洲议会实行了拜恩指令，推出了一系列新的卫生健康警示标示（如"吸烟致命"等），禁止关于广告性的描述文字（淡口味、温和、清新等），并要求每个国家的卫生部门每年都公布关于尼古丁含量、焦油及一氧化碳比例的监测报告。该指令还规定了香烟中的焦油含量不得超过 10 毫克，尼古丁不得超过 1 毫克，一氧化碳不得超过 10 毫克。该法令直至 2003 年 9 月 30 日有效。

2. 一包普通香烟（20 支）的价格在法国涨到了 5 欧元，而在英国和西班牙的价格分别为 7.2 欧元和 1.95 欧元。*Le Monde*, 21 janvier 2004.

3. Maurice Tubiana, « La lutte contre le tabac », rapport à l'Académie nationale de médecine, 16 mars 2004.

4. « La France non fumeuse », *Le Nouvel Observateur*, 12 – 18 octobre 2006.

5. « Marseille non fumeur », *Marseille hebdo*, 13 – 19 septembre 2006.

6. Montmayeur, *Moyen d'empêcher les enfants de fumée*, *op. cit*; Dr A. Riant, *L'alcool et le tabac*, *op. cit.*

7. Georges Roux 自称为基督的化身，并于 1947 年创建了基督教堂（对此我们并不确定）。Georges Roux, *Ne fumez plus!*, Mulhouse-Dornach, Braun [1936]; Bernard Tourville (pseudo d'André Algarron), *Doit-on s'arrêter de fumer?*, Paris, Denoël, 1954.

8. Allen Carr, *La Méthode simple pour en finir avec la cigarette* (1985), traduit de l'anglais, Paris, Pocket, 1997.

9. 为了"利诱"顾客，有些戒烟中心同时也推出了减肥疗程。

10. Dr Gilbert Lagrue, *Arrêter de fumer?*, Paris, Odile Jacob, éditions 1998, 2000, 2006; Dr Hervé Robert, *Arrêter de fumer*, *op. cit.*, 2003; Dr Robert Molimard, *Petit manuel de défume*, Paris, éd. SIDES, 2006.

11. « Cigarette, la fin d'une histoire », *Le Figaro*, 7 janvier 2008.

12. Robert Le Cam, *Non-fumeurs, agissez! Bien connaître la loi Évin pour la faire respecter*, 2002. 罗伯特旨在鼓动非吸烟者真正行动起来反对烟草。他从博卡尔梅案件（1851 年）开始讲起，提到了尼古丁中毒，并揭示了非吸烟者如何成为烟草中毒的牺牲品。

13. *Baromètre santé* 2005, *op. cit.*, p. 109.

14. Thierry Lefebvre, Myriam Tsikounas, Didier Nourrisson, *Publicité et psychotropes. Un siècle de publicité pour les alcools, tabacs, médicaments*, *op. cit.*

15. « Tabagisme féminin: comment, éviter la catastrophe?», *Le Panorama du médecin*, 15 janvier 2004, n° 4917, p. 50. Ou encore, *Femmes et tabac*, une brochure élaboré e par l'INPES en partenariat avec le Planning familial, en 2004.

16. Charles Dubois, *Considérations sur cinq fléaux*, *op. cit.*, 1857, pp. 74-75.

17. Albert Hirsch, Serge Karsenty, *Le Prix de la fumée*, *op. cit*, p. 10.

18. *Le Monde*, 31 mai 2004.

19. Arnaud Simeone, « Communication en prévention du tabagisme: quels ressorts, quels limites? », Congrès régional d'éducation pour la santé et tabacologie, Saint-Étienne, 23-24 septembre 2004, publication des Actes en mars 2005.

20. « Tabac: victimes de la fumée des autres », *Le Monde*, 31 mai 2004.

21. Cité par Demougins (Jacques), *Dictionnaire des littératures*, Paris, Larousse, 1986, art. « tabac », p. 1606.

22. Jean-Paul Sartre, *L'Être et le néant*, Paris, Gallimard, 1943, cité in « Les écrivains et le tabac », *Le Monde des livres*, 18 janvier 1985, p. 16.

23. Robert Molimard, *La fume*, *op. cit.*, p. 14.

24. Roland Dubillard, « Confessions d'un fumeur de tabac français », in *Olga, me voilà*, Paris, Gallimard, 1974, p. 168.

25. Robert Molimard, *La Fume. Smoking*, *op. cit.* et *Petit manuel de défume*, *op. cit.*

26. Benoît Duteurtre, « Je me souviens », in *Ma belle époque*, Paris, Bartillat, 2007, p. 269.

27. Selin H., *Regional Summary for the Region of the Americas*, OMS, 2003; Ratte S., *Prévention du tabac: l'Afrique se mobilise*, INPES, mai-juin 2003; Mackay J. Eriksen M., *The Tobacco Atlas*, OMS, 2002; David A. M., *Regional Summary for the Western Pacific Region*, OMS, 2003; Hirsch Albert, « Les pays en voie de développement: une nouvelle cible pour l'industrie du tabac », revue *THS*, septembre 2000; Oluwafemi A., *Regional Summary for the African Region*, OMS, 2003.

28. 2005 年 2 月 28 日，世界卫生组织推出了首条旨在减少烟草消费的国际公约。该协定获得了 57 个国家的认可，并得以在世界范围内推广和执行。这也是第一次世界卫生组织成功利用了组织宪章的第 19 条规定（允许在各国之间缔结协约），制定了反烟斗争的全球性策略。该公约内容主要强调了使用警示标示的必要性，重申了禁止最未成年人售卖烟草，同时建议提高烟草征税和价格，保证公众远离烟草毒害，追究烟草工业的民事及刑事责任。

29. Joossens (Luk), Raw (Martin), *Smuggling and Cross Border Shopping of Tobacco in Europe*, revue *BMJ*, vol. 310, 1995, pp. 1393-1397; « Contrebande et ventes de tabac 1999-2004 », *Tendances*, revue de l'Observatoire des drogues, n° 44, novembre 2005.

30. Bande dessinée par Berthet et scénarisée par Yann, *Pin Up*, Dargaud éditeur。第一册：回忆珍珠港；第二册：毒药；第三册：飞翔的朵蒂；第四册：黑鸟；

第五册：阿贝尔上校；第六册：格拉迪斯；第七册：拉斯维加斯；第八册：邦尼兔；第九册：毒液。女主角朵蒂是大众梦中情人，是一位间谍，在赌场里做安检工作，善于猎捕水蛇。她的形象其实来源于1941—1965年间出现的几位传奇人物：Frank Sinatra, Jane Fonda, Howard Hugues。

31. *Baromètre santé* 2005. *Attitudes et comportements de santé*, éditions Institut national de prévention et d'éducation à la santé, 2007. pp. 77-113：« Les Français et la cigarette en 2005 : un divorce pas encore consommé ».

32. Benoît Duteurtre, « Je me souviens du tabac », *op. cit.*, p. 271.

## 结语　这不再仅仅是香烟的问题

1. *Le Figaro*, 7 janvier 2008.

2. Robert Le Cam, *Non-fumeurs, agissez !*, *op. cit.*; Pr Gilbert Lagrue, *Arrêter de fumer?*, *op. cit.*, p. 38.

3. Edmond Rostand, *Cyrano de Bergerac*, création 1897, Paris, Fasquelle, 1898, acte 1, scène IV. Rappelons en effet que « pétuner » est l'équivalent de priser; il concerne donc le tabac froid.

4. Claude Olivenstein, « Toxicomanies et destins de l'homme », in *Précis de toxicomanies*, Paris, Masson, 1988.

5. Honoré de Balzac, *Traité des excitants modernes* (1839), rééd. Paris, Le Grand Livre du mois, 1999.

6. Cité par le docteur Hervé Robert, in *Arrêter de fumer*, 2003, *op. cit.*, p. 31. 名为"第一批香烟起源于何时?"的第一个章节，回答的却是关于"你们的香烟由什么做成?"的问题。

新知
文库

01 《证据：历史上最具争议的法医学案例》[美] 科林·埃文斯 著　毕小青 译

02 《香料传奇：一部由诱惑衍生的历史》[澳] 杰克·特纳 著　周子平 译

03 《查理曼大帝的桌布：一部开胃的宴会史》[英] 尼科拉·弗莱彻 著　李响 译

04 《改变西方世界的 26 个字母》[英] 约翰·曼 著　江正文 译

05 《破解古埃及：一场激烈的智力竞争》[英] 莱斯利·亚京斯 著　黄中宪 译

06 《狗智慧：它们在想什么》[加] 斯坦利·科伦 著　江天帆、马云霏 译

07 《狗故事：人类历史上狗的爪印》[加] 斯坦利·科伦 著　江天帆 译

08 《血液的故事》[美] 比尔·海斯 著　郎可华 译

09 《君主制的历史》[美] 布伦达·拉尔夫·刘易斯 著　荣予、方力维 译

10 《人类基因的历史地图》[美] 史蒂夫·奥尔森 著　霍达文 译

11 《隐疾：名人与人格障碍》[德] 博尔温·班德洛 著　麦湛雄 译

12 《逼近的瘟疫》[美] 劳里·加勒特 著　杨岐鸣、杨宁 译

13 《颜色的故事》[英] 维多利亚·芬利 著　姚芸竹 译

14 《我不是杀人犯》[法] 弗雷德里克·肖索依 著　孟晖 译

15 《说谎：揭穿商业、政治与婚姻中的骗局》[美] 保罗·埃克曼 著　邓伯宸 译　徐国强 校

16 《蛛丝马迹：犯罪现场专家讲述的故事》[美] 康妮·弗莱彻 著　毕小青 译

17 《战争的果实：军事冲突如何加速科技创新》[美] 迈克尔·怀特 著　卢欣渝 译

18 《口述：最早发现北美洲的中国移民》[加] 保罗·夏亚松 著　暴永宁 译

19 《私密的神话：梦之解析》[英] 安东尼·史蒂文斯 著　薛绚 译

20 《生物武器：从国家赞助的研制计划到当代生物恐怖活动》[美] 珍妮·吉耶曼 著　周子平 译

21 《疯狂实验史》[瑞士] 雷托·U. 施奈德 著　许阳 译

22 《智商测试：一段闪光的历史，一个失色的点子》[美] 斯蒂芬·默多克 著　卢欣渝 译

23 《第三帝国的艺术博物馆：希特勒与"林茨特别任务"》[德] 哈恩斯—克里斯蒂安·罗尔 著　孙书柱、刘英兰 译

24 《茶：嗜好、开拓与帝国》[英] 罗伊·莫克塞姆 著　毕小青 译

25 《路西法效应：好人是如何变成恶魔的》[美] 菲利普·津巴多 著　孙佩妏、陈雅馨 译

26 《阿司匹林传奇》[英] 迪尔米德·杰弗里斯 著　暴永宁 译

27 《美味欺诈：食品造假与打假的历史》[英] 比·威尔逊 著　周继岚 译

28 《英国人的言行潜规则》[英] 凯特·福克斯 著　姚芸竹 译

29 《战争的文化》[美] 马丁·范克勒韦尔德 著　李阳 译

30 《大背叛：科学中的欺诈》[美] 霍勒斯·弗里兰·贾德森 著　张铁梅、徐国强 译

31 《多重宇宙：一个世界太少了？》[德] 托比阿斯·胡阿特、马克斯·劳纳 著 车云 译

32 《现代医学的偶然发现》[美] 默顿·迈耶斯 著 周子平 译

33 《咖啡机中的间谍：个人隐私的终结》[英] 奥哈拉、沙德博尔特 著 毕小青 译

34 《洞穴奇案》[美] 彼得·萨伯 著 陈福勇、张世泰 译

35 《权力的餐桌：从古希腊宴会到爱丽舍宫》[法] 让—马克·阿尔贝 著 刘可有、刘惠杰 译

36 《致命元素：毒药的历史》[英] 约翰·埃姆斯利 著 毕小青 译

37 《神祇、陵墓与学者：考古学传奇》[德] C. W. 策拉姆 著 张芸、孟薇 译

38 《谋杀手段：用刑侦科学破解致命罪案》[德] 马克·贝内克 著 李响 译

39 《为什么不杀光？种族大屠杀的反思》[法] 丹尼尔·希罗、克拉克·麦考利 著 薛绚 译

40 《伊索尔德的魔汤：春药的文化史》[德] 克劳迪娅·米勒—埃贝林、克里斯蒂安·拉奇 著 王泰智、沈惠珠 译

41 《错引耶稣：〈圣经〉传抄、更改的内幕》[美] 巴特·埃尔曼 著 黄恩邻 译

42 《百变小红帽：一则童话中的性、道德及演变》[美] 凯瑟琳·奥兰丝汀 著 杨淑智 译

43 《穆斯林发现欧洲：天下大国的视野转换》[美] 伯纳德·刘易斯 著 李中文 译

44 《烟火撩人：香烟的历史》[法] 迪迪埃·努里松 著 陈睿、李欣 译